McGraw Hill Education

Commercial Aviation Safety (Fifth Edition)

商业航空运输安全概论（第5版）

克拉伦斯 C·罗德里格斯(Clarence C.Rodrigues)
史蒂芬 K·苏斯科(Stephen K.Cusick) 著

唐伟斌 等 译

中国工人出版社

译者序

如果一本教材不断地再版和更新，我们就会得出这样的结论：这本教材的内容肯定都是经过不断揣摩、千锤百炼的，而且在内容上几乎不会有任何错误，一本好的教材总能不断给予学生和各界读者启示。这也是“经典”教材的意义所在：不断地传承与超越。

也许当年阅读教材的学生已成长为业界的大拿或是行家里手，但当再次拿起这本经过不断更新和提升的教材时，其中的内容仍可以帮助无数的安全管理以及从业人员站在时代的最前沿。越来越多的电子阅读门户网站和纸质图书的山寨跟风，使我们当下的阅读环境越发芜杂不堪。身处这种浮躁的世界，我们更应该重视内容品质，不再被浮躁肤浅的时尚泡沫所诱惑。阅读这本优秀的教材时，宛如作者在耳边深入浅出地作着讲解，书中细致完备的安全管理体系、翔实可靠的专业内容，吸引着读者徜徉于知识的海洋中。这也是一本好教材能够一版再版、历久弥新的根本原因。

在商品门类中，绝大部分商品都是越新越好，只有图书在很多时候是越旧越好，通过对于“旧”版的更新说明它的价值历久弥新，也充分说明了这些教材背后的辛勤付出，那不只是工作之外的时间、教学科研之外的辛劳，那是一种执着，一种让生命在教材中跳动的执着。

译者特别想强调的是，本书以翔实可靠的第一手材料（主要源自美国的安全管理实践），全面追踪了美国航空安全管理的起源、历程、发展、趋势、关系等，详尽叙述了航空安全管理的方方面面，刨根问底，正本清源，探寻真相和事实，打造安全管理的体系感和大局观。

正是基于作者全面、翔实、可靠的资料收集工作，我们才得以窥见美国航空安全管理历程中最为真实、丰富多彩的一面。本书材料搜罗广博，视野恢宏开阔，立论沉稳扎实，或许这也正是本书广受欢迎、历久弥新、多次再版的原因。

译者认为本书的特点主要有以下五个方面：

一是与时俱进。本书截止到现在已经是第五次再版。篇章的结构经过了作者的千锤百炼，反映了美国当今航空安全管理的主流观点，包括现在我们常用的许多模型，诸如 HFACS、TEM 等，这些都在本书中得到了详尽的分析。

二是采用循序渐进的结构和教学理念相互配合相互提升。一般而言，阅读安全管理的大部头巨作是非常令人头疼的事情，但是本书的结构布局比较合理，内容的阐述是层层递进的关系，使学习安全管理不再是一件苦差事，而是成为一件赏心乐事。

三是涵盖了安全管理的方方面面，包括现在我们都在快马加鞭或是全力以赴建设的 SMS 体系、人为因素、飞机的安全系统等，也涉及了航空安保体系等。

四是严格按照教科书的体系安排，在每一章的前面有明确的学习目标，在每章的结束部分有思考题，尤其是极为丰富的参考资料，读者可以根据这些参考资料进一步获得更为广泛的学习材料。因此这本书不仅适合于在校大学生、研究生作为极佳的参考书籍，也非常适用航空业的广大从业人员使用。

五是对于安全管理的所有组件和要素通过简单明了的方式进行阐述，特别适用于初学者，也适用于所有规模运营人的各级管理人员，包括通用航空领域。有关于安全理论方面晦涩难懂的文字常常让人望而却步，而这本书使用浅显易懂的文字和案例来阐述安全管理的核心理念，让人耳目一新。

本书的作者们倾一生之力，忠一事之心，把智慧锻造成阶梯，让我们可以仔细研究和探索美国航空安全管理的方方面面，在某种程度上，作者们实际上类同于工匠，在“平凡”的写作过程中凸显了“伟大”，凸显了“匠心”，让我们永远传承。

中国已经成为世界第二大经济体，中国民航也已经成为全球第二大航空运输系统。乐观者甚至预测中国民航业的发展将比预期中更快地超过美国，但是我们能否就顺理成章地成为民航“强”国，成为航空安全管理领域的头把交椅——这是成长的烦恼。

有时，前进的步伐比我们预期的要缓慢，我们已经许下了无数个美好的愿望，但是一些期待还需要时间的磨炼。前进的步伐有时又会完全超乎我们的想象，在不经意间，让我们行业只有惊叹的余地。

不管是缓慢的蛰伏期还是瑰丽的变革期，我们现在要做的就是耐心和沉着，放弃焦虑，静下心来，认真研读这本书，从中我们可以学到很多他国已经走过的路所伴随着的各类经验教训，用于对生兹养兹的这块土地内心深处的情感和希冀，念念于此，必有回响。

航空安全管理和 SMS 体系已经成为全球化的标准，顺利实施 SMS 会更多地留下我们和这个世界互动关系的烙印。毫无疑问，我们还将为全球的航空安全管理做出我们应有的新的贡献，此过程像镜子一般照见中国安全管理成长并且成熟的轨迹。航空安全管理是全球化的标准，是全球化的实践，在建设航空安全的过程中，我们可以借鉴他国的经验和做法，激发我们自己厚藏于心中的热情。

本书由中国民用航空局航空安全办公室组织中国民航管理干部学院航空安全管理系教师团队进行翻译，其中第一章、第三章、第四章、第六章由孙佳翻译，第二章由杨志东翻译，第五章由李彤翻译，第七章由于航翻译，第八章至第十三章由倪海云翻译，全书的图表由郝亚楠编辑整理，我对全书进行了校对与核定工作。本书适用于民航院校航空安全类课程的专业教材。

由于能力有限，书中难免纰漏和不足之处，恳请各位读者提出宝贵意见，以便我们修订时加以改进。

译者团队联系邮箱：13910693611@139. com。

中国民用航空局安全总监

2018 年 5 月

前言

这本书致力于研究美国和国际社会在21世纪商业航空的安全原则和监管做法；除了对以前版本部分内容进行了重写，第五版增加了斯蒂芬·库西克博士（Stephen Cusick）作为合著者，他来自佛罗里达理工学院的航空学院，该学院位于佛罗里达州的墨尔本。

第五版对于以前版本中所包含的航空安全和安保信息等进行了更新、修改，并保持最新资讯；在章节的格式和内容上进行了改进，使信息流的呈现更循序渐进并具有逻辑性；同时拓宽了研究领域，包括国际民航组织关于安全管理体系（SMS）的监管信息，这对于实践航空安全的专业人员至关重要。

今天的航空安全从业者必须要应对美国联邦航空局、美国国家运输安全委员会、职业安全与健康管理局和环境保护署的安全要求。商业航空安全还是一个国际性的主题，被这些机构进行着严格的监管，以及国际上的相对应部门也要实施监管，其中也包括国际民航组织的标准和建议做法。国际民航组织在世界各地引入了SMS的原则，已经在航空安全研究的领域创造了范式转变，这也是这本书要探讨的内容。

本书旨在针对那些对于航空业背景了解有限的个人，并作为在航空安全和安保领域进一步学习研究的基础资料。这本书将有益于那些进入航空安全和/或管理项目学习，以及在学院或大学飞行项目学习的学生们。本书还为那些实践航空安全的专业人士提供了资源。课程教员可以根据具体的课程需要，随时补充各类主题内容，因为在整本书中提供了许多参考资料。

第五版的特色

· 第一章涵盖了监管框架，内容进行了拓展，包括国际民航组织关键发展的背景，这些资料都是按年代次序排列的。此外还讨论了这些资料是如何匹配国际监管架构的。我们还增加了关于科尔根航空公司（Colgan）空难和善后工作，以及 NextGen 航空运输系统的补充资料。

· 第二章讨论了国际民航组织、美国联邦航空局、美国职业安全与健康管理局和环境保护署等组织架构和规则制定的过程。本书以前版本的相关信息已更新。我们增加了国际民航组织和美国联邦航空局各部门的组织结构及其任务和职责。美国职业安全与健康管理局和环境保护署有关组织结构、规则制定过程和选定的监管事宜等信息也已在本版本中更新了。

· 第三章讨论了美国国家运输安全委员会的结构、功能和运作情况，以及国际民航组织在国际事故调查过程中的作用。我们在讨论安全措施和统计数据之前，认为首先评论涉及安全的各个组织的情况是合适的做法。这一章增加了美国国家运输安全委员会提出的关于最想要实现的航空安全改进项目的信息。

· 第四章涉及安全数据的报告和记录。我们讨论了国际民航组织有效安全报告系统的五个基本特征。本书以前版本的信息已经经过修订和更新，并添加了有关航线运行安全审计（LOSA）和高级资质项目（AQP）等方面的信息。此外，我们还回顾了国际民航组织和美国国家运输安全委员会对于事故和事故征候的定义。最后，我们更新了有关美国职业安全与健康管理局和环境保护署事故以及事故征候定义、报告要求的信息。

· 第五章涵盖了从 1980 年至 2010 年美国和国际主要航空运营人安全数据和事故的更新信息。对于事故率、死亡人数和其他有关商业喷气式飞机事故信息的安全统计数据主要来自国际民航组织、美国国家运输安全委员会和波音公司。本章对美国劳动统计局的职业事故情况也进行了讨论。

· 第六章主要讨论关于事故的因果关系模型，对于以前版本的信息进行了重新组织。关于詹姆斯·瑞森教授提出的事故因果关系“瑞士奶酪模型”内容已从最新的国际民航组织安全文件中进行了扩充和更新。另一个广泛使用的概念工具——SHEL 模型也已经添加到本章的内容之中。

· 第七章关于人为因素的内容已作了重大的修订，重点放在这一关键领域的最新概念上。我们介绍了人为因素分析和分类系统（HFACS），以及美国联邦航空局的航空决策和人为差错管理技术，如机组资源管理、LOA和威胁差错管理模型等。本章关于管理威胁和差错的控制策略一节内容已经得到了修订和更新。

· 第八章对空中交通管制（ATC）安全体系内容进行了全面的修改。有关国家航空航天系统演变到以GPS为基础的下一代航空运输系统（NextGen）的内容已经增加进来，以反映出ATC安全的当代发展状况。

· 第九章修订了关于飞机的安全系统，包括在喷气式引擎设计方面的最新发展，以及波音和空客公司在最新机型上新驾驶舱中所增强的各项功能。有关玻璃驾驶舱设计和机组警报系统的信息已经修订和更新。

· 美国联邦航空局已经修订了机场安全法规，本版第十章更新了FAR139部中有关机场检查和法规符合性的要求。同样，关于跑道侵入的信息也已更新，用来反映最近国际民航组织和美国联邦航空局在这一重要领域的改进。

· 自9·11事件以来，航空安保有了显著的演变，因此第十一章更新了国际和国内在这一领域的最新发展。在这章中增加了911委员会报告的内容，同时增加了有关情报和反恐事宜的内容。

· 航空安全正处于范式转变之中，转向安全管理体系（SMS），国际民航组织引领了这一趋势，并且全球接受了这个新的安全概念。我们改写了第十二章以反映出这一变化，重点是放在SMS的四大组件（支柱）上。本章最后讨论了某大型航空承运人成功应用SMS的案例。

· 第十三章关于航空安全管理体系的内容是全新的。本章讨论了SMS原则的演进情况，并解释了安全风险管理和安全保证作为有效SMS组织的核心所在。本章最后对SMS过程在商业航空安全中的未来发展进行了简要的论述。

· 本书中的表格、图案、数据、关键术语、复习问题和参考文献均已更新和修订。

· 我们提供了许多网站，以帮助学生和教员可以利用万维网上提供的大量信息。

· 每一章都包含了一些具体的特点，旨在帮助和促进学员学习。这些特点包括：

◊ 章节概述。每一章都以主要讨论主题的概述开始。

- 学习目标。章节的目标是使学生知道本章学习完成后到底会学到些什么。
- 相关性。所有的例子，应用和理论在撰写本书时都是最当前的。
- 数据和表格。数据和表格内容来自诸如国际民航组织、美国运输安全委员会、空客、波音公司和其他最新网站资源等。
- 按照逻辑排列的内容组织和经常使用小标题。详细列出的项目符号列表可用于改善阅读过程。
- 关键术语。每一章最后都列出了本章中使用的关键术语。
- 复习题。每章末尾的复习题涵盖了所有要点。
- 参考资料。每个章节的末尾都包含一份参考资料列表，学生们可以更深入地参考学习这些资料。

致谢

一本教科书的第五版出版了，可谓是一个里程碑，在商业航空安全这样一个充满活力的领域里经过了长达20年的出版周期，这确实让作者们惴惴不安。致谢名单中有太多的人需要感谢，我们希望对亚历山大·威尔斯（Alexander T. Wells）博士表示衷心真挚的感谢，他是这本书灵感的最初来源，为本书做出了巨大的贡献。威尔斯博士是安柏瑞德（Embry – Riddle）航空大学名誉退休教授，也是一位多产作家，他对航空领域的愿景和贡献将是未来世代的持久遗产。我们一如既往地衷心感谢为本版提供资源材料的许多公共和私营机构。我们要特别感谢国际民航组织、美国联邦航空局、国家运输安全委员会、国土安全部、职业安全与健康管理局、环境保护署、合众国航空公司（US Airways）、波音公司，以及其他行业合作伙伴，它们提供了很多出版资料。我们还要特别感谢佛罗里达理工学院和位于阿联酋阿布扎比的石油研究所的所有教职员工、行政部门和支持人员的大力支持。

每本书背后都有一个人，由他带领团队一丝不苟地准备手稿、图表和表格。我们有幸能够得到来自佛罗里达州杰克逊维尔的金明智（Kim Wise）的加盟，作为我们作者和出版商合作渠道之间杰出的行政助理。我们还要感谢麦格劳－希尔出版公司编辑们的贡献，特别是拉里·海格（Larry Hager）、布里奇特·托雷松（Bridget Thoreson）、戴维·福格蒂（David Fogarty）和帕梅拉·佩尔顿（Pamela Pelton）。

最后，还要感谢我们的家人在这个项目中的耐心和鼓励，特别是我们的妻子尼古拉（Nicola）和琼（Jean），她们让一切努力成为可能。

克拉伦斯·罗德里格斯（Clarence Rodrigues）博士

石油研究所

斯蒂芬·库西克（Stephen K. Cusick）法学博士

佛罗里达理工学院

CONTENTS

目　录

001　第一章　监管框架
002　1.1　国际民航组织(ICAO)
006　1.2　美国联邦航空管理局(FAA)
017　1.3　美国环境保护署(EPA)
023　1.4　美国职业安全和健康管理局(OSHA)
030　第二章　监管组织和规章制定
031　2.1　国际民航组织组织结构和规则的制定
038　2.2　美国联邦航空局的组织结构和规章制定
050　2.3　美国职业安全和健康管理局(OSHA)的组织机构和规章制定
055　2.4　美国环境保护署(EPA)组织机构和规章制定
061　第三章　美国国家运输安全委员会
062　3.1　国际事故调查
064　3.2　国家运输安全委员会(NTSB)
069　3.3　事故调查过程
078　3.4　国家运输安全委员会(NTSB)的事故资料库
080　3.5　国家运输安全委员会(NTSB)最希望实施的安全改进
080　3.6　国家运输安全委员会(NTSB)7项最希望实施的安全改进列表(2011年6月)

084 **第四章　安全数据的记录和报告**
085 4.1　事故
087 4.2　事故征候
090 4.3　事故征候报告系统
091 4.4　航空记录和报告系统
102 4.5　通用行业(职业安全和健康管理局)记录和报告系统
104 4.6　美国环境保护署(EPA)记录和报告
111 **第五章　安全统计数据回顾**
112 5.1　简介
115 5.2　航空事故数据统计
141 5.3　职业事故数据统计
——劳工部和劳工数据统计局 BLS
144 **第六章　事故因果关系模型**
145 6.1　简介
147 6.2　Reason 教授的瑞士奶酪模型
150 6.3　SHELL 模型
152 6.4　5－M 模型
159 6.5　结束语
162 **第七章　航空安全中的人为因素**
163 7.1　概述
165 7.2　人为因素
169 7.3　人为因素分析与分类系统(HFACS)
173 7.4　人为差错管理
175 7.5　威胁与差错管理的控制策略
182 7.6　结束语
186 **第八章　空中运输安全系统**
187 8.1　简介
188 8.2　空中交通管制(ATC)系统基本组件

196　8.3　营运规划改进
199　8.4　下一代航空运输体系(NextGen)
207　**第九章　飞机安全系统**
208　9.1　简介
210　9.2　喷气式发动机的发展
212　9.3　远程商业喷气式飞机运输时代
224　9.4　大气条件下的安全设计
230　9.5　驾驶舱人机界面
239　9.6　飞行程序——起飞、进近和降落
240　9.7　建模、设计和检验工具
246　9.8　未来飞机技术
250　9.9　下一代飞行运行
254　**第十章　机场安全**
255　10.1　简介
256　10.2　机场认证
260　10.3　运行安全
273　10.4　跑道侵入
278　10.5　结束语
282　**第十一章　航空安保**
283　11.1　简介
284　11.2　民航袭击事件回顾
287　11.3　监管活动
298　11.4　美国运输安全局
299　11.5　情报的作用
303　11.6　安保技术综述
309　11.7　结束语
314　**第十二章　航空公司安全**
315　12.1　简介

317 12.2 航空公司 SMS 国际发展
317 12.3 国际民航组织安全组件和程序要素的 SMS 框架——四个支柱
324 12.4 美国航空公司的 SMS 发展
326 12.5 事故调查和审计
330 12.6 通信
333 12.7 培训
337 12.8 飞行安全基金会
338 12.9 美国一家骨干型航空公司的 SMS 架构
346 **第十三章 航空安全管理体系**
347 13.1 简介
347 13.2 SMS 原则的演进
348 13.3 SMS 的基本组件——四个支柱
350 13.4 安全风险管理
354 13.5 安全保证
355 13.6 航空业未来的 SMS

第一章

监管框架

国际民航组织(ICAO)
- 概述
- 背景
- 国际民航组织发展大事记

美国联邦航空管理局(FAA)
- 概述
- 背景
- 美国联邦航空管理局重要规章大事记

美国环境保护署(EPA)
- 概述
- 背景
- 影响航空运行的重大环境保护法律大事记

美国职业安全和健康管理局(OSHA)
- 概述
- 背景
- 影响航空运行的职业安全和卫生条例标准大事记

关键术语

思考题

参考文献

学习目标

学习完本章之后，你应该可以：

- 描述 ICAO 塑造国际航空业的关键发展历程。
- 识别 1944 年芝加哥公约的重要结果。
- 描述最早制定的那些有利于塑造航空业雏形的联邦法律。
- 讨论哪些因素使 1958 年的《联邦航空法》得以通过。
- 识别 1958 年 FAA 法案中有哪些安全条例。
- 了解 1978 年放松管制之后进行了哪些重要的立法活动。
- 区别遵循 FAR121 和 135 部的航空承运人。
- 讨论 Colgan 航空公司空难及其后果的重要性。
- 讨论《2010 年航空公司安全和 FAA 法案》的重要特点。
- 讨论 EPA 的演变。
- 列出并讨论对航空运行非常重要的主要 EPA 法律。
- 讨论 OSHA 的演变。
- 列出并讨论对航空运行非常重要的主要 OSHA 法律。

现今主要有四大安全相关机构管理着商业航空，本章回顾了其发展过程和监管框架。首先讨论的是国际民航组织以及美国联邦航空管理局，其次是美国环境保护署，最后是美国职业安全和健康管理局。

1.1 国际民航组织（ICAO）

1.1.1 概述

国际民航组织是联合国的专门机构，同时亦作为国际民用航空的全球论坛。1944 年 12 月，由芝加哥会议创立国际民航组织，最初是临时性国际民用航空组织（PICAO）。1947 年更名为国际民航组织（ICAO），加拿大蒙特利尔成为其总部的永久所在地。国际民航组织在其网站上描绘的愿景是，“通过其成员国间的合作实现民用航空安全、安保和可持续发展”。为了实现这一愿景，国际民航组织 2005—2010 年的战略目标如下：

- 安全，提高全球民用航空安全。
- 安保，提高全球民用航空安保。
- 环境保护，使全球航空对环境的不利影响最小化。
- 效率，提高航空运行效率。
- 连续性，保持航空运行连续性。
- 法治，加强国际民用航空的法律管辖。

1.1.2 背景

1944 年国际民航组织在芝加哥公约中阐述的宗旨和目标发展了国际空中航行的原则和技术，也促进了国际航空运输的规划和发展。这些目标和目的来自国际民航组织网站公约第 44 条：

- 确保在世界各地的国际民用航空安全、有序增长。
- 鼓励基于和平目的的飞机设计行业运行。
- 鼓励为国际民用航空发展航空公司、机场和航空导航设施。
- 满足世界各国人民安全、正常、高效和经济的航空运输需求。
- 防止不合理竞争造成的经济浪费。
- 确保缔约国的权利得到充分尊重，每一缔约国有公平的机会运营国际航空公司。
- 避免各缔约国之间的歧视。
- 促进国际航行的安全飞行。
- 普遍促进国际民用航空的全面发展。

1.1.3 国际民航组织发展大事记

国际民航组织的起源要追溯到第一次世界大战前，即1903年12月莱特兄弟历史性飞行后不久的一段时间。国际民航组织的发展历程在其网站上有非常翔实的介绍，在这里仅讨论其主要的里程碑事件。

1910年巴黎公约。在法国的邀请下，第一次有关制定国际航空法律的重要会议于1910年在巴黎举行，来自欧洲的18个国家出席会议，由此开启了该机构的漫长发展历程。

1919年的巴黎公约建立了国际空中航行委员会（ICAN）。第一次世界大战完全改变了航空业的发展历程，因此在1919年战争进入尾声时，法国凡尔赛宫将国际航空会议提上了日程，也算是顺理成章。应法国的再次邀请，战后同盟国在巴黎会晤以处理民用航空的技术、运营和组织方面的事宜。1919年，巴黎公约最终得到了38个国家的批准，公约包括43项条款，这些条款成为空中导航管制的主要起点。此举标志着空中航行国际委员会的成立，在其后的25年里，该委员会的总部设在巴黎。

世界大战之间的公约和区域主义。虽然ICAN对于全球航空的发展与合作有着巨大推动力，但两次世界大战之间的国际会议重点是关注区域，而不是全球问题。这些国际会议重点关注1910年巴黎公约（ICAN）各种政治和区域的差异，这一时期的重要会议及其主题如下：

1926年，马德里公约（国家平等权）
1927年，海牙会议（第一航空邮件）
1928年，哈瓦那公约（航空互通自由权）
1928年，国际民用航空会议，哥伦比亚特区华盛顿（庆祝小鹰号Kitty Hawk 25周年）
1929年，华沙公约（国际责任）
1938年，泛美会议——利马（1916—1938年美国和南美洲举行的一系列泛美会议中的最后一次会议）

1944年芝加哥公约——国际民航组织的诞生。第二次世界大战结束时，美国和英国的领导人开始研究战后民用航空的潜在问题，旨在促进经济发展，治愈战争带来的创伤。这些研究促成美国邀请55个国家出席在芝加哥举行的国际民用航空会议。这次会议的目标之一是实现国际规章和标准的统一，这在ICAN和哈瓦那公约之间是存在分裂和欠缺的。这次会议在技术领域也完成了重要工作，芝加哥公约为世界各地建立共同空中航行系统铺平了道路。芝加哥公约的主要成就包括：

- 国际民用航空公约为航空基本公共国际法的完全现代化提供了基础。
- 起草了12个技术附件，涵盖了国际民航的技术和运行方面，如飞机适航性、空中交通管制、电信和航空导航服务。
- 在特定地区建立了地区和区域办事处，那里运行条件和其他有关参数是类似的。
- 建立临时性国际民用航空组织（PICAO），直到永久性国际民航组织在1947年4月成立生效为止。
- 芝加哥公约与国际民航组织开始生效后，ICAN被解散，同时哈瓦那公约被取代。最后，国际社会采用了唯一的统一机构标准。

国际民航组织的成长——第二次世界大战后的发展和新挑战。“二战”后，随着飞机尺寸增大、速度提升和可靠性增强，空中运输显然正快速成为重要的经济力量。在美国领导下，民用和军用飞机运行被整合进入一个共同的空中航行和通信程序系统。加拿大蒙特利尔被确定为新的国际民航组织总部，来自美国的Edward Warner博士当选为国际民航组织主席。他担任此职长达10年。

战后关于空中航行和通信的几个重要技术决定如下：

- 对飞机近进和着陆有帮助的标准是仪表着陆系统（ILS）。
- 标准短距导航辅助办法和距离测量设备（DME）标准被选作甚高频全向无线电（VOR）标准的补充；同时标准远距导航辅助办法被选作远距空中导航（LORAN）无线电系统的补充。
- VHF语音通信被选作空地通信的主要手段。
- 采用空中交通走廊，以确保飞机安全间隔。这一概念逐渐发展成现代航路系统。

- 随着喷气式飞机的提速，国家和国际民航组织区域办公室之间需要更多航空交通合作。在新国际民航组织的领导下，拥挤的航路得到有效管理。

国际民航组织——未来安全挑战。如今，国际民航组织已发展到覆盖全球，包括190个国家。2010年10月，国际民航组织在蒙特利尔举行第37届大会，会上列出了以下安全挑战：

- 积极主动地在复杂的运行环境中提高安全水平，使用广泛的技术，从飞行在同一空域的老一代和最新一代（NextGen）的飞机到逐步实行远程控制的航空器。
- 侧重于关注具有最高风险的地区。

在这次大会上，国际民航组织的安全策略基于以下三方面考虑：

- 安全信息的透明度和共享。
- 更多的区域安全组织参与。
- 增加监管机构与行业利益相关者的合作。

1.2 美国联邦航空管理局（FAA）

1.2.1 概述

美国联邦航空管理局（FAA）为美国政府机构，主要负责民用航空的安全。FAA依据1958年联邦航空法建立，起初称为联邦航空署（Federal Aviation Agency）。1967年，FAA成为交通部的一部分之后，名称发生变更（变为联邦航空管理局）。按其网站所述，FAA的主要角色和职能包括：

- 管理民用航空，促进安全。
- 鼓励并发展民用航空，包括新的航空技术。

- 为民用和军用飞机导航，并开发运行空中交通管制的通用系统。
- 研究和发展全国空域系统 NAS 及民用航空。
- 开发并实施项目，以控制民用航空飞机噪声和其他影响环境的因素。
- 监管美国商用航天运输。

1.2.2 背景

FAA 负责展开各种活动，以支持上述的功能。根据 FAA 网站内容，这些活动包括：

- 安全监管。FAA 发布并执行规章制度及飞机生产、运行和维护方面的最低标准，负责飞行员的等级划分和证书颁发，并为服务航空承运人的机场发放证书。
- 空间和空中交通管理。FAA 的主要目标是安全有效地使用可航空域。该机构掌握着机场指挥塔台、航线交通管制中心和飞行服务站组成的网络。它制定了空中交通规则、分配使用空间并提供空中交通安全控制。
- 空中导航设施。FAA 负责为空中导航构建或者安装可视的电子辅助设备，并负责这些设施的维护、运行和质量保证。其他为帮助空中导航和空中交通管制而维持的系统有语音/数据交流设备、雷达、电脑系统和飞行服务站的视觉显示设备。
- 国外民航。FAA 促进民航安全并鼓励国外民航的发展。其活动有：与外国政府交换航空信息；为国外飞机修理厂、飞行员和机务人员办理认证；提供技术帮助和培训；协商双边适航协议并参加国际会议。
- 商用航天运输。FAA 管理并鼓励美国商用航天运输业的发展。它为商用航天运输业运行设备，以及私营部门开发运载火箭进行空间载荷活动办理许可。
- 研究、工程和开发。FAA 展开研究、工程和开发工作，旨在为安全有效的空中导航和空中交通管制提供所需系统和流程。它支持改进飞机、发动机和设备开发，以及开展特定方面的测试和评估工作，如航空系统、设备、材料和流程。
- 其他工作。FAA 提供一个可以登记飞机并记录对飞机所有权或利益造成影响的文件系统。除此之外，该机构管理航空保险工作，制定航空图表规格，公布航空公司和机场服务信息和其他与航空相关的技术事项。

1.2.3 美国联邦航空管理局重要规章大事记

现今航空安全管理的源头可追溯至第一次世界大战之后商业航空起步时期。许多服役归来的飞行员购买了剩余的军用飞机，将其变为商用。这些乐天知命的特技飞行员进行全国巡演，不仅表演，还载运当地城镇居民。到20世纪20年代，飞机被用于广告宣传、空中摄影、农药播撒，在禁酒时期还被用于非法运载酒水。飞机被用于定期客运服务领域的历史并不长，其主要服务对象是东海岸地区的富有游客。与美国发展成熟的铁路和水运网络相比，乘坐飞机的费用太高。

航空邮政服务。20世纪20年代初，美国开始提供航空邮政服务，极大促进了商业航空的发展。邮政部（Post Office Department）规定其从业飞行员要经过测试，且飞行时间不少于500小时。邮政部建立了飞机检查机制并为飞行员提供预防性维护计划。这些早期的规定要求提高了航空邮件运输的安全性。1924年，商业飞行员的死亡率为平均每飞行13500英里死亡一人，而航空邮政服务为平均每飞行463000英里死亡一人。

1925年，国会发布《空邮法》（*Air Mail Act* of 1925），授权邮政部将航空邮政私营。在1926年和1927年有12家航空公司开始运营，其中有些发展成了今天主要的航空公司。这些航空公司提供的旅客服务有限，因为客运比邮件运输利润薄。开始时，航空邮件承包人可获得一部分邮费收入。但在1926年，《空邮法》修正案规定按重量付费。20世纪20年代，主要由小型独立航空公司提供客运服务，它们使用的是Ford和Fokker trimotor飞机，这是如今通勤航空和空中的士服务的先驱。

早期的安全立法。由于没有联邦安全计划，美国很多州通过法律对在飞行许可和登记方面提出要求。此外，地方政府制定法令，用于管理航班运营和飞行员，拼凑出一系列安全相关要求。尽管航空业强烈支持联邦立法，但国会无法在法令范围和实质性内容方面达成协议，直到1926年才通过了《航空法典》（*Air Commerce Act*）。国会讨论的主要问题包括：是否要区别军用和民用航空活动，州政府和地方政府应负什么责任以及怎样为机场提供联邦支持。

新法律使商业部在商业航空和责任方面得到授权，以促进刚起步的航空业发展。法案主要条款授权在洲际及对外商业领域管理飞机和飞行员；为机场制图和照明、维护应急停机坪、为飞行员提供气象信息方面提供联邦支持；授权开展航空研究和开发项目；对航空事故进行调查。而地方政府有权控制机场。

在商业部内部建立了新的航空处（Aeronautics Branch）以监督新法律的实施，包括已经参与航空活动的部门。航空处监管部门成立 9 个地区办公室，以检查飞机、飞行员、机务和设施状况。地区办公室与华盛顿办公室一样负责发放许可证和资格证。尽管商业部的责任现在归于交通部（DOT）及其下属机构 FAA，但基本的责任分配模式沿用至今。

在第一套法律起草工作中，飞机制造商、航空运输经营者和保险行业做了很多工作。与现在的标准相比，当时对飞行员的要求很少。除了要通过书面和飞行测试，还要求运输飞行员有独立飞行 100 小时的经验，而行业飞行员只需要 50 小时。现在认证飞机和发动机的流程也发展于这些早期的规定。要求飞机制造商符合 1927 年商业部公布的最低工程标准，每种机型的所有飞机都要进行试飞，以取得适航证书。

航空处还收集分析飞机检查报告、飞行员记录和事故调查相关数据资料。保险业可以使用这些数据，保险统计借此得以发展，直接后果是许多航空公司保险率大幅减少。但是，商业部认识到它需要在航空业发展方面发挥作用，不愿公开个人事故调查结果，尽管《航空法典》法规要求其进行公开。最后，《航空法典》于 1934 年得到修订，授予商业部长调查事故的广泛权力，其中包括强制要求其公开发布调查结果报告。国会的这一政策更加重视安全问题，而不是一味维护行业的形象。

实施加强安全的补充法规之后，客运飞机和私人飞机的事故明显减少。1930—1932 年，每 1 亿客英里的死亡率降低了 50%。对定期州内航班的飞行员来说，更新以后的法律法规提出了更严格的要求，包括飞行时间限制。

飞行员被限定每月只能飞行 100 小时，12 个月飞行 1000 小时以内，任一 7 天飞行 30 小时以内，任一 24 小时飞行 8 小时以内。每 7 天周期须休息 24 小时。这些要求于 1934 年实施，它其实和现在的规定无异，只是现在的规定较以前进行了更新，限制飞行员每月飞行110小时以内。另外，商业部可授权放弃每24小时飞行8小时的限制。由于一名飞行员飞行时间超过8小时而发生死亡事故，同时也受到来自航空公司飞行员协会（Air Line Pilots Association）的压力，可放弃8小时限制的规定最终被取消。

其他要求规定了机组人员构成，建立了飞行学校的标准，改进了起飞状况和落地流程，确定了最低飞行高度和气象限制，还要求多引擎发动机可以在一台发动机无法工作的情况下飞行。此外，从1930年开始为提供洲际商业定期航班的航空公司颁发许可证。

早期的经济管制。在20世纪30年代，由于行业扩张及飞机和通信技术的发展，需要不断改进法律法规、航空公司和机场。但是，预算不足使商业部不能进行充分检查并且无法满足航空公司的发展需要。而且，1935年、1936年和1937年发生了一系列死亡事故，其中有一名参议员在新墨西哥丧命，人们开始质疑现有法律法规的适用性。死亡率则从1935年每1亿客英里的4.78增长到1936年的10.1。

1938年出台的《民用航空法》（*Civil Aeronautics Act*）标志着经济管制的开始。它要求，如果有航线通过公共便利和必需测试，不管有没有邮件运送约定，航空公司都可得到在特定航线上提供服务的许可。

《民用航空法》建立了民用航空局（CAA），该机构负责安全项目和经济管制，涉及航线许可、航空运价和航空邮件费率。在CAA内部有一个独立的管理处负责管理民用航空公司、导航设施和空中交通管制，直接向局长报告。1934年，纽瓦克、克利夫兰和芝加哥之间空中客运增长，促使一些航空公司建立起空中交通管制系统。但到1936年，商业部取得该系统的控制权并发布了新的仪表飞行规则。

但是，1940年6月，按照1939年重组法案规定，CAA再次移交给商业部，形成了民用航空委员会（CAB）。CAB负责监管和调查事务。

"二战"期间，联邦在航线和机场发展方面职能剧增，遂通过了1946年《联邦机场法案》（*Federal Airport Act*）。也是在这一时期，联邦开始对州和城市进行资助，联邦政府负责空中交通管制。尽管如此，监察员力量却跟不上新飞机、飞行员和航空相关设施的迅猛增长。从1940年开始，CAA就已经指定将部分认证流程交给航空业处理。例如，飞行教员可以授予飞行员资格证书，一架得到认证批准的修理工修理的飞机可以飞行30天后再由空闲下来的

CAA 监察员检查。“二战”后，CAA 将其飞机认证和检查限制为检查飞机、发动机和螺旋桨。制造商负责确保飞机其他部件达到 CAA 标准。

战争期间和战后，监管和组织方面发生了变化。1938 年，CAA 的地区办公室数量减至 7 家，到 1945 年它们的自主性更强了。虽然华盛顿方面还在制定技术标准和政策，但地区办公室开始直接负责其地区工作。除了在 20 世纪 50 年代末短暂回归集中管理，FAA 的地区自主性一直保持到现在。

20 世纪 40 年代末和 50 年代初，几起坠机亡人的事故促发了标准的修订工作。设定最低可接受性能要求，提出性能要求是为了确保在关键飞机部件失灵后可继续安全飞行，基于当时的飞机和发动机设计方面考虑，这些标准也对小型和大型飞机进行了区别。小型飞机的最大起飞许可重量小于等于 12500 磅，重于 12500 磅即为大型飞机。尽管飞机设计变化巨大，但 FAA 现在仍在使用这一区分标准。

第二次世界大战之后的行业发展。战时运输飞机的剩余及飞行员的增加发展形成非定期运营或称空中的士飞机（air taxi）。根据 1938 年的《民用航空法》规定，这些运营工作不受经济管制，它们用小型飞机短途运送人或物，通常是飞往那些获得认证的航空公司不提供航班的地方。当时，CAA 较为体谅这些私营小型运营商，对空中的士飞机的安全规定不那么严苛。1952 年，豁免经济制约的做法永久固定了下来，即使对使用小型飞机提供定期航班的航空公司也是一样。

在“二战”后的 10 年里，航空运输行业发展日新月异。该行业引进了飞行速度更快、运送旅客更多的增压飞机，起初是 Lockheed 公司制造的 Constellation 飞机，这种飞机运载量为 60 名旅客，比 DC－4 每小时快 70 英里。为与 Lockheed 竞争，Douglas 开发出 DC－6。之后又出现了两者的更新版 DC－7 和 Super Constellation飞机。

除定期客运航班服务，CAB 在 1949 年将公共便利和必需的临时许可授予四家全货运航空公司之后，货物空运行业得到了扩展。这四家航空公司是 Air News、Flying Tigers、Slick 和 U. S. Airlines。1949 年，商业运营商（为获得补偿或者提供工作职位而展开航班服务）也纳入了认证和运营规定管理范围。

但是，客运量不断增加，就需要改善机场以容纳更大更快的飞机，而联邦对 ATC 设施、机场发展和航空公司现代化的支持工作不到位。20 世纪 50

年代初，CAA 面临预算缩减，不得不放弃 18 个小城市的管制塔台和大量通信设施，推迟喷气式飞机发展和改进导航工作，并缩减研究工作。此外，CAA 地区办公室从 7 家减少到 4 家，关闭了 13 家安全检查驻地办公室，而行业指派人员计划有所扩大。

联邦航空署。1956 年，喷气式飞机即将投入使用，却发生一架 DC－7 和一架 Super Constellation 飞机在大峡谷上空相撞失事，促使国会授权提高安全方面研究水平并增加联邦监察人员。1958 年，国会通过了《联邦航空法》，依据该法案建立了新的航空机构——联邦航空署。它承担了 CAA 和 CAB 的一些责任和职能，负责航空商业培育、安全工作管理、所有未来的 ATC 和导航系统，以及领空（airspace）分配和政策制定。CAB 得以保留，成为负责经济监管和事故调查的独立机构。另外，联邦航空署署长得到授权可以在事故调查中发挥一定作用。在实际工作中，联邦航空署定期调查事故，查找违规运行、设备失灵以及飞行员失误方面的情况。此外，CAB 授权联邦航空署调查非死亡事故方面的责任，涉及重量不足12500磅的固定机翼飞机。

1958 年，《联邦航空法》中的安全条款重申了早期航空章程，授权联邦航空署制定规章制度以促进民用飞机飞行安全，所涉规定包括：

- 飞机、飞机发动机、螺旋桨及配件设计、材料、工艺、构建和性能的最低标准。
- 飞机检查、维护和修理、飞机发动机、螺旋桨和配件方面合理的法律法规和最低标准，包括这些活动中使用的设备设施。联邦航空署还得到授权，可以指定监察、维护和修理的用时和方式，允许具有资格的机构外人员开展检查工作并代替机构工作人员提交报告。
- 管理备用飞机、飞机发动机、螺旋桨、配件和飞机燃油供应的规章，包括飞机上装载的燃油供应。
- 飞行员及航空公司其他工作人员最长工作时间或者工作年限方面的合理规定。
- 其他管理实践、方法和流程合理的法律法规，这些规定是保持国家航空商业安全必需的条件。

另外，法案在飞行员、飞机、航空公司、空中导航设施、飞行学校、维修设施及机场认证方面都有明确规定。在机构成立后的几年中，尽管监管受到业界公司强烈反对，联邦安全法规在管理培训和设备方面还是得到了加强。20 世纪 60 年代，工作人员数量增长，检查工作步伐加快，包括检查航线飞行员以及审查航空公司维护运营和机构组织。FAA 员工数量从 1959 年的 3 万人增长到 1961 年的 4 万人。

1966 年，联邦航空署改为联邦航空管理局（FAA），并移交给了新成立的交通部（DOT），还成立了国家运输安全委员会（NTSB），发现并报告交通事故原因及展开安全和事故防范方面的特殊研究。CAB 的事故调查职责移交给了 NTSB。

1970 年的《机场和航线发展法案》（*Airport and Airway Development Act*）又重新开始支持机场、ATC 和导航系统方面的改善工作。该法案成立了机场和航线信托基金，该基金资金部分源于从航空机票和航空燃油中征收的税款。这一法案规定在随后数年中再次得到授权。

航空公司放松管制。由于民众普遍不满 CAB 政策，并相信增加竞争会改善客运服务并降低商业航空公司票价，1978 年国会颁布了《航空公司放松管制法》。根据洲际航空公司记录，国会相信票价可以降低，在同等距离内，洲际航空公司票价是民用航空局规定费用的 50%—70%。另外，在 1976 年和 1977 年间，CAB 已经对定价竞争减少了限制，这样就可以让更多的航空公司在许多城市实现对式航线运营。

6 年后，法案明确取消了 CAB 对航空公司准入和退出、航线及票价的控制。1984 年，CAB 将所有职能移交给了 DOT。这些职能包括评估飞机安全合格状况并发放职责运营许可证、收集并公开航空公司财务数据，以及保护消费者免受不公平和欺诈性做法的侵害。

在联邦监管的 60 年时间内，联邦监管和安全监控职能不断得到重组和再定义。不仅如此，虽然航空安全记录不断改善，但公众对 FAA 如何执行其基本职能仍然心存疑虑。

1982 年，《机场和航空公司改进法案》重新发起机场和航空公司信托基金工作，但对使用税计划略有修改。该法案授权新的资本拨款计划，称为机场改进计划（AIP）。从根本上而言，AIP 和之前的机场发展援助计划（ADAP）并没有什么不同。它旨在支持综合机场的国家系统，该系统以国家航空运输系统的视角看待各大小机场的角色。鼓励最大化联合利用那些使用不足的非战略性美国军用机场（military fields）。1982 年法案之中还有一个条款，为机场噪声兼容性项目提供资助，以 1979 年的《噪声削减法》（*Noise Abatement Act*）授权执行噪声兼容计划。

1990 年《航空安全和容量扩展法案》（*Aviation Safety and Capacity Expans - ion Act*）授权客运设施费用（PFC）项目为资助机场相关项目提供资金，以维护抑或提高安全、容量或安保；降低机场噪声也是这一系统的题中应有之义；或者通过地方向每位登机乘客征收费用提供机会以优化航空公司之间的竞争。该法案还制定了针对现在或者过去军用机场的《军用机场项目》（*Military Airport Program*），该项目通过在主要大都市提高机场和空中交通管制系统的方式以改善国有交通系统的容量。

商用航空的演进。航空公司是基于 FAR121 部或者 FAR135 部规定得到 FAA 认证以提供航空客运或者货运的运营商或公司。这些经营者须遵从经营规范并获得航空公司运营证书，这些证书描述了航空公司的运营条件、授权和限制条件。

1995 年 12 月 14 日之前，FAR121 部规定管理 30 座以上的多引擎或有效负载为 7500 磅的飞机。按照运营规范授权，FAR121 部所指运营商可以是国内航空公司（一般在美国国内提供定期旅客服务），也可以是补充性航空公司（全货运和包机运营商）。

从 1995 年 12 月 14 日开始，定期旅客服务中 10 座或以上以及所有涡轮喷气式飞机必须在 FAR121 部规定下运行；9 座或以下的通勤航空或是按需 30 座或少于 30 座的空中的士飞机或是旋翼飞机依然在 FAR135 部管理下运营。在 FAR121 部规定下运行，飞机必须满足更多的涉及运行和飞机的认证，以及设备和性能更新的标准。

通勤航空规章要求支线型航空公司（通勤航空公司）符合几乎所有的 FAR121 部运行和安全要求，就像大型主流的航空公司。1995 年之后，支线型航空公司通过和大型航空公司之间的代码共享协议快速发展，糟糕的是支线型航空公司不像大型航空公司那样具有相同的安全记录。

新世纪。美国联邦航空局在 21 世纪初，其组织和基础设施的现代化不断更新。2000 年 4 月，面向 21 世纪航空投资和改革 Wendell H. Ford 法案有两个主要的规定。第一个是创建联邦航空局的空中交通组织（ATO），其中提供了新的运行结构，侧重于在新 ATO 首席运营官下的空中交通管制系统有效运作。第二个是设置联邦航空局举报人保护程序，保护员工报告其领域中的安全问题。

下一代航空运输系统（NextGen）。2003 年 12 月，这项雄心勃勃的新法案得以签署，创建了集成一体化的项目，来改善过时的美国联邦航空局空中交通技术基础设施。NextGen立法的目标是：

- 提高安全、安保、效率、质量的水平，能够负担得起国家空域系统和航空服务。
- 利用基于地面和空间基础的通信、导航和监视技术的数据。

这后一目标强调使用国防部创建的全球定位系统（GPS）导航卫星集群。将在第八章空中交通安全系统对 NextGen 进行更充分的讨论。

Colgan **航空公司空难和它的后果**。2009 年初，一家支线通勤航空公司从纽瓦克自由国际机场飞往布法罗中在最后进近阶段坠毁，造成 50 人死亡（Colgan 航空公司 3407 航班）。这次事故的详细情况将在第五章安全统计数据回顾中进一步探讨。此单一事故对商业航空安全有深远影响，新的立法在其后通过。

航空公司安全和 2010 年联邦航空管理局法案在 2010 年 8 月 1 日通过，此法案在航空公司安全和飞行员培训的改进规定方面有了明显的变化。该法案第二款要求联邦航空局要出台在各种领域中新的规章：

- 建立一个全面的 FAA 飞行员档案数据库，以确保航空公司能够访问所有有关飞行员培训的信息。
- 建立联邦航空局关于航空承运人安全和飞行员培训的特别工作组，以评估行业中的最佳做法并提供建议。
- 由交通部总审计长对 FAR121 部空运承运人进行高级别审查。
- 建立飞行人员辅导、专业提升和领导力项目，强调高标准的专业表现，特别侧重严格遵守“驾驶舱规则”，消除机组之间在飞行的关键阶段不必要的语音通信。
- 研究航空行业有关机组搭配，机组资源管理和居所至航空公司枢纽间通勤的最佳做法。

· 执行特定的 NTSB 对 Colgan 空难补救培训建议，这些建议与飞机失速和恢复训练、推杆器和天气事件培训相关，包括结冰条件、微爆流和风切变等。

· 建立一个多学科小组，建议 FAR121 部和 FAR135 部培训方法的最佳做法，包括飞行员初始和复训要求、课堂教学要求；允许授予航空运输飞行执照的特定学术培训课程等。

· 美国联邦航空局每年至少对支线空运承运人进行一次随机现场安全检查。

· 特别强调通过具体限制飞行员飞行和执勤时间的规定来应对飞行员的疲劳问题。FAR121 部要求空运承运人必须提交“疲劳风险管理计划”，并每两年进行一次更新。

· 在以下领域加强四个行业的自愿安全项目：

  ➢ 航空安全行动计划（ASAP）

  ➢ 飞行运行质量保证项目（FOQA）

  ➢ 航线运行安全审计（LOSA）

  ➢ 高级资格项目（AQP）

· 具体发展和执行 ASAP 和 FOQA 项目如今要遵循 FAR121 部的要求。

· 安全管理体系（SMS）对于所有 121 部空运承运人是法规性的要求。这确实是革命性的变化，对商业航空业将产生深远影响。根据该法规，每个承运人的 SMS 应考虑 ASAP、FOQA、LOSA 和 AQP 的概念。

· 增强对航空运输飞行员（ATP）执照的要求。根据该法案，所有飞行机组必须都持有 ATP 执照，这是根据美国联邦航空局规例最高的飞行员认证。这一要求对以前允许具有商业执照的飞行员担任副驾驶的支线（通勤）航空公司来说是一个重大转变。该法案规定了违约条款，自颁布此法 3 年（2013 年 7 月 31 日）后所有 FAR121 部飞行员要获得 ATP 执照。

飞行员获得 ATP 资格的最低要求是至少 1500 飞行小时和飞行培训、学术培训和操作经验：

· 在多机组环境下有效地运作。

- 在恶劣的天气条件下，包括结冰条件，能够有效运作。
- 在高空有效运作。
- 坚持最高的专业标准。
- 在一家承运人的运行环境中有效运作。

成立了一个专家小组，访问并建议具体学术培训课程的学分，此举可加强安全，不只是要求飞行员充分遵守 1500 飞行小时的要求。美国联邦航空局必须于 2010 年 8 月 1 日后的 3 年内，颁布最终规章以确保全面遵守该立法。

1.3　美国环境保护署（EPA）

1.3.1　概述

1970 年 12 月 2 日，政府行政部门建立环境保护署（EPA），作为施行尼克松总统 1970 年 9 月 7 日第 3 号改组计划（Reorganization Plan）而成立的独立机构。成立 EPA 是为了使政府在环境问题方面的做法协调有效。环境保护署综合各种研究、监控、标准设定和执法活动，力求系统性地减少和控制污染。为完成其他活动，EPA 协调并支持州政府和地方政府、公私团体、个人和教育机构方面研究和反污染活动。对于其他联邦机构工作对环境的影响，EPA 还对其进行加强巩固。EPA 负有特别责任，须公开其环境影响评估建议，并游说公众反对从公众健康、社区福利和环境质量立场来关注不理想的建议/项目。EPA 使命是支持国家对高质量生活环境的发展。

1.3.2　背景

在 EPA 成立之前，没有一家综合机构系统地处理空气、水和土地污染问题，这些问题影响着美国每个人的日常生活。当时存在的机构大多将空气、水和土地污染等领域分离起来。但空气、水和土地污染之根源密切联系且交织重叠。例如，像电站这样的污染源，排放的烟和化学物质会污染空气，产生的固体废物会污染土壤，排放的化学物质或其他废物会污染河流湖泊。另外，控制空气污染可能会产生固体污染，继而污染土壤或者水。相反，治理废水排放可能会产生固体污染，这些物质必须在地面或者在焚化炉里处理掉，这又会造成空气污染。最后，有些污染物质可能会在所有三种媒介中出现。控制这种复杂问题要求各种独立机构和部门协调一致，但往往不会产生有效力的监管措施。因此，为满足将不同部门整合化一的要求，建立了 EPA。根据改组计划 No. 3，下列这些机构职能在环境保护署中得到巩固加强：

· 国家空气污染控制管理，属于卫生、教育福利部（Department of Health, Education, and Welfare）职能。
· 内部联邦水质管理局部门（Federal Water Quality Administration）。
· 环境质量委员会（The Council on Environmental Quality），有权开展与生态系统相关的研究。
· 食品和药物管理局（The Food and Drug Administration）的农药部门，这是卫生、教育福利部的组成部分。
· 内部农药研究部门（The Department of the Interior's pesticide studies' division）。
· 农业部的研究服务团队，处理农药注册登记和相关事务。
· 固体废物管理局（The Bureau of Solid Waste Management）和饮水卫生卫生局（The Bureau of Water Hygiene）。这里还包括由环境控制管理局放射健康局履行的责任，它是卫生、教育福利部的组成部分。
· 原子能委员会（Atomic Energy Commission）及联邦辐射委员会（Federal Radiation Council）的放射性标准分类。

1.3.3 影响航空运行的重大环境保护法律大事记

《国家环境政策法案》(NEPA)。1969 年的《国家环境政策法案》意义重大，这是建立广泛的环境保护国家框架的首部法律。NEPA 的基础政策是确保政府所有部门开展主要工作，如在建立机场、军用综合设施、公路、公共场地购买和其他建议的联邦活动前，仔细考虑其对环境的影响。该法案要求对所有重大活动及潜在行动法案的影响做出环境评估（EAs）和环境影响评介（EISs）。

《清洁空气法案》(CAA)。1970 年的《清洁空气法案》（CAA）监管区域性、静态和动态污染源方面的空气排放。该法案授权环境保护署建立国家环境空气质量目标（NAAQSs）以保护公众健康和环境。制定该法案是为了在1975年之前在美国各州完成NAAQSs。法案规定了污染的最大限度，同时要求各州制订详细计划（也称作SIP），控制州内各个工业污染源的污染程度。1977年，法案得到修订，给各州更多时间以完成NAAQSs的要求。1990年，《清洁空气法案》再次进行修订，以处理酸雨、地表臭氧、平流层臭氧破坏和毒性空气污染物等特殊污染问题。受该法案管辖的典型航空行为有飞机发动机排放以及燃油排放等。

近年来，全球气候变暖已成为一个重大问题，飞机排放对于环境保护运动非常重要。飞机是温室气体的排放者，即在地球的气候内捕获太阳热量的化合物。环境保护署现有权力根据《清洁空气法》规管温室气体排放，或国会能通过排污交易（cap - and - trade）或碳税建议解决航空立法。其他国家特别是欧盟，可能会试图控制航空排放量。在这个绿色能源的时代，航空温室气体排放量在可预见的未来仍将是难题。

《水清洁法》（CWA）。起初是1972年的《联邦水污染控制法案修正案》，处理公众关心的水污染问题，1977年，这一法案得到修订，开始被称为《水清洁法案》。法案给予EPA权力，可以实行污染控制项目，如制定工业污水标准和地表水质量标准。根据该法案，除非得到准许，否则任何人将污染物排入可航行水域都是非法行为。它还建立政府津贴，为构建污水处理厂提供资金。1981年，市政建设补贴程序得到精简，污水治理工厂如果得到项目资助，应改进处理能力。1987年，资助策略转变为建立在EPA和州政府合作关系上。导致建设补贴计划失效，被国家水污染控制周转基金取而代之，常被称为国家净水循环基金。

《资源保护回收法》（RCRA）。到目前为止，这一法案涉及范围最广，对航空业最为重要。1976年制定的该项法案使EPA有权“从头至尾”控制有害废弃物处理。这种管理模式覆盖废物处理整个过程，从生产运输到治理、储藏及处置。有害废弃物可能是固体的、液体的，也可能含有会污染环境的气体物质。为了达到监管目的，废物分为两大类，名录内废物（listed wastes）和典型废弃物。400多种特定物质在“名录”分类下得到监管。可燃性、腐蚀性、活性及有毒性废弃物在“典型废弃物”分类下得到监管。航空运行的有害废弃物产生于：

- 飞机油漆、去油和清洁产生油漆废物、酚类化合物、有机溶剂、酸性物质和碱性物质。
- 电镀、拆分、防锈处理及去污处理产生的氰化物、铬和其他有毒金属。
- 燃油系统和储油罐的泼溅及渗透产生燃料、油和油脂。
- 飞机、空中交通管制塔台援助及其他能源供应废旧或者漏液电池产生的有毒（铅、锂、镍及镉）和活性（酸）废弃物。
- 未分类废弃物，包括用来除冰的乙二醇和其他清洗剂。

RCRA 只关注现有及以后设施，不处理废弃或历史污染地。后者由 CERCLA 处理。

《危险和固体废物修正案》（HSWA）。联邦 1984 年《固体废物修正案》对 RCRA 做了重要修改。修订法案禁止在土地上处理有害废弃物，加强了在水循环方面以及从旧的废弃设施中产生污染物的限制要求，加强了 EPA 的执法权力，并制定更为严苛的有害废弃物管理标准。按照 RCRA 分标题 I 的规定，HSWA 还综合处理地下存储石油和其他有害物质的地下储油罐（USTs）引起的环境问题。UST最大的潜在危害是它们所容纳的物质可能会泄露、渗进土壤并污染地下水。渗漏的 UST 会引发火灾和爆炸，也会造成其他健康和环境危害。HSWA 还处理地上储油罐及其运输的管理问题。另外，RCRA 参照了交通部的《危险品运输法》（*Hazardous Materials Transportation Act*）（HMTA），该部门管理危险品空运、水运、铁路运输或公路运输的包装、标签和运输。燃油储藏设备和停机坪加油运维（ramp fueling operations）是由该法规管理的典型航空运行。

《有害物质管理法》（TSCA）。1976 年，国会颁布《有害物质管理法》，使 EPA 有权追踪工业化学物质的生产或者向美国出口情况，如果构成极大风险，EPA 有权禁止其生产或者进口，另外，EPA 将强制命令融入基础建设，追踪每年由行业开发的几千种新化学物质，这些物质可能有未知的或危险的特性。借此权力，EPA 可以在必要时监督控制这些化学物质以保护人类健康和环境。根据 EPCRA 规定，TSCA 是《清洁空气法案》和《排放毒性化学品目录》（*Toxic Release Inventory*）的补充法案（参阅下文）。飞机生产和装配、废气和废水排放受此法规监管。

《环境应对、赔偿和责任综合法》（CERCLA）或“超级基金”。1980 年的《环境应对、赔偿和责任综合法》给予联邦政府广泛权力，它直接回应了对公众健康或者环境有害的化学物质的排放或者潜在的排放问题。该法案提出关闭或者放弃有害废物场，并追究有害废弃物污染场地相关人等责任。该法案还使 EPA 有权追寻对污染负有责任的各方，并强令其清理。最后，该法案还向化学物质和石油征税，筹集资金，以便在找不到负责方的情况下对污染物进行清理。因此，该法案也被称作超级基金（Superfund）。基金在前 5 年内筹集到 16 亿美元，主要用于清理已废弃的有害废弃物场地。该法律典型使用案例可能就是飞机填埋场以及涉及地下燃料储藏库旧的（停用的）燃油排放/储存设施。

《超级基金修改与再授权法》（SARA）。由于超级基金管理要求非常复杂，对项目进行不断变更和补充，产生了 1986 年的《超级基金修改与再授权法》。几个地点明确的修订案、定义、说明和技术要求增添到法律之中，包括补充的执法机构。资金规模增加到 85 亿美元，以在全国范围内进行清理活动。该法案的其他突出特性是，它要求各州涉足超级基金项目的各个部分，重视有害废物场地造成的人类健康问题，并鼓励大型社区参与有害物场所清理决策制定过程。SARA 的标题Ⅲ还授权了《紧急规划和社区知情权法》（EPCRA），下面将会讲到它。美国大多数公司受到 SARA 标题Ⅲ的影响。

《紧急规划和社区知情权法》（EPCRA）。它也被称为 SARA 的标题Ⅲ。1986 年，国会通过 EPCRA。颁布该法律是为了帮助地方社区保护公众健康、安全和环境不受化学性物质危害。根据法案要求，每个州要任命一名州紧急响应委员会（SERC），将该州划分为不同的紧急计划地区，并为每个地区任命一名地方紧急计划委员会（LEPC）。这些计划委员会中要有来自被认为对管理紧急状况非常重要的各群体的代表。重点考虑群体包括消防员、卫生官员、政府和媒体代表、社会团体、工业设施和危机管理者。飞机救援和灭火（ARFF）以及与飞机无关的机场火灾也属于此规定管理范围。

《油污法》（OPA）。通过 1990 年的《油污法》是为了加强 EPA 防范灾难性石油泄漏的能力。石油税资助建立起一个信托基金，在责任方缺乏能力或意愿的情况下清理泄漏。储油库和运输船只的经营者要向联邦政府提交详细的计划，解释他们将如何管理由于疏忽造成的大面积泄漏。EPA 还对地上储存设施有特定要求，这一法规可应用到航空加油和储存运行之中。EPA 对于内陆的泄漏有执法管辖权；美国海岸警卫队则应对海岸水域的泄漏。

当然，英国石油公司在墨西哥湾2010年4月20的采油井爆炸事件让《油污法》更为重要，这次爆炸地点接近路易斯安那州的密西西比河河口。按照《油污法》规定，责任方必须支付泄漏赔偿，英国石油公司同意建立200亿美元信托基金。这次事件对于环境所造成的灾难性特点对于未来航空燃油泄漏会产生影响。石油生产的新安全标准肯定会在未来出台。

《噪声控制法案》。按照1972年的《噪声控制法案》规定成立了EPA“噪声削减和控制办公室”（ONAC），EPA向FAA提交提议的飞机噪声控制法规，以促进并保护公众健康和福利。然后，FAA要在一份建议规章制定通知中发布提议的法规，通过听证会了解社会意见。1978年的《宁静社会法》扩展了1972年的《噪声控制法案》范围，包括民用飞机具体分贝设定限制；提高噪声排放标准；协调联邦降低噪声研究；与行业、州和地方监管人员合作，以开发一致标准；并资助噪声影响及降低噪声方面的研究。1979年《航空安全和减低噪声法案》授权FAA按照《机场改进计划》（AIP）给州及地方政府颁发噪声缓解和控制财政资助。1981年，国会虽然没有废除《噪声控制法案》，但停止资助ONAC。因此，尽管相关科学和技术发展，显示对噪声如何影响理解更深，但EPA已经不能在噪声降低和控制监管方面拥有主导地位，这导致EPA排放和标签化标准遭淘汰。1996年的《联邦航空再次授权法案》要求FAA任命航空噪声调查员，从而与公众在飞机噪声方面保持联络，并在FAA局长提议更改的飞机航线影响到人口密集地区时，提供咨询意见。

在第106届国会上提出的几项法案，使法律再次重视降低噪声即控制飞机噪声。三个法案包括降低飞过国家公园的飞机噪声等级，并禁止商业运营一些噪声等级太高的超音速飞机，降低大都市地区飞机起飞和落地时产生的噪声。《二十一世纪改革法案》提议增加资金以用于将噪声从降低31%到34%。《公法》（*Public Law*）106－81为2000财年预留2.07亿美元以备AIP噪声降低之用。此外，该法案指导FAA制定了更严苛的飞机噪声标准，并为国家公园和纪念碑空中旅行（与国家公园管理局合作）制订了管理计划，以降低飞机噪声对自然环境造成的影响。除以上法律之外，还颁布了一项法案，重新建立起EPA的噪声消除与控制办公室，并从2000—2004年以每年0.21亿美元资助其工作。这个重新建立的办公室最重要的职能是为州和地方社区提供技术援助和资金以开发噪声控制项目，并资助噪声对人类健康影响方面的研究。

1.4　美国职业安全和健康管理局（OSHA）

1.4.1　概述

1970年1月29日，尼克松总统签署了《职业安全和健康法案》（OSHA Act），使之成为法律（并于1971年4月28日生效），旨在保障工作人员有安全和健康的工作环境。该法案要求执行法案中规定的标准，协助并鼓励各州采取措施保证安全和健康的工作环境，并为职业安全和健康领域提供调查研究、信息、教育和培训。该法案还提出建立职业安全和健康管理局，作为监管机构，该部门将负责公布和执行美国安全和健康法规。它还提出建立国家职业安全与卫生研究院（NIOSH）以及职业安全与健康复议委员会（OSHRC）。国家职业安全与卫生研究院主要负责进行研究并提出预防职业病和工伤的建议。职业安全与健康复议委员会由总统任命和参议员认证的三名裁判员组成，它的主要职能是解决职业安全和健康管理局与行业之间的争议，不使之诉诸司法部门。尽管国家职业安全与卫生研究院和职业安全与健康复议委员会都是根据国会颁布的同一部法案建立的，但是它们是两个不同的机构，有各自的职责。国家职业安全与卫生研究院是美国健康和人类服务部的一个研究机构，而职业安全与健康复议委员会则是美国劳工部的一个下设机构，它主要负责建立和执行工作场所的安全与健康法规，这两个部门经常协力合作以保护工人们的安全和健康。

除了根据其他联邦法规已经受其他联邦机构保护的工作场所外，职业安全和卫生条例涉及所有在美国经商和工作的雇主和雇员。也就是说，职业安全和健康管理局的司法权并不能扩展到飞机上，但是适用于所有的地面、活动舷梯和机场运营地。尽管该法案并没有包括州和联邦机构，但是法令3900.19B要求FAA在各机构建立和维持职业安全和健康项目，该项目必须与1970年制定的职业安全和卫生条例保持一致。2000年8月7日，职业安全和健康管理局与FAA还另外签署了一个《谅解备忘录》，双方承诺携手合作改善飞机运行过程中空中服务人员的工作环境。通过签署该备忘录，一个由职业安全和健康管理局与FAA联合组成的团队将审查职业安全和健康管理局对空中服务人员应用的安全和健康标准，主要涉及记录存储、血源性病原体、噪声、卫生、危险交通设备、员工医疗记录等问题。该团队还强调对告密者进行保护。FAA 将发布一个新的政策声明，要求公众对该团队的建议进行评论。为此，职业安全和健康管理局在提出危害航空安全的标准之前需与 FAA 进行商议。根据《谅解备忘录》，职业安全和健康管理局将继续对其他航空业工作人员执行该标准，包括维护和地面支持工作人员，同时 FAA 将继续对驾驶舱工作人员、飞行员和副驾驶员执行该标准。

1.4.2 背景

职业安全和健康管理局建立之前，职业安全和健康主要由各州来负责。相关法规的执行比较分散，各个州情况不同，而且大部分都没有效果。当时存在的几个联邦法律应用范围狭窄，例如，1936 年《沃尔什 - 希利公共契约法》是《职业安全和卫生条例》的前身，它只用于交易额超过 1 万美元的联邦合同。工业部门的风险还难以控制，包括从可能伤害或者威胁工人生命的外露设备和不设防的运动部件到紧急情况下可能使个人陷入困境的触电和封锁或者锁住的出口。所有事件中最著名的是 1911 年发生在纽约城三角工厂的一场大火，该工厂为了防盗将出口锁住，致使大火发生时工人无法从出口逃走，146 名纺织工人被烧死。1907 年的匹兹堡调查对宾夕法尼亚州阿勒格尼郡的工伤事故进行了为期 1 年的研究，调查发现基本上全年平均每天都有 2 人死亡。以上是最常引用的两个例子，整个国家为此动员起来号召联邦进行干预以保护工作场所的公民安全。习惯法的规定和工人补偿法的缺乏使雇主没有足够的资金改善工人的工作条件，而幸存者和他们的家庭也因工资少而无力偿付医疗费用和损失。由于该体制未能有效实施，该法案颁布之前每年的职业死亡人数高达 14300 人，再加上工伤致残的人数，总共为 220 万人。

1.4.3 影响航空运行的职业安全和卫生条例标准大事记

美国职业安全和健康管理局有着 40 年的悠久历史，该机构已经帮助挽救数以万计的生命，同时降低工作场所的工伤和职业病的发生率达 50% 以上。这一功绩主要归功于职业安全和健康管理局的监管进步和有效的执行。以下所述是职业安全和卫生条例的管理规定中与航空有关的一小部分，该规定于 40 年前公布，旨在改善美国雇员的工作环境。

- 1971 年 5 月 29 日开始执行综合标准，它为职业环境中的安全和健康保护奠定了基础。大多数标准被纳入其他制定标准的组织，包括美国国家标准协会、美国国家防火协会和美国政府工业卫生学家会议。所有私营公司员工都受职业安全和卫生条例的保护。监管下的航空运营包括飞机制造和装配，飞机库和其他维修车间运营，喷漆和脱漆，机坪和航线运行，行李搬运，清洁工作人员的活动区和机场运营等。
- 1978 年 11 月 14 日，主要标准被用以保护员工的权益，包括从职业接触到会对人类神经、尿路和生殖系统造成伤害的化学元素铅。估计大约有 83.5 万员工会接触到各种形式的铅，而该标准将铅接触风险降低了 75%。航空业中应用该标准的范围包括电池维护、飞机喷漆和脱漆。
- 1980 年 5 月 23 日，随着医疗和接触记录标准最终确定，工人和职业安全与健康署可以查看雇主保留的医疗记录和有毒物质的接触记录。这些记录包括但不限于个人和区域接触监测、基线测量、任用前的体检和接触后的测试。该规定适用于机坪操作人员、生产和装配员工在接触噪声时的基线监测和听力测定的测试，血液和其他空中服务人员以及飞机清洁人员可能传染物质接触的测试。
- 1980 年 9 月 12 日，消防标准升级后，为消防队规定了特定的程序，消防队负责主要工作地点的灭火。它在航空业中主要应用于飞机生产和设备维护，这里储存着压缩气体、易燃物和溶剂，是焊接和钎焊操作地点，而且必须测试和维修自动喷水系统。
- 1981 年 1 月 16 日，电气标准升级后更容易统一，以绩效为基础的方法被采用。这些标准适用于大多数商业活动。航空业的应用范围包括飞机生产和装配、飞机库和其他维修车间的活动区。
- 1983 年 11 月 25 日，通过了危险交通设备标准，它对信息、培训和雇主与雇员接触的有毒物质的标签做了相关规定。任何可能接触工作场所使用化学物质的员工如果与化学物质有接触都必须进行安全使用、处理和排除污染环节的培训。所有的化学物质在现场必须有材料安全数据表，可以容易存取，而且所有的容器必须贴上标签标明容量。航空业的应用范围包括飞机生产和装配工作、清洁任务、飞机库和其他维修车间的活动区。

- 1989 年 3 月 6 日，危险废物作业和应急规范标准公布，旨在保护国有和私营企业的 175 万名员工不受有毒废物泄漏的威胁和在危险废物场地的安全。该标准还涉及飞机添加燃料、电池维护和处理、除冰作业和生产过程排放。
- 1989 年 9 月 1 日，危险能源标准，也称作闸门关闭标准，该标准的监控公开后将保护员工（尤其在维修过程中）不在设备意外通电或者启动中受伤。执行该标准后，估计每年将使 120 人免于死亡，5 万人免于受伤。该标准包括负责维护行李和货物处理设备以及生产和装配设备的员工。
- 1991 年 12 月 6 日，血源性病原体被引入以避免在工作中接触艾滋病、乙型肝炎和其他传染病。空中服务人员、快速反应小组成员、团队成员、行李和货物处理人员、飞机清理人员和高接触率的生产和装配工作也都包括在该标准中。最起码这些岗位上的员工需要基本的培训，以避免发生血液和其他可能传染物质的接触。
- 1993 年 1 月 14 日密闭空间（和要求得到允许证件的密闭空间）标准公布后，每年避免 50 多人的死亡和 5000 多例重伤。在电梯、舱壁和货舱从事维修和制造工作的员工包括在此标准中。这些生产设备要求员工进入特定空间工作，而入口受到限制、可能威胁员工安全以及不能进行正常持续工作的空间都包括在该标准中。
- 2000 年 11 月 6 日，《针管安全和预防法案》要求 OSHA 修改血源性病原体标准，纳入新的暴露控制计划、受伤记录以及更安全的医疗设备，用以保护员工免受因尖锐物品导致的意外受伤。
- 2000 年 11 月 14 日，开始实行人类工程学项目标准，1.02 亿名多员工的肌肉骨骼因此免于遭受痛苦和虚弱无力。这些伤害都是由工作导致的，原因在于工作中经常进行过度重复的运动、高强度的应用和摆出各种笨拙的姿势。有些航空公司的工作会导致重复运动伤害，这些工作一般都是由空中服务人员、行李搬运员、数据输入人员和飞机装配员工从事的。虽然这个标准于 2001 年 3 月被国会取消，但 OSHA 的“有效人类工程学成功战略”项目直到今天仍在实施。

关键术语

国际民航组织（ICAO）
临时性国际民航组织（PICAO）
1944 年《芝加哥公约》
1910 年和 1919 年《巴黎公约》
航空导航国际委员会（ICAN）
1928 年《哈瓦那公约》
下一代航空运输系统（NextGen）
航空承运人
1925 年《航空邮递法案》
1926 年《航空贸易法案》
空中的士运营商
1938 年《民用航空法案》
民用航空管理局（CAB）
1946 年《联邦机场法案》
1958 年《联邦航空法案》
联邦航空管理局（FAA）
交通部（DOT）
国家运输安全委员会（NTSB）
1970 年《机场和航线发展法案》
1978 年《航空公司放松管制法案》
1982 年《机场和航线改进法案》
1990 年《航空安全和容量扩展法案》
1995 年《通勤者安全倡议（通勤者条例）》
联邦法规 119 部
联邦法规 121 部
联邦法规 135 部
国内航空公司
挂旗航空公司
补充型航空公司
通勤航空公司
支线航空公司
《Wendell H. Ford 21 世纪航空投资和改革法案》
FAA 空中交通组织（ATO）
全球定位系统（GPS）
2010 年《航空公司安全和联邦航空管理局法案》
航空安全行动计划（ASAP）
飞行运行质量保证项目（FOQA）
航线运行安全审计（LOSA）
先进资格项目（AQP）
安全管理体系（SMS）
航空运输飞行员（ATP）
《国家环境政策法案》
《清洁空气法》（CAA）
《清洁水法》（CWA）
《资源保护和回收法》（RCRA）
《危险和固体废物修正案》（HSWA）
《有毒物质控制法》（TSCA）
《综合环境事故反应、赔偿和责任法（超级基金）》
《超级基金修正和再授权法案》（SARA）
《石油污染法》
《噪声控制法》
职业安全与健康署
国家职业安全与卫生研究院（NIOSH）
职业安全与健康复议委员会（OSHRC）
《针管安全和预防法案》

思考题

1. 列出 ICAO 三个战略目标并讨论其在国际航空中的重要性。
2. 讨论 1919 年巴黎和会的重要性。
3. 1944 年《芝加哥公约》的重要结果是什么?
4. 请列举 FAA 的三大职能并讨论其利用这些职能进行的一些活动。
5. 请阐述 1925 年颁布的《航空邮递法》的重要性。
6. 请说明 1926 年《航空贸易法》的主要规定并讨论航空部门的作用。
7. 区分民用航空管理局 CAA 和民用航空局 CAB 的不同之处。
8. 讨论促使 1958 年《联邦航空法》通过的几个主要因素并识别该法案中几个安全规定。
9. 列举 1978 年《航空公司放松管制法案》通过的几个主要原因。
10. 描述 2010 年《航空公司安全和 FAA 法案》的重要特点。
11. 列出 2010 年《航空公司安全和 FAA 法案》四个行业自愿安全项目。
12. 阐释 EPA 的发展过程。
13. 重点列举航空有关的主要环境保护法，各举一例。
14. 阐释职业安全和健康管理局的发展历程。
15. 讨论职业安全与卫生条例中与航空有关的规定，各举一例。

参考文献

1. Briddon, Arnold E. , Ellmore A. Champie, and Peter A. Marraine. 1974. FAA Historical Fact Book: *A Chronology* 1926 - 1971. DOT/FAA. Washington, D. C. : U. S. Government Printing Office.

2. Davies, R. E. G. 1972. *Airlines of the UnitedStates Since* 1914. Washington, D. C. : Smithsonian Institute Press.

3. Freer, Duane W. 1986. Chicago Conference (1944)—Despite uncertainty, the spirit of internationalism soars. ICAO Bulletin, 41(9), 32 - 33.

4. Jenkins, Darryl(ed.). 1995. ALPA's One Level of Safety (Chapter 73). *Handbook of Airline Economics*. New York: McGram - Hill.

5. Komons, Nick A. 1978. *Bonfires to Beacons*. DOT/FAA. Washington' D. C. : U. S. Government Printing Office.

6. Krieger, G. R. , and J. F. Montgomery. 1997. Accident Prevention Manual

for Business and Industry – Engineeringand Technology, 11th ed. Itasca, Ill. : National Safety Council.

7. McCarthy, James E. 2020. Aviation and Climate Change. Washington, D. C. : Congressional Research Service.

8. Rochester, Stuart I. 1976. Takeoff at Mid – Century: Federal Aviation Policy in the Eisenhower Years, 1953 – 1961. Washington, D. C. : U. S. Government Printing Office.

9. U. S. Congress, Office of Technology Assessment. 1988. Safe Skies for Tomorrow: Aviation Safety in a Competitive Environment, OTA – SET – 38. Washington, D. C. : U. S. Government Printing Office.

10. Wells, Alexander T. 2003. Air Transportation: A Management Perspective, 5th ed. Belmont, Calif. : Wadsworth Publishing Company.

11. ——. 2004. Airport Planning and Management, 5th ed. New York: McGraw – Hill.

12. Wilson, John R. M. 1979. Turbulence Aloft: The Civil Aeronautics Administration amid Wars and Rumorsof Wars, 1938 – 1953. DOT/FAA. Washington, D. C. : U. S. Government Printing Office.

网络参考

http://www. icao. int/

http://www. faa. gov/

http://www. epa. gov/

http://www. osha. gov/

第二章

监管组织和规章制定

国际民航组织组织结构和规则的制定

· 国际民航组织的结构
· 国际民航组织的规则制定

美国联邦航空局的组织结构和规章制定

· 美国联邦航空局的组织结构
· 总部办公室
· 美国联邦航空局规章制定

美国职业安全和健康管理局(OSHA)的组织结构和规章制定

· 美国职业安全和健康管理局的组织结构
· 美国职业安全和健康管理局规章制定

美国环境保护署(EPA)组织结构和规章制定

· 美国环境保护署组织架构
· 美国环境保护署法规制定

关键术语

思考题

参考文献

学习目标

学习完本章以后，你应该掌握以下知识：

- 认识 ICAO 的组织结构并描述三个主要管理实体。
- 认识 FAA 的组织结构并描述主要部门的职能。
- 认识 FAA 空管机构和航空安全组织。
- 解释为什么航空公司放松管制后监察员的工作量大大减少了。
- 解释 ICAO、FAA、职业安全和健康管理局和 EPA 规章制定的过程。
- 识别职业安全与健康署的组织结构并描述其 9 个管理办公室的职能。
- 识别 EPA 的组织结构并描述其 13 个主要办事处的职能。

为了执行它们各自不同的命令，监管机构逐渐演变成为有组织的结构从而更好地完成它们的使命。ICAO 和 FAA 的组织进行了评估，并针对与执行安全和规章制定有关的办公室职能进行详细讨论。接下来，本文将讨论职业安全和健康管理局与 EPA 的组织结构和规章制定的程序。

2.1 国际民航组织组织结构和规则的制定

如第一章中所述，国际民航组织在 1944 年 12 月芝加哥公约基础上成立，颁布了《国际民用航空公约》。此文件作为国际民航组织的宪法，190 个缔约国都是本公约的参与方。其概述了国际民航组织的组织结构，接着对相关的办公室职能进行更详细讨论。这一节以国际规则的制定过程结尾，这一规则也称为国际民航组织标准或“标准和推荐做法”（SARPs）。

2.1.1 国际民航组织的架构

国际民航组织总部设在加拿大蒙特利尔，在世界各地设有 7 个区域办事处。这些区域办事处非常重要，在并不具有现代航空基础设施的第三世界国家和发展中国家协调国际航空政策和标准。

7 个国际民航组织区域办事处的分布如下所示：

· 泰国曼谷——亚太地区办公室
· 埃及开罗——中东办公室
· 塞内加尔达喀尔——西部、中部非洲办公室
· 秘鲁利马——南美办公室
· 墨西哥城——北美、中美洲和加勒比办公室
· 肯尼亚内罗毕——东、南部非洲办公室
· 法国巴黎——欧洲、北大西洋办公室

按照芝加哥公约，国际民航组织由三个理事机构组成：大会、有限成员与各下属机构组成的理事会和秘书处。国际民航组织的首席官员是理事会主席（President of the Council）和秘书长（Secretary General）。

大会。这是国际民航组织第一个主体理事机构。它每 3 年举行一次。2010 年 10 月 8 日第 37 届会议，国际民航组织 190 个会员国和许多国际组织应邀参加大会，审查了本组织在经济、法律和技术领域完成的工作。每个国家有一票投票权，大会的结果由选票的多数决定，另有规定除外。

理事会。这是永久性的国际民航组织的理事机构，由大会选出，并由 36 个缔约国国家组成。根据芝加哥公约第 50 条，大会使用三个标准选举理事会成员国：

· 空中运输中最重要的国家。
· 对民用航空航行贡献最大的国家。
· 指定的国家将确保在世界所有主要地区拥有代表。

作为其主要的理事机构，理事会给国际民航组织工作提供持续指导，主要关注点是通过并纳入国际民航组织的标准和建议做法（SARPs）作为国际民用航空公约的附件。为了制定标准和建议做法，理事会由空中航行委员会（Air Navigation Commission）协助技术事项，在经济方面由航空运输委员会

（Air Transport Committee）协助，在航空安保问题上由非法干扰委员会（Committee on Unlawful Interference）协助。

空中航行委员会的主要工作是通过国际专家向理事会建议航空航行问题，这些专家具有相应的资格并在这一领域拥有丰富经验。值得注意的是，这些专家预计将为世界各地的航空利益服务，并且可以独立发挥作用而不是代表其成员国。

秘书处。国际民航组织第三个理事机构，由秘书长领导，并分为5个主要部门/局。国际民航组织秘书处的组织结构图如图2－1所示。

5个局分别是：

- 空中航行局
- 航空运输局
- 技术合作局
- 法务局
- 行政管理和服务局

这5个局中，空中航行局（ANB）是撰写本书所涉内容中最重要的。国际民航组织标准（规章制定）过程由ANB通过更新公约附件的方式保证其与时俱进。公约18个附件中有16个是技术性质的，因此在ANB及其下属办公室的职责范围内。

2.1.2 国际民航组织的规则制定

在国际民航组织Web网站上明确阐述其规则的制定过程，其规则制定语言和过程侧重于国际性和其自身特征。国际民航组织标准和其他规定主要按照以下类别制定：

- 标准和推荐做法（SARPs）
- 空中航行服务程序（PANS）
- 区域补充程序（SUPPS）

这就需要一些定义帮助区分这三个类别。国际民航组织的网站对于

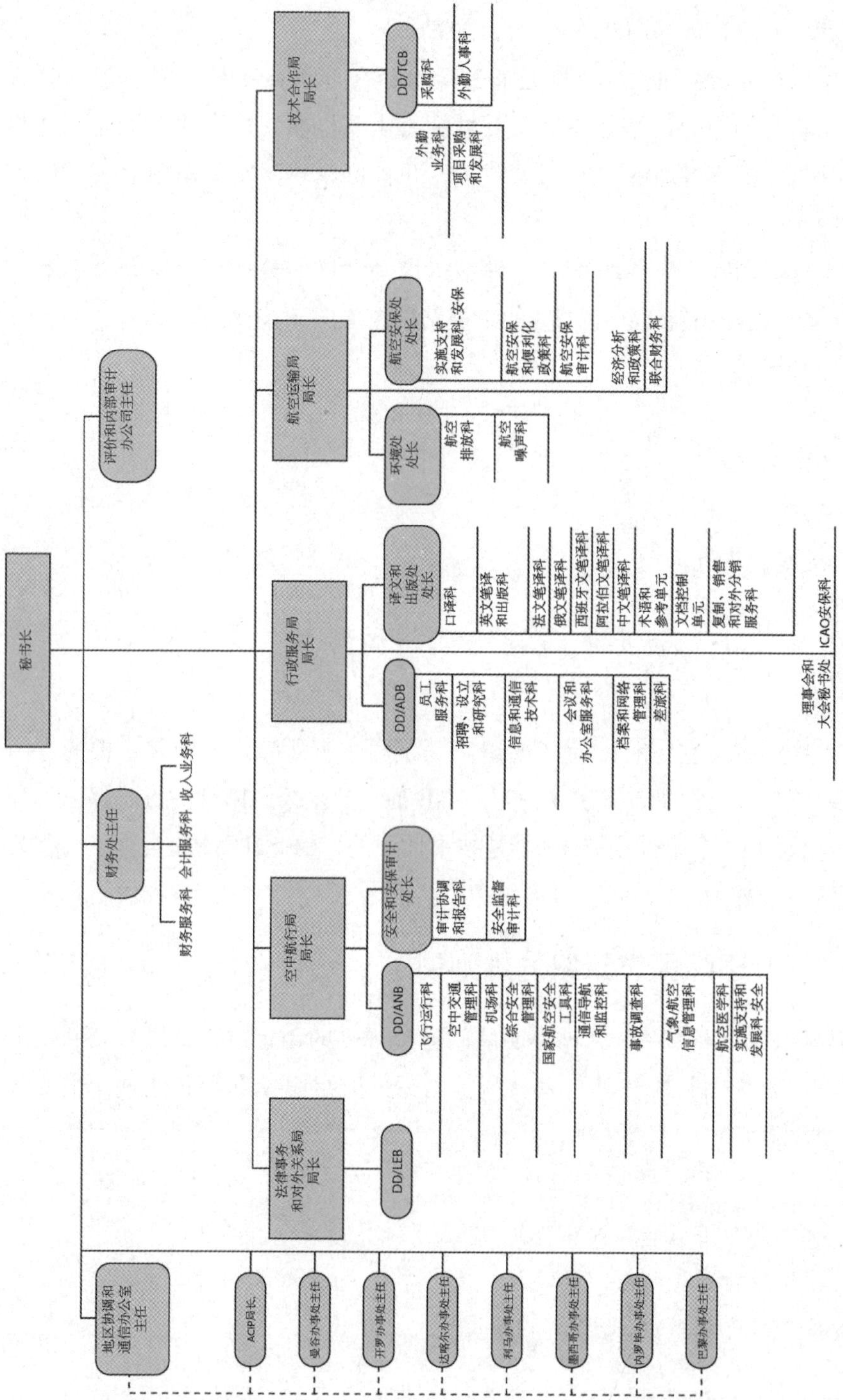

图2-1 ICAO组织结构

来源：www. icao. int

SARPs及制定有深入讨论。

标准：物理特性、配置、材料、性能、人员或程序的任何规范，其统一适用标准被公认为是国际航空航行安全或规律性所必需的，各缔约国的规章必须与公约保持一致，在无法遵循法规的情况下，按照国际民航组织公约第38 条强制性规定向理事会通报。

推荐做法：物理特性配置、材料、性能、人员或程序的任何规范，其统一适用推荐做法是公认的有利于国际航空航行安全、规律或效率，缔约各国的做法要尽力符合公约。请注意，法规中任何不符合推荐做法的地方建议各国通知理事会。

SARPs 从广义上制定，只限于基本要求，对于诸如通信设备等复杂系统，SARPs材料通过两个部分构成：核心推荐做法——基本法规性质的材料置于附件；详细的技术规格置于附件附录或手册中。

空中航行服务（或 PANS）的程序包括运行做法和材料过于详细的标准或建议做法——它们往往在相应的标准和建议做法方面放大引申基本原则。要符合 PANS 状态资格，材料应适用于全球基准。

区域补充程序（或 SUPPs）在国际民航组织各自区域有应用程序。虽然区域补充程序中的材料是类似于空中航行服务的程序，SUPPs 并没有 PANS 那样的全世界的适用性，而是通过国际民航组织区域办公室适用特定区域。

作为 SARPs 和 PANS 的补充，额外的指导材料也会生成，并促进其实施。指导材料作为附件的附录或单独的文件发布，如手册、通告、指定人/地址列表等。这种指导材料通常在通过相关 SARPs 的同时被批准。

规则制定流程。图 2－2 提供了国际民航组织规则制定过程的整体流程。新的或修订的 SARPs 制定始于国际民航组织本身或其缔约成员国提出的建议，建议也可能由其他国际组织提交。近年来，SARPs 在确保国际民用航空安全、高效和有序增长方面一直非常有效。在这一领域之所以能取得成功，主要在于国际航空的四个 C：合作（Cooperation）、协商一致（Consensus）、法规遵从性（Compliance）和承诺（Commitment），即由成员国合作制定 SARPs，批准过程协商一致，在其应用中实施法规遵从性，在持续过程中承诺坚持。

如前所述，高度技术性的 SARPs，首先由空中航行委员会（ANC）进行分析。根据建议的性质，委员会可将其评审分配给专门的专家工作组或陪审

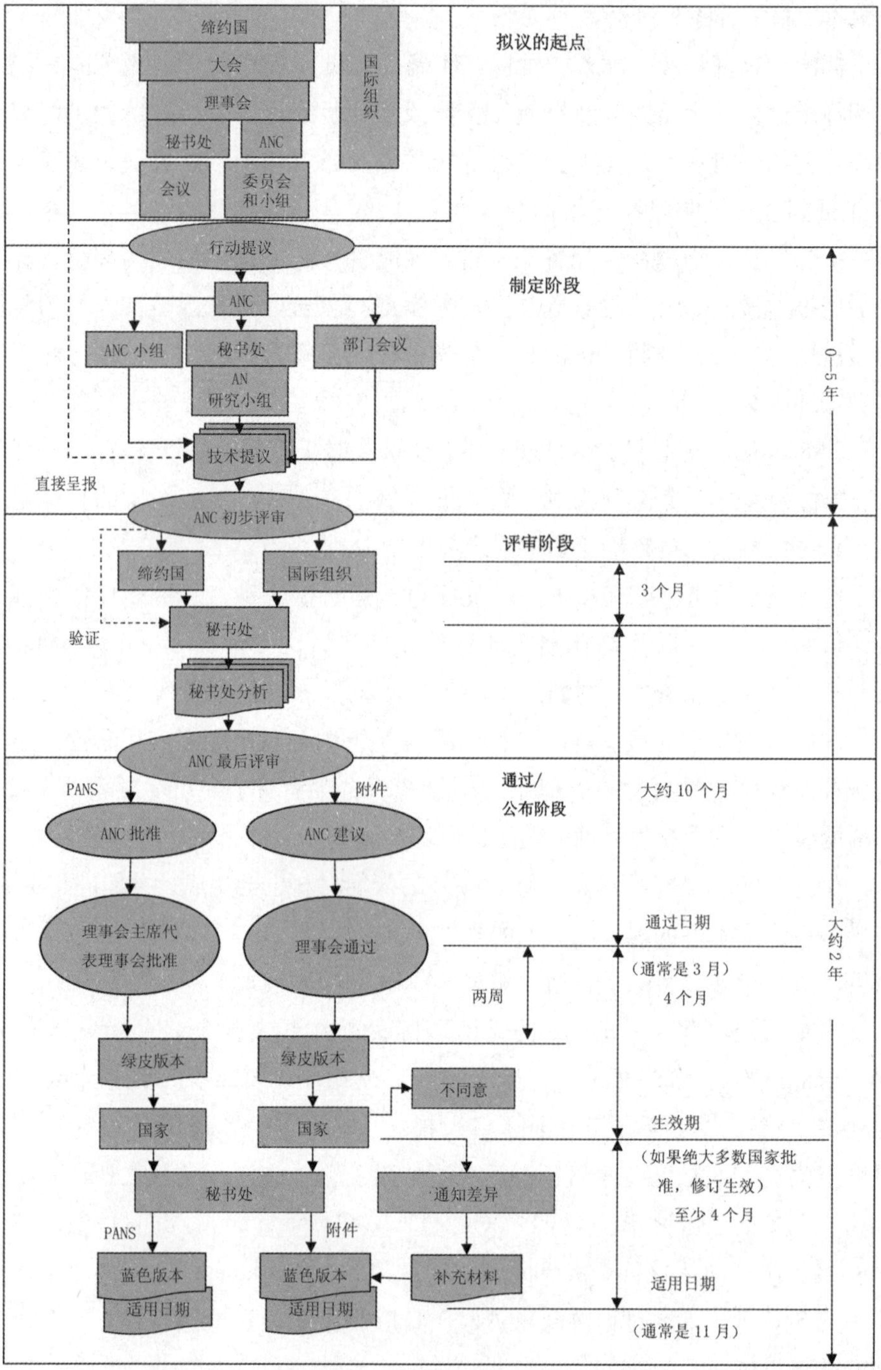

图2-2 ICAO 规则制定过程

来源：www. icao. int

团。如前所述，这些专家以个人身份行事，而不是其所在成员国的代表。还可设立国际民航组织理事会技术委员会，处理涉及技术、经济、社会和法律方面的问题。不太复杂的问题可能指派给秘书处作进一步审核，也可能由一个空中航行的研究小组提供协助。

不同小组向空中航行委员会报告，技术建议要么修订要么提出新的SARPs，以供初步审查。这种审查通常仅限于有争议的问题，如秘书处或理事会认为建议分发给成员国置评之前需要审查。各成员国通常有 3 个月的时间就建议提出意见。

其他国际组织制定的标准也可考虑，只要他们通过充分的核查和验证。国家和国际组织的意见由秘书处分析，并编写一份工作文件，包括详细说明和秘书处行动方案。委员会负责建议的最终审查，并确立SARPs、PANS和相关附件的拟议，以及修正案的最后文本。委员会建议的附件修正案以“空中航行委员会主席向理事会的报告”名义提交理事会通过。

通知和出版报告及行政过程。理事会评估空中航行委员会的建议，如果 2/3 成员赞成，理事会将采用附件修正。理事会通过附件的修正案 2 周内，修订临时版“绿版”将分发给各国，并附一封解释信。此函也给出引入相关修正案的各种日期。

国际民航组织政策规定，允许缔约成员国家在 3 个月内表明不同意 SARPs 通过的修正案，之后将再延长 1 个月作为准备时间，有效日期大约是理事会通过后 4 个月。修正案的生效日期和其适用日期之间应该有 4 个月，不过，这可能会根据情况有所变动。只要大多数国家未反对，修正案将在生效日期生效。

通知日早于适用日期 1 个月，成员国家必须通知秘书处在其国家航空规章和经修订的标准之间存在的任何差异。而后报告的差异被公布，作为附件（SUPPs）的补充资料中的区域补充程序。

生效日期后会立即发出一封信，宣布这项修订已生效，秘书处将发出“蓝版”，这是适合纳入公约附件或 PANS 的修正形式。在适用日期，成员国必须执行修订，除非他们已通知了差异。为了限制附件和 PANS 修订频率，理事会已经为每年建立一个共同适用日期，通常在 11 月。通过此程序的结果是，新的或修订的标准和建议做法成为有关附件的一部分。

从 ANC 初步审查到最后的适用日期平均需要 2 年时间。虽然这一进程乍看很长，但它提供了成员国与国际组织的反复协商和广泛参与最终达成一致，这是基于逻辑和经验所达成的共识。合作和共识提供了国际航空安全及有效运输的重要基础。第三个 C——法规遵从性，给日常工作带来全面的规管制度。

附件的附录，虽然按照标准和建议做法相同的方式制定，但它是由理事会批准而不是通过。区域补充程序，由于其区域的应用，不具有先前提及的修订那样相同的过程，其制定也必须经理事会批准。

PANS 的建议修订由空中航行委员会批准，这是理事会下放给它的权力，建议修订交由理事会代表做出评议后，由理事会主席批准。

SARPs/普遍安全监督审计计划的执行情况。根据国际民用航空公约，执行SARPs权利在于缔约成员国。为了帮助改进安全，国际民航组织于 1999 年建立普遍安全监督审计方案。该项目包括由国际民航组织在所有缔约国进行定期、强制、系统和统一的安全审计。

安全监督审计的目标是通过确定执行有关国际民航组织推荐做法、相关程序和安全有关的实践做法，促进全球航空安全。审计在国家安全监督体系的关键要素范围内进行，这些要素包括适当的立法和监管框架、健全的组织结构、技术指导、合格的人员、授权和认证程序、持续监控、确定安全关注事宜的解决方案。

2.2 美国联邦航空局的组织结构和规章制定

FAA 总部设有 15 个职能部门，9 个区域办事处和两个主要技术中心。下文将简单介绍 FAA 的组织结构，然后详细讨论与本文主题相关的办公室所具备的职能。最后，本节将介绍 FAA 规章制定的过程。

2.2.1 美国联邦航空局的组织结构

美国交通部（DOT）最大的机构——美国联邦航空局 FAA 有权力管制和监督民用航空所有方面，年度预算超过 160 亿美元。美国联邦航空局的目标是提供世界上最安全、最有效的航空航天系统。

2.2.2　总部办公室

局长办公室。此办公室为该局提供总体指导和监督，并直接向内阁成员职级的交通部部长报告。该办公室设有副局长和办公室主任（Chief of Staff）职位。

空中交通组织（ATO）。这是一个成立于 2003 年 11 月的新组织，是联邦航空局的运行分支，由《Wendell II. Ford 21 世纪航空投资和改革法》授权。ATO 与其他政府机构不同，它是一个新的基于绩效的商业运行架构。它主要是在首席运营官的指导下实现安全和高效的航空交通管理服务。

ATO 运行单位。根据联邦航空局 Web 网站所提供的资料，此分支内有四个运行服务单位，在国家空域系统中为客户提供空中交通管制和航空信息：

- 途中和海洋服务
- 系统运行服务
- 技术运行服务
- 终端服务

下一代航空运输系统（NextGen）与运行规划单位。ATO 设定联邦航空局过渡到未来 NextGen 所需的战略和划规。这种转型主要是从今天的基于地面通信、导航和监视系统演变到下一代基于卫星导航、数字通信和先进的网络架构系统。美国联邦航空局 NextGen 系统将在第八章空中交通安全系统中进行详细解释。

战略和绩效部门。因为 ATO 是一个基于绩效的组织，该办公室提供了执行和集成 ATO 计划、项目和活动的框架，以确保绩效符合要求。

财务部门。作为 ATO 的办公室负责财务指标，比较分析生产力措施，运行案例评估，进行竞争性采购。

安全办公室。成立于 2004 年，这个办公室与美国联邦航空局的安全政策领域运行服务单位合作，负责管理风险、保证质量标准、培育开放文化、教育员工和提供持续改进。

空中交通间隔服务的过程中，负责查明并缓减飞机碰撞风险，安全办公室是协调中心：

- 应用本机构的安全管理体系原则（见第十三章）。
- 审计安全、质量保证和 ATO 的质量控制，通过报告结果来提高安全绩效。
- 整合降低风险、调查、评价、独立运行测试和评价、安全风险管理、跑道安全和运行服务的职能和信息，从而识别碰撞风险和影响其解决方案。
- 提供国家空域系统内（NAS）运行和安全绩效评估的信息。
- 与主管航空安全的副局长合作，与承接提升 NAS 安全项目的其他外部实体合作。

航空安全（Aviation Safety）部门。这是美国联邦航空局的另一个重要组织，机构职能和责任范围广泛。除了认证飞机、飞行员、机务维修人员和其他与安全有关的职位，AVS 还负责大约 7300 家美国商业航空公司和承运人的认证和安全。美国联邦航空局网站指出，AVS 拥有超过 7000 名雇员分布于以下总部和地区办公室：

- 事故调查 & 预防办公室。该办公室与国家运输安全委员会（NTSB）进行密切合作。国家运输安全委员会的详细信息将在第三章中提供。
- 航空航天医学办公室。
- 航空交通监督服务办公室。该办公室建立了安全标准，并提供空中交通组织独立的监督。
- 飞机认证服务办公室。该办公室负责设计和生产批文、适航认证和美国所有民用航空产品的持续适航性项目。
- 飞行标准服务（AFS）。这是另一个重要办公室，负责飞行员、航空承运人、航空机构及其代理人的认证和监督。除了联邦民用航空人员，联邦航空局使用超过 11000 名派出人员执行所选的安全监督职责。AFS 的一些主要职能如下：
    - 证书管理办公室，认证、监督和检查所有主要的航空承运人。
    - 民用航空登记——这个办公室主要位于奥克拉荷马市，是负责维护和运行民用航空器的登记和飞行员执照的所有美国国家项目。约有240人，每年与超过100万人的美国联邦航空局客户打交道。

- 航空运输司。
- 飞机维修司。
- 飞行技术和程序司。
- 飞行标准服务地区司——遍及整个美国各区域办公室监督：
  - 飞行标准地区办公室（FSDO）位于美国各地大约82个地点，这些地方的美国联邦航空局办公室关注联邦航空条例（FAR）的执法，集中在飞机维修、授权运行、许可证、认证和事故报告等领域。本地FSDO航空安全监督人员是联邦航空局第一道防线，接收飞机低飞的报告和其他可疑的违规行为。

更多的美国联邦航空局总部办公室有：

- 机场（ARP）
- 航空政策规划和环境（ALP）
- 首席顾问（AGC）
- 民权（ACR）
- 商业空间运输（AST）
- 通信（AOC）
- 财务服务（ABA）
- 政府与行业事务（AGI）
- 人力资源管理（AHR）
- 信息服务（AIO）
- 国际航空（API的国际民航组织事项）
- 安保和危险材料物质（ASH）

主要的联邦航空局技术中心如下：

- Mike Monroney航空中心，奥克拉荷马市：

- 美国联邦航空局培训学院，联邦航空局物流配送中心和其他技术项目。
- 向美国联邦航空局副局长报告的地区和运行中心（ARC）。

· William J. Hughes 技术中心，新泽西大西洋城：

- 美国联邦航空局研究和发展中心，测试和评价设施，以及许多其他技术倡议。
- 向美国联邦航空局 ATO 首席运营官报告。

每个办公室的其他信息与联系方式可在美国联邦航空局网站查到。一些办公室的职能对于本书很重要，将在本书中详细讨论。

航空承运人安全责任。《美国联邦航空局法案》第 601（b）规定，当制定标准和法规并颁发证书时，美国联邦航空局应充分考虑航空承运人的责任，所提供的服务要尽最大可能地确保公众安全利益。《美国联邦航空局法案》要求联邦航空局具有颁布和执法实施适当标准和规章的责任。同时，法案承认航空承运人合格证持有人要负责为航空运输提供最高可能程度的安全。第 601（b）条款的意义应清晰易懂。这意味着无论联邦航空局检查员或美国联邦航空局采取行动与否，航空承运人都承担着直接责任。

大多数日常的监察、审查和签署同意都由生产商、航空公司和机场负责。该系统依靠自我监察，而 FAA 不可能对全世界每个地点的每架飞机都一一进行监察。这种自我监察或者“指定人员”的概念让很多公众震惊，但是几十年来该系统却依然有效地运营。航空公司和生产商非常担心飞机和运营的安全问题，出于其商业利益，他们将安全问题作为重点。

在取得合格证之前，FAA 的目标是根据事实和法律确定未来的合格证持有人有意愿且有能力履行联邦航空法规定的职责，遵守 FAA 规定的最基本的标准和法规，取证之后该目标还将继续实施。如果合格证持有人未能遵守最基本的标准和法规，按照联邦航空法第 609 节规定，FAA 可以重新审核任何合格证持有人或者装置。经过监察之后，合格证可能被全部或者部分修订、修改、暂停或者撤销。另外，第 605（b）还规定无论监察员何时发现任何航空公司在航空运输中使用或打算使用的任何飞机、飞机引擎、螺旋桨或者设备存在不安全运行状态，监察员应通知航空公司，且该产品不应再用于航空运输，直至 FAA 证明该产品已经处于安全状态。

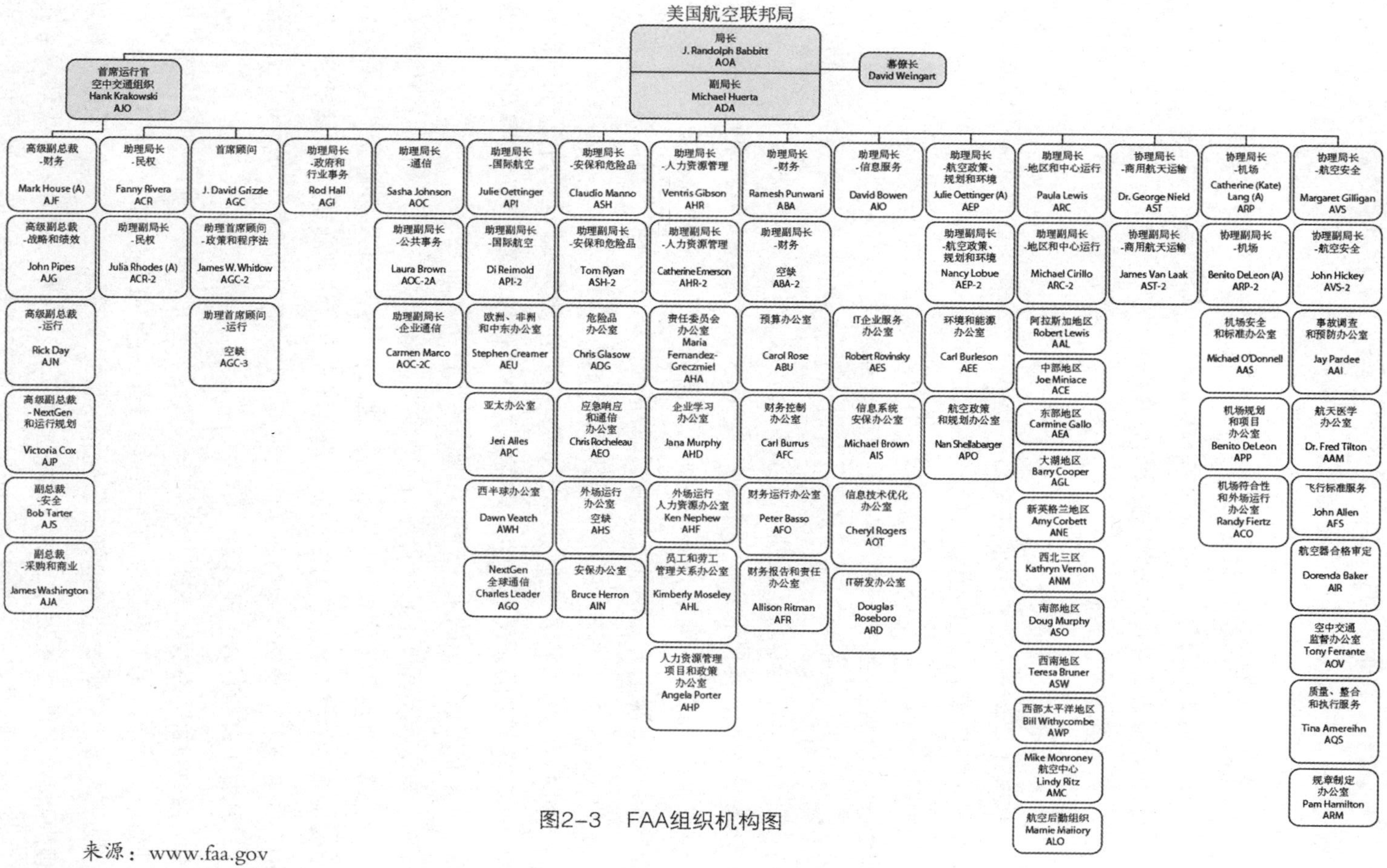

图2-3　FAA组织机构图

来源：www.faa.gov

以下条件或者状况表明，航空公司的管理人员不能或者不愿意执行联邦航空法规定的职责：

- 屡次不遵守最基本的标准和法规。
- 缺少最基本的标准和安全实践的知识和/或理解。
- 缺乏动力去实施运行和/或质量适航控制。
- 存档程序不准确。

联邦航空法和法规 FAR 规定了航空公司为公众提供的服务必须比通用航空社区的标准要高。监察员也必须清楚公民和航空公司的个人权利。因为公共安全和国家安全是 FAA 的重中之重，一旦任何航空公司未能或者不能履行职责保证最大限度的安全时，FAA 的监察员必须时刻准备采取行动。

FAA 安全监察项目。航空安全部分取决于航空公司维护计划的质量和彻底性以及 FAA 安全监察员的监管监督情况。尽管 1978 年以来因维护不善导致的事故发生频率没有增加，但是航空公司放松管制让人们越来越担心有降低维护标准的可能，而来自市场的压力会导致经营过程中存在不安全因素。同时，放松管制也给 FAA 的监察项目增加了压力。现有的监管监察项目采用当地和区域的结构，并不能灵活地适应动态的行业环境。

全国 82 个航空标准区域办事处（FSDO）主要负责两项工作：安全监察和为航空公司提供建议。除了对定期航空公司进行监督，当地办事处还负责对不定期运行的空中的士飞机和其他营运进行安全监察，如飞行学校、引擎检修厂和私人飞行员。航空公司的运营合格证由特定的飞行标准办事处持有，一般是靠近航空公司的总部、主要营运地或者维修基地的办事处。对每个航空公司都要指派一名主任监察员负责运营（飞行、培训和签派）、适航性（维护）和航空电子设备（导航和通信设备）。对于大型的航空公司，每个主任监察员都有一名到两名助理。

当地的航空标准区域办事处对每个航空公司的运行和维护功能监察有几种类型。监察员定期进行维护方面的检查，主要监察航空公司保留的记录。例如，有些表明航空公司遵循适航性指示的记录可能会被检查。监察员在修理厂监察以观察维护程序，执行机坪监察以观察飞机的适航性。类似的运行监察强调培训时间记录和对指定的飞行员进行飞行检查，以及按照规定要求检查相关人员的休息期。在飞行中的监察包括观察实际的飞行运行，监察员将在驾驶舱的折叠式座椅上进行监察。

监察会预先通知。监察的重点是记录而不是深入研究航空公司关于维护、培训和飞行的记录数据。当地的监察员发现不符之处后应尽力与航空公司共同努力使记录保持一致。违规和罚款是在不得已的情况下才会采取的手段。

每个大型的航空公司都有可靠性计划，该计划主要监督维护活动并找出问题。例如，大多数航空公司负责监控引擎温度、燃油消耗和燃油金属含量。然后，它们通过这些测试确定引擎什么时候需要检修或者修理。一些航空公司还使用统计方法，如需要提前检修的引擎数量、飞行过程中关闭的引擎、飞行过程中显著的机械瑕疵数量以及这些瑕疵被清除的比例。有些公司的分析员查找不良趋势，比如说，有些趋势表明，维修车间的程序需要修改以保证安全和降低维修费用。一些航空标准区域办事处利用这些统计数据监管航空公司维修效力。在某些情况下，飞行标准监察员鼓励航空公司设立或者扩大他们的统计可靠性计划。

监察员工作量。航空公司放松管制会在很大程度上影响监察员的工作量。每当一个新的航空公司成立时，航空公司都会使用一个新机型提供服务，或者当两个航空公司合并时，飞行标准部不得不提供资源对新的或者变更后的航空公司进行认证。认证包括逐页地批准航空公司的运行和维修手册，对航空公司的高级飞行员进行飞行检查，以及整体上对运行进行最终监察。

认证（Certification）是在整个安全监察项目中需要监察员耗费大量时间的一项活动。由于新的航空公司和变更的航空公司成立时可能存在瓶颈，请求认证会挤占其他监督活动的资源，而 FAA 将认证作为重点，所以这通常会给它带来压力。所有认证的请求得到满足以后，监察员的其他时间都将放在监督上。由于这种运行机制，监督项目出现了缩减和波动。

这一状况最近几年得到了改善。但是，20 世纪 80 年代中期，有一大批航空公司合并，FAA 飞行标准部门也从某种形式上受到了影响。虽然合并后的航空公司在飞机类型、人员培训和维护计划等方面存在差异，但航空公司合并后，被收购的航空公司作为一个经营实体通常保持完好，这暂时为合并后的公司提供了便利。因此，指派到收购航空公司的 FAA 监察员队伍就要负责运营一个差异巨大且位于其他地区的航空公司。

由于监察员负责人远离他们新分配监察的航空公司，因此监察工作更多地依赖于当地办事处。当地办事处对另外一个办事处的航空公司进行监察的行为被FAA称为“地理监察”。尽管FAA正逐步改善这种状况，但是目前地理监察并不能考虑到当地办公室的人员配置标准。分配的合格证认证较少而地理职责较多的办事处可能会出现人员不足的问题。

航空公司的再监察。当一个航空公司和另一个航空公司合并时，FAA 飞行标准服务部的当地办公室负责监察当地的子公司，即负责该公司的新合格证、运行系统和维护系统。但是，航空公司及其合格证和各项目并不是新建立的，在收购之前它们已经被另一个当地办公室批准，并在其监督下运营。尽管在某些情况下，对于新成立的公司需要实施监管的当地办公室会担心所负责的公司在新机制下不能安全运行。但是，它认为，不能为已经批准但合并之后不能达标的营业单位进行复验或者重新开立合格证。

航空公司将营业地转移到另外一个地理区域，是促进航空公司提高竞争力和效率的主要因素。但是，航空公司的移动性在某些情况下会导致 FAA 监督的落后。例如，一个航空公司在一个城市设立其办公室，而其主任监察员被指派到附近的飞行标准当地办公室工作。但是，航空公司在那个城市几百英里范围内没有一个航空营业点。这种情况会降低监督项目的效力和其他当地办公室对地理监督的过度依赖。

公众投诉。新的联邦航空局审计和评价办公室是公共安全投诉和举报者的协调中心。它还处理与美国特别法律顾问办公室、政府审计署和交通部总审计师之间的关系。新办公室有助于提高美国联邦航空局对航空安全事项和可疑人员做法进行自我检查的能力。该办公室的目标是更有效地管理投诉和审计，确保它们获得必要的考虑和协调，并且及时采取行动。该办公室还有助于美国联邦航空局的管理层和雇员解决工作场所的冲突，但它不是取代现有平等机会、申诉或联邦航空局问责制的流程。该办公室主任可以向美国联邦航空局首席顾问报告，也可以向美国联邦航空局局长直接禀告。

2.2.3 美国联邦航空局规章制定

在过去的50 年中，许多报告记载了美国联邦航空局制定规则过程中的延误和原因。毫无疑问，规则的制定非常耗时而且复杂，需要仔细考量拟议规则对公众、航空业、经济和环境的影响。美国审计署（现政府问责办公室）已经报告：正式启动一项规则后，美国联邦航空局平均花 30 个月的时间完成规则的制定，有 20% 的规则需要耗费 10 年或更长时间才能完成。近年来，一些很难制定的规则，如直升机紧急情况管理系统FAR规则与医院救护直升机飞行有关的改变问题就花费了数年时间，尽管这期间发生了众多坠机事故，有数十人死亡，国家运输安全委员会也在这一领域提出了强烈的公共建议等。这一进程往往需要公众强烈抗议和政治压力才能推动，正如 Colgan 航空公司 2009 年 2 月在纽约布法罗坠机之后我们所看见的那样。

一般情况下，所有政府行政法规的制定都在行政程序法（APA）管辖下，其中需要提前通知公共部门和相关行业，以便其有机会在规章发布或修订前提出意见。根据联邦咨询委员会法案，美国联邦航空局在其规则制定活动中要获得行业的咨询和建议，包括所有与航空有关的问题，如航空承运人运行、飞行员和飞机认证、机场和噪声消减等。由美国联邦航空局基于此目的授权的机构名为航空规则制定咨询委员会（ARAC），该机构的主要职责是在 APA 正式通知前向公众提供机会，使公众能更早地参与到 FAA 规则制定过程中。

美国联邦航空局规则制定办公室。该办公室在联邦航空局航空安全（AVS）联合管理机构下运行，为 ARAC 过程提供许可和支持。ARAC 过程允许美国联邦航空局从受拟议规则影响极大的行业和其他专家那里直接获取一手信息。ARAC 包括大约 55 个成员组织，这些成员由联邦航空局选择，是最能代表受到联邦航空局影响的各种看法的组织。ARAC 活动只是咨询性质的，但同时受到极大重视，他们不能规避正式 APA 规则的制定过程。

正式过程中的步骤。正式的美国联邦航空局法规制定程序在 14 CFR 第Ⅱ部分以问答形式提供。图2－4提供了 GAO 的01－9501报告中有关航空规则制定的主要步骤。

交通部部长审查 FAA 项目的监管符合性。交通部秘书通知 FAA 一些项目的情况，告知部门的决策事项并确定需要关注的区域。

FAA 通过秘书将年度管理项目草案提交给管理预算局 OMB。该项目包括管理决策、目标和目的，同时还提供有效的管理行为或者规章制定的预备活动相关信息。管理预算局审查项目以确保所有拟议的管理行为与管理原则保持一致。

条例被批准实施后，相应的项目办公室将组织一个团队对每项条例进行管理。该团队或 ARAC 团队和其他利益相关团体获得信息。拟议中规章制定的预先通知可能在此时被准备和公布，随后拟议中的规章制定通告 NPRM 在

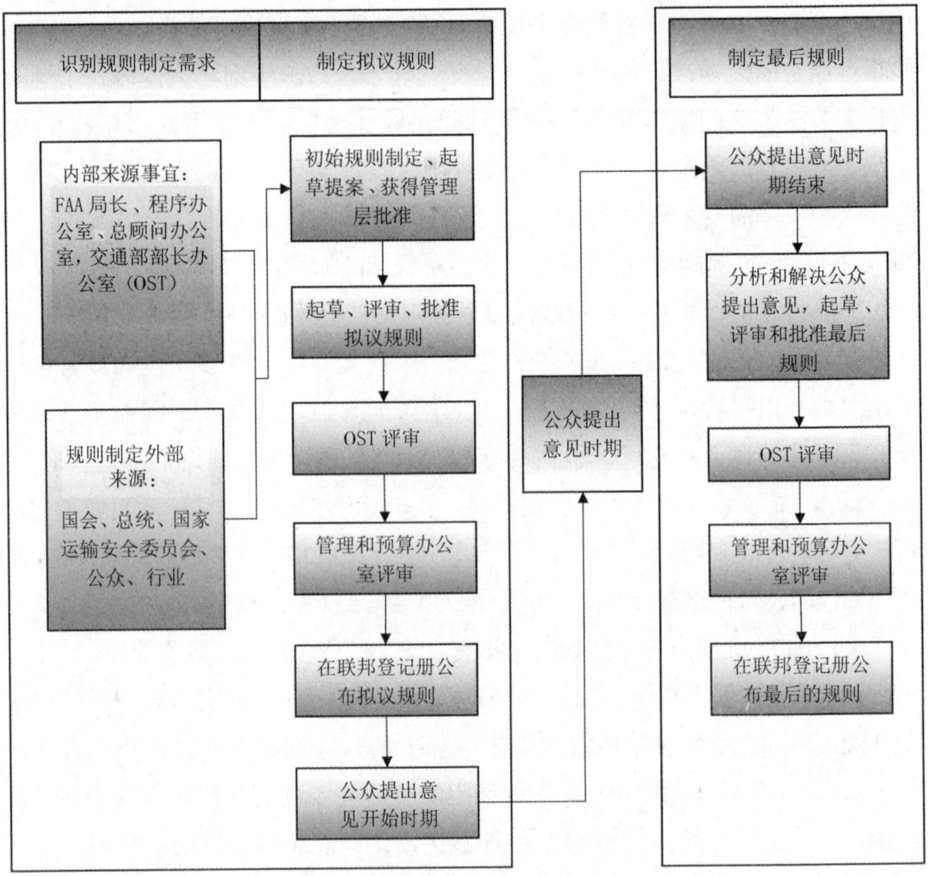

图2-4 规则制定过程

来源：www.faa.gov

适当的情况下进行监管影响分析。影响分析包括分析潜在成本和社会效益、没有选择的低成本方法以及没有选择的原因，解释从法律上排除成本或者效益标准的原因。该团队收到管理影响分析后，它需要拟定一个新的草案并交给相关利益方主要负责人（助理局长等）做出指示。主要负责人做出指示后，该团队在分部和部门间商讨这一揽子计划。分部和部门达成一致意见后，由主要负责人进行商讨。然后，航空安全联合管理人员审查该计划后将其交给首席顾问。

FAA审查结束后，FAA的首席顾问将规则制订通告一揽子计划提交给交通部部长办公室。他们签署后，一揽子计划最终被送到管理预算局审查。

如果在其中任一环节有人提出反对意见，这一揽子计划将被重新审查直到问题得到解决。FAA将与有关人员进行合作，对该计划进行重新协调。这个阶段将持续进行，直到所有人达成一致意见或者至少考虑到了所有意见。

规章制定通告在联邦公报上发布以后，公众可以在一定时间内对该规章进行评论。评论阶段结束以后，FAA 将意见汇编并考虑对规章进行适当的修改。它为最终条例制定一个草案后，这样整个程序就又重新开始了。最终条例由 FAA、交通部部长办公室和管理预算局审查。该条例再次通过这个程序以后，管理和预算局就会将其交给 FAA。行政员颁布最终条例并在联邦公报上发布。一旦规定审查完毕并在联邦公报上刊登作为最终条例后，它将被登载于《联邦政府管理法规》并“编成法典”。《联邦政府管理法规》是联邦政府制定所有管理规定的官方记录。这些管理规定分为 50 个主题，分别在标题和卷中体现。FAA 的管理规定出现在《联邦政府管理法规》的标题 49 中。

FAA 规章规定环节的大多数分析人员都同意，最需要改进的地方是要抓紧时间识别和回应安全问题。批评者们指责规章制定环节长时间延滞恶化并耽误了新制定或者修订的认证项目，也增加了成本。他们指责烦冗的雕琢改写，不同的飞机种类的规章存在差异而实际上这些规章应该是相同的。有些批评意见认为，大多数延滞都是交通部部长办公室和管理预算局造成的。

一方面，一些批评者指责交通部部长办公室和管理预算局缺少必要的技术背景，不能理解并审查 FAA 的条例。其他一些人建议如果有专人负责整个程序，也许规章制定的质量和时效性就可以改善。另一方面，一些人认为交通部部长办公室协助 FAA 与管理预算局进行交涉，从长期来看减少了耽误的时间。FAA 和交通部部长办公室或者管理预算局之间的大多数分歧都与经济分析有关。交通部部长办公室的官员经常质疑 FAA 成本或者效益分析的质量。FAA 官员认为缺乏沟通影响了那些评估的质量。

在这个程序中三方是否能及时参与很难确定。有时，如果规章由某个特定局室制定，三方将进行商议。有时，交通部部长办公室和 FAA 制定规章时，双方共同合作达成共识。在另外一些情况下，交通部部长办公室或者管理预算局认为 FAA 应该为延期负责，因为建议书不完整或者有缺陷。FAA 也许会将同样的延期归咎于交通部部长办公室或者管理预算局，因为 FAA 认为这一揽子计划可以接受，并不需要额外分析。

规章制定的延滞看起来似乎是整个程序的问题，而不仅仅是交通部部长办公室、管理预算局或者 FAA 的责任。无论如何，大多数分析人员认为规章制定的程序需要梳理优化。制定健全的公众安全政策除必须强调最重要的步骤外，其他步骤都可以省略。

2.3 美国职业安全和健康管理局（OSHA）的组织机构和规章制定

作为美国劳工部下属机构，职业安全和健康管理局下设 9 个办公室，在全国的十个区域从事执法和援助活动。最新的组织结构见图 2 –5。

2.3.1 美国职业安全和健康管理局的组织结构

助理部长。劳工助理部长办公室，下设办公室包括：

· 均等就业机会办公室
· 传讯办公室

管理项目理事会。该部门包括：

· 行政管理服务办公室
· 人力资源办公室
· 管理系统和组织办公室
· 项目预算、规划和财务管理办公室

建设董事会。该董事会主要在职业安全和健康方面为职业安全和健康管理局、其他联邦机构、建设行业和公众制定标准、规定、决策、项目和提供援助。该董事会的下设局室包括：

· 建设服务办公室
· 建设标准和指导办公室

· 工程服务办公室

执法项目董事会。它是职业安全和健康管理局的履行执法董事会。职业安全和健康管理局的监察员要求雇主遵守联邦法律和其他安全规定，在现场审计和检查过程中实施核实，在适当情况下进行罚款。下设的局室包括：

· 海事执法办公室
· 健康执法办公室
· 通用行业执法办公室
· 联邦机构项目办公室
· 举报人保护项目办公室

合作和国家项目董事会。该董事会实施合作项目，协调各种对外活动，协调 OSHA 和州政府的关系。下属办公室包括：

· 小型企业援助办公室
· 合作和认可办公室
· 延伸服务和联盟办公室
· 国家项目办公室

培训办公室。负责开发、指导、监督、管理和确保执行 OSHA 国家培训和教育政策以及程序。下属办公室包括：

· OSHA 培训学院
· 对外培训项目

标准和指导董事会。该董事会制定和发布标准。另外，该办公室还为安全和健康指导准则的非监管性方法进行规划、发展和管理，该指导准则对规章制定做了补充。下设局室包括：

· 工程安全办公室

- 物理危害办公室
- 化学危害办公室（金属类）
- 化学危害办公室（非金属类）
- 海事办公室
- 安全系统办公室

信息技术董事会。该部门管理 OSHA 数据系统和互联网服务，设在盐湖城技术中心。办公室包括：

- 管理数据系统办公室
- 互联网/内联网服务

评价和分析董事会。该董事会监管和评价机构的绩效，跟踪其发展过程，以实现战略目标。另外，顾客服务相关的职能和现场审计，也是由该办公室执行的。下设局室包括：

- 评价和审计分析办公室
- 项目审查办公室
- 监管分析办公室
- 数据分析办公室

技术支持和应急管理学董事会。该董事会的任务是通过为职业安全和健康提供专业的技术知识和建议，来为职业安全和健康管理局的其他部门提供外场支援和员工支持。这些区域包括行业卫生、人机工程、职业保健护理和医学、安全工程，以及样本分析和设备校准与修理。下设局室包括：

- 应急管理办公室
- 辛辛那提技术中心
- 人类工程支持办公室
- 职业安全护理办公室
- 职业医学办公室

- 科学和技术评估办公室
- 盐湖城技术中心
- 技术项目和协调活动办公室
- 技术资料中心和文档办公室

职业安全和健康管理局区域办公室：

- OSHA 区域 1（康涅狄格州、缅因州、新罕布什尔州、罗德岛州、佛蒙特州）
- OSHA 区域 2（新泽西州、纽约州、波多黎各、维尔京群岛）
- OSHA 区域 3（特拉华州、哥伦比亚特区、马里兰州、宾夕法尼亚州、弗吉尼亚州、西弗吉尼亚州）
- OSHA 区域 4（阿拉巴马州、佛罗里达州、乔治亚州、肯塔基州、密西西比州、北卡罗来纳州、南卡罗来纳州、田纳西州）
- OSHA 区域 5（伊利诺伊州、印第安纳州、密歇根州、明尼苏达州、俄亥俄州、威斯康星州）
- OSHA 区域 6（阿肯色州、路易斯安那州、新墨西哥州、俄克拉荷马州、得克萨斯州）
- OSHA 区域 7（艾奥瓦州、堪萨斯州、密苏里州、内布拉斯加州）
- OSHA 区域 8（科罗拉多州、蒙大拿州、北达科他州、南达科他州、犹他州、怀俄明州）
- OSHA 区域 9（亚利桑那州、加利福尼亚州、夏威夷州、内华达州）
- OSHA 区域 10（阿拉斯加州、爱达荷州、俄勒冈州、华盛顿州）

2.3.2　美国职业安全和健康管理局规章制定

OSHA 可以独立或者应相关方的请求制定新的标准，这些相关方包括卫生和公共服务部（HHS）、国家职业安全与卫生研究院（NIOSH）、国家和地方政府、任何国家承认的制定标准的组织（如国家消防协会 NFPA）、雇主或者雇员代表或者任何其他利益相关的个人或者公民群体等。

咨询委员会和国家职业安全与卫生研究院。如果职业安全和健康管理局

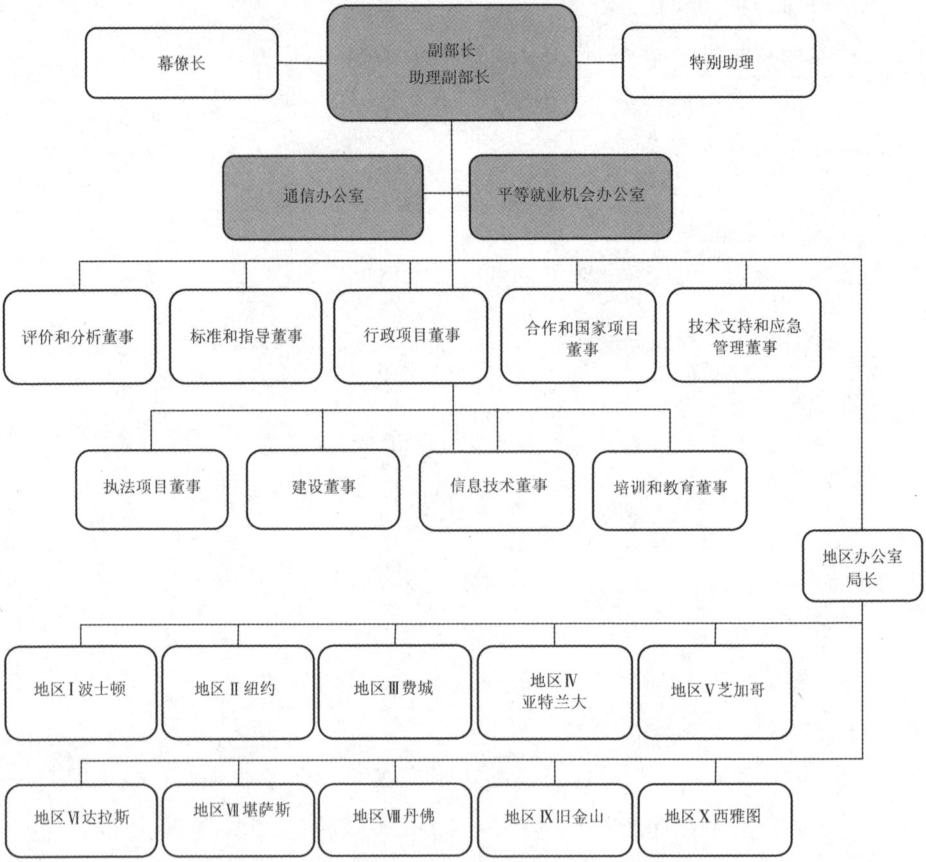

图2-5　OSHA组织架构图，2010年10月

来源：www. osha. gov

决定批准一个具体的标准，它将要求一个或若干咨询委员会对具体的建议进行研究。职业安全和健康管理局设有两个常务委员会，除此之外还指派一个临时委员会对特殊问题进行检查。所有的咨询委员会，常务的或者临时的，都必须由管理者、员工、国家机构以及一名或者多名卫生和公共服务部的指定人员中选出的代表组成。两个常务咨询委员会分别为：

- 国家职业安全与健康咨询委员会（NACOSH），它在涉及法案与卫生和公共服务部的具体问题方面为劳工部提出建议。
- 建造安全和健康咨询委员会（ACCSH），它在建造业制造健康和安全标准方面为劳工部提供建议。

国家职业安全与卫生研究院作为职业安全和健康管理局的研究部门，也负责为修改或者发布标准提供建议。该机构从事研究工作，并为职业安全和健康管理局以及各个行业的安全和健康危险提供各种技术援助。在整个研究过程中，国家职业安全与卫生研究院会进行工作场所的调查，从雇主和雇员中收集证据，并要求雇主测量上报员工接触到潜在危害性物质的情况。它还会要求雇主提供医学检查和测试，从而确定雇员职业病的发生率。

标准的采用。职业安全和健康管理局在联邦公报上发布规章制定公告，对标准提出修改建议或者拒绝该标准。当需要收集信息起草建议书时，有时会选择规章制定预先通知。在公布任何重大规定之前，职业安全和健康管理局必须与管理和预算局进行协商，这是具有强制性的行政命令。按照小型企业监管执法和公平法案（SBREFA），职业安全和健康管理局必须和小型企业就对它们有重大影响的规定进行协商。

拟议中的规章制定通告包括新规定的详细情况以及至少持续 30 天的时间范围（通常是 60 天或者更长的时间），从公布以后让公众反馈之日开始计算。相关方需提交书面的意见以及他们关注问题的证明文件。公民还有权利要求举行建议书的公开听证会，在职业安全和健康管理局没有提出举行听证会的情况下。一旦提出请求后，职业安全和健康管理局必须安排一次公开听证会，并在联邦公报上提前公布时间和地点。征求意见和公开听证会结束以后，必须在联邦公报上公开规定的全文和生效时间。职业安全和健康管理局必须解释执行该规定以及序文和成本或者效益分析的原因。这些工作全部完成以后，该规定就会被收入联邦法规汇编中。还有一种方法，职业安全和健康管理局在谨慎考虑之后决定一项标准不需要公开征求意见，并公布该项决定的原因。职业安全和健康管理局通用行业安全和健康标准在 29CFR 1910 部分，建造标准在 29CFR 1926 部分。

2.4 美国环境保护署（EPA）组织机构和规章制定

作为美国政府的独立机构，EPA 有 13 个主要办公室，在全国 10 个区域设立监管机构。最新的 EPA 组织架构如图 2－6 所示。

EPA 组织机构			
局长办公室 202-564-4700			
总部机构：			
行政和资源管理办公室	空气和辐射办公室	化学品安全和污染防治办公室	财务总监办公室
执法和遵守保证办公室	环境保护信息办公室	总法律顾问办公室	总审计长办公室
国际和部落事务办公室	研发办公室	固体废物和应急响应办公室	水办公室
全国地区办公室			
地区 1/波士顿	地区 2/纽约	地区 3/费城	地区 4/亚特兰大
地区 5/芝加哥	地区 6/达拉斯	地区 7/堪萨斯	地区 8/丹佛
地区 9/旧金山	地区 10/西雅图		

图 2-6 EPA 组织机构图，2011 年 6 月

来源：www. epa. gov

2.4.1 美国环境保护署组织架构

局长办公室。该办公室为机构提供全方位的指导和监督，并直接对美国总统负责。内设机构包括行政法法官办公室、儿童健康保护办公室、民事权利处、国会和政府间关系办公室、外部事务和环境教育办公室、区域运行办公室、小型企业项目办公室、科学咨询委员会、环境申诉委员会和决策、经济与创新办公室。

行政和资源管理办公室。该处负责国家领导力、制定监管行政服务决策和程序、人力资源。另外，该处还提供设备服务、信息资源管理、自动化数据处理系统、资助管理、禁入以及采购和合同管理。

空气和辐射办公室。该办公室负责制定控制空气污染和辐射水平的国家项目、政策和法规。该办公室关注污染预防、能源效率、室内外空气质量、工业空气污染、车辆和发动机污染、氡、酸雨、臭氧层破坏、气候变化和辐射保护等。该办公室负责管理《清洁空气法》《原子能法》《废物隔离试点土

地回收法》，以及其他适用的环境法。

化学品安全和污染防治办公室。该办公室负责保护环境、防范杀虫剂以及有毒化学品的潜在风险。它实施和监控涉及以下法规的活动：

- 联邦杀虫剂、杀真菌剂、灭鼠剂法
- 联邦食品、药品和化妆品法
- 毒性物质控制法
- 污染防治法

执法和遵守保证办公室。该办公室是 EPA 的管理执法部门，它就行政、民事和刑事执法，促进环境公平，遵守监管和保证活动等方面向 EPA 局长提供建议；它鼓励在社区内实施污染防治的行为规范。

财务总监办公室。该办公室负责建立、管理和协调 EPA 的战略规划和实施《政府绩效和结果法案》。另外，它还管理预算职能（包括工资表和开支），提供资源和财务管理服务并管理机构内部监控和审计决议。

环境保护信息办公室。该办公室在首席信息官领导下，通过管理生活周期信息来支持 EPA 保护人类健康和环境的使命。它识别和使用信息技术和信息管理解决方案，确保 EPA 的信息质量和 EPA 技术、数据收集交换以及准入服务的效率和可靠性。

总法律顾问办公室。该办公室是 EPA 的首席法律顾问，为该机构所有办公室提供法律服务，主要针对机构的运作和程序。它还提供法律意见、法律顾问、对联邦法院的诉讼支持，并为其他法庭提供法律立场来制定和管理机构的政策和程序。

总审计长办公室。该独立办公室负责审计和调查 EPA 的项目和运行情况。它还负责监察和预防诈骗、浪费和滥用。此外它还提供热线服务，负责向 EPA 的高级管理人员和国会评估在 EPA 项目和运行过程中可能会出现的严重的滥用行为和缺陷。

国际和部落事务办公室。该办公室负责与来自 EPA 其他项目和区域办公室、其他政府机构和其他国家和国际组织的专家合作，识别出国际环境问题，并帮助实现解决这些问题的技术和政策选择。它还包括美国印第安人环境办公室，领导并协调整个机构努力加强公共卫生和环境保护印第安人区域，重点帮助部落管理他们自己的环境项目。

研发办公室。为EPA提供科学可靠的决策基础，以保障人类健康和生态系统。这个办公室是EPA的研发机构，其领先优势研究可帮助提供科学和技术的坚实基础。在EPA全国研究和发展实验室、研究中心和办公室帮助提高空气、水、土壤和资源利用方式的质量。

固体废物和应急响应办公室。该办公室提供机构的应急响应和废物项目的政策、指导和指挥，以及制定土地处置危险废物和地下储罐的准则。它负责管理“棕地”（Brownfields）项目，支持国家和地方政府发展和重新使用有可能受到污染的场址，并管理超级基金项目，响应被遗弃和活跃的危险废物场地和意外石油及化学物质释放事件。

水办公室。确保饮用水是安全的，恢复并保持海洋、流域和它们的水生生态系统，以保护人类健康，支持经济活动和娱乐活动，提供鱼类、植物和野生动物的健康居住地。

EPA地区办公室（所涉及的州）和办公室位置：

- 地区1（康涅狄格州、缅因州、马萨诸塞州、新罕布什尔州、罗得岛州、佛蒙特州），波士顿。
- 地区2（新泽西州、纽约州、波多黎各和维尔京群岛），纽约。
- 地区3（德拉威州、马里兰州、宾夕法尼亚州、弗吉尼亚州、西弗吉尼亚州、华盛顿特区），费城。
- 地区4（阿拉巴马州、佛罗里达州、加州、肯塔基州、密西西比州、北卡罗来纳州、南卡罗来纳州、田纳西州），亚特兰大。
- 地区5（伊利诺伊州、印地安那州、密歇根州、明尼苏达州、俄亥俄州、威斯康星州），芝加哥。
- 地区6（阿肯色州、路易斯安那州、新墨西哥州、俄克拉荷马州、得克萨斯州），达拉斯。
- 地区7（艾奥瓦州、堪萨斯州、密苏里州、内布拉斯加州），堪萨斯城。
- 地区8（科罗拉多州、蒙大拿州、北达科他州、犹他州、怀俄明州），丹佛。
- 地区9（亚利桑那州、加利福尼亚州、夏威夷州、内华达州和美国太平洋群岛)，旧金山。
- 地区 10（阿拉斯加州、爱达荷州、俄勒冈州、华盛顿州)，西雅图。

2.4.2 美国环境保护署法规制定

EPA 规则的制定过程类似于 OSHA 法规制定所述。首先，经授权的机构比如，环境保护署决定可能需要制定规章，随后，该机构研究规章需求，并根据需要提出拟议。拟议提议在联邦登记册中列出，征求公众评论和建议。该机构评审所有评论，在适当情况下进行更改和发布最后的规章。在标准的制定过程中，所有关于原始提案的信息、征求公众意见的请求、其间有关公开讨论会议的通知（时间和地点）和最后文本都要载入联邦登记册。每半年该机构公布一份报告，记录相关工作或最近完成的法规。最后，这些内容会被公布在联邦登记册内，通常是在 4 月和 10 月，作为 EPA 半年度监管议程。环境法规公布在 CFR 40 中。

关键术语

标准和推荐做法（SARPs）
航空航行服务程序（PANS）
区域补充程序（SUPPs）
航空交通组织（ATO）
航空安全（AVS）
飞行标准服务（AFS）
飞行标准地区办公室（FSDO）
政府问责办公室（GAO）
行政程序法（APA）
航空规则制定咨询委员会（ARAC）
拟议规则制定通知（NPRM）
国家职业安全及健康研究所（NIOSH）
国家消防保护协会（NFPA）
国家关于职业安全和健康咨询委员会（NACOSH）
施工安全和健康咨询委员会（ACCSH）
管理和预算办公室（OMB）

思考题

1. 讨论国际民航组织组织结构并描述其 3 个理事机构的职能。
2. 讨论国际民航组织规则制定过程，包括 SARPs、PANS 和 SUPPs 的作用。
3. 简要说明美国联邦航空局组织结构和空中交通组织及航空安全办公室的作用。
4. 第 601（b）条款对航空承运人的安全责任是如何描述的。

5. 为什么大多数日常检查、审查和签字是由航空公司而不是联邦航空局执行？举例说明航空承运人如何证明其无法或不愿意履行法定职责。
6. 航空公司放松管制之后如何影响监察员的工作量？为什么一直很难吸引监察员到大都市地区督察？
7. 解释监察员为什么对维修基地进行检查时倾向关注记录，并讨论如何处理公众投诉。
8. FAA 飞行标准地区办公室的主要作用是什么？
9. 航空规则制定咨询委员会（ARAC）的目的是什么？
10. 讨论 FAA 规则的制定过程，解释 NPRM 在联邦登记册公布的根据。
11. 解释 OSHA 和 EPA 的规则的制定过程。
12. 讨论 OSHA 的组织结构，并描述其 9 个办公室的职能。
13. 讨论 EPA 环境保护署的组织结构，并描述其 3 个主要办公室的职能。

参考文献

1. ICAO, Convention on International Civil Aviation (Doc 7300/9). Montreal, Canada.

2. U. S. Government Printing Office, FM General Rulemaking Procedures (14 CFR Part Ⅱ). Washington, D. C.

3. U. S. Government Printing Office, Federal Administrative Procedures Act (5 USC §553, Rulemaking). Washington, D. C.

网络参考

International Civil Aviation Organization, http://www.icao.int

Federal Aviation Administration, http://www.faa.gov

Aviation Rulemaking, U. S. General Accounting Office, http://www.gpo.gov

Occupational Safety and Health Administration, http://www.osha.gov

Environmental Protection Agency, http://www.epa.gov

第三章

美国国家运输安全委员会

国际事故调查

- 概述
- 国际民航组织(ICAO)的角色
- 地区和国家当局
- 最近的国际调查

国家运输安全委员会(NTSB)

- 国家运输安全委员会的组织

事故调查过程

- 参与过程
- 快速反应小组(The Go-Team)
- 事故地点
- 实验室
- 事故报告准备
- 公开听证会
- 最终事故报告
- 安全建议
- 调查通用航空事故
- 家庭援助和运输灾难援助办公室
- 调查过程中联邦航空局承担的责任

国家运输安全委员会(NTSB)的事故资料库

国家运输安全委员会(NTSB)最希望实施的安全改进

国家运输安全委员会(NTSB)7项最希望实施的安全改进列表 (2011年6月)

关键术语

思考题

参考文献

学习目标

学习完本章以后，你应该掌握以下知识：

- 解释国际事故调查过程。
- 讨论 ICAO 在国际事故调查过程中的角色。
- 描述国家运输安全委员会（NTSB）的宗旨和组织机构。
- 列举国家运输安全委员会调查的航空事故的类型。
- 阐释调查大型商用航空业事故的几个步骤。
- 讨论事故调查组织——快速反应组、队伍制度和评议委员会的构成、职能和工作方式。
- 总结联邦航空局 FAA 在调查过程中的职责。
- 讨论国家运输安全委员会最希望的安全改进。

3.1 国际事故调查

3.1.1 概述

正如第 1 和第 2 章中所介绍的，国际民航组织自 1944 年成立以来在国际航空事项中已发挥重大作用。在现代喷气航空运输社会中，商业航空安全已真正成为全球关注的问题，国际民航组织芝加哥公约提供了在事故调查中的国际合作：公约条款 26 和其附件 13《航空器事故和事故征候调查》。这一节将解释国际民航组织在这个过程中的作用以及如何在世界范围基础上处理航空器事故调查过程。

3.1.2 国际民航组织（ICAO）的角色

如上所述，飞机事故调查工作的国际进程载于《芝加哥公约》附件 13。文档提供了下列原则：

- 事故调查的最终目的是预防。
- 调查的责任属于事故或事故征候发生国。
- 可能涉及的所有国际民航组织缔约国必须及时得到有关事故或事故征候发生的通知。
- 其他成员国可能会参加调查，根据它们和事故之间的关系：
  - 注册国
  - 运营商
  - 设计和制造国
- 注册、运行、设计和制造国有权委任一名认可的代表参与调查。
- 此外可能任命专家和顾问，协助委派的代表。国际民航组织成员国进行调查可能会从任何来源要求用现有的最佳技术专长来协助调查。
- 调查过程包括收集、记录和分析所有的有关信息；测定事故的原因；制定合适的安全建议和完成最终报告。

3.1.3　地区和国家当局

地区和国家当局有权调查飞机事故的主要国际主管当局：

- 澳大利亚——澳大利亚运输安全局
- 加拿大——加拿大运输安全委员会（BST/TSB）
- 法国——法国民用航空安全调查局（BEA）
- 墨西哥——墨西哥通信和运输秘书处（SCT）
- 俄罗斯（独联体，苏联地区）——国家间航空委员会（MAK）
- 联合王国——英国交通部航空事故调查机构（AAIB）
- 美国——国家运输安全委员会（NTSB）

3.1.4　最近的国际调查

法航447次航班一架空中客车A330－200飞机在2009年6月1日从里约热内卢飞往巴黎戴高乐机场途中，在大西洋坠毁，造成228人死亡。这已被BEA描述为法国航空史上最严重的事故，正在根据国际民航组织公约附件13

进行调查。国家运输安全委员会 NTSB 已安排认可的代表，协助 BEA 调查。在本书的第五章将提供关于这次事故的其他信息。

航空安全仍然是国际民航组织和其成员国的优先事宜。2010 年 10 月，在蒙特利尔结束的国际民航组织第 37 次大会上，与会者强烈赞同共享安全信息，美国率先领导和支持，与国际民航组织、欧盟和国际航空运输协会（IATA）签署了一项首开先例的协议，以促成使用现代安全管理体系（SMS）的概念来共享安全信息。NTSB 组织和事故调查过程将在下一步探讨。

3.2 国家运输安全委员会（NTSB）

国家运输安全委员会（NTSB）是一个独立的机构，负责确定运输事故的合理原因并提出建议促进运输安全。它还进行安全研究，评估其他政府机构运输安全项目的有效性，审查关于美国交通部对 DOT 飞行员和船员证书与许可证相关惩戒的申诉。

为了避免事故的发生，国家运输安全委员会为致力于改善运输安全的其他政府机构、行业、组织提出并发布安全建议。这些建议基于国家运输安全委员会的调查和研究，也是其努力改善美国运输系统安全性的主要举措。

1926 年《航空商事法》（*Air Commerce Act*）阐释了国家运输安全委员会的起源，当时国会让商务部负责调查航空事故的原因。后来，该职责转移给了民用航空委员的航空安全局。1967 年，国会将所有的运输机构合并为新的交通部，建立了国家运输安全委员会作为该部门的一个独立机构。

国家安全委员会的使命。每隔三年公布《战略规划》，按照 2010—2015 财年的规划，国家安全委员会的使命是促进运输安全：

- 按照国会要求保持独立和客观性。
- 实施客观精确的事故调查和安全审计。
- 执行公正和客观的航空人员和海运人员执照申请。
- 宣传和促进安全建议。
- 通过《运输灾难援助 TDA》援助运输事故的受害者及其家庭。

建立国家运输安全委员会的时候，国会预想到一个统一的机构比各机构单独运行更能保证安全。与安全局不同，国家运输安全委员会公开为安全改革提供建议。总之，国家运输安全委员会的宗旨就是确定运输事故的“可能原因”，提供安全建议以增强运输的安全性。

随着 1974 年独立安全委员会法案的通过，国会宣布国家运输安全委员会完全独立于交通部，因为“没有一个联邦机构可以完美地履行这些职能，除非它可以完全独立于美国的其他机构”。因为交通部要负责规章制定和改善美国运输状况，而运输事故表明运输系统中存在缺陷，所以国家运输安全委员会的独立有利于客观上的监督。

重要的是国家运输安全委员会没有权力管理、投资或者直接参与任何形式的运输管理。因此，它可以监督运输系统和进行调查，从完全客观的角度，为必要的安全改进提供建议。它的效力取决于及时、准确地对事故原因作出判断的能力，以及考虑全面成熟的安全建议。

国家运输安全委员会最直观的职能是调查重大运输事故。根据其运输事故选择标准，国家运输安全委员会的调查反应主要取决于以下几个方面：

- 需要独立的调查监督以确保公众信任交通运输系统。
- 需要强调最重要和威胁到生命的安全问题。
- 需要建立一个资料库以识别并预测行业趋势。

国家运输安全委员会的调查包括不同运输机构和其他各方（如制造商、经营者和员工工会）的参与。作为运输网络中的一员，每个政府组织都必须发挥自己独特的作用。每个运输模式机构调查运输事故的深度不同，目标也不同。作为联邦唯一的机构，它的目的是促进运输安全，通过进行详细、公开和全面的运输事故调查，揭示系统存在的重大问题并进行调整，以避免类似事件再次发生。

根据 1974 年的独立安全委员会法案，国家运输安全委员会每年负责调查运输事故数百起，其中包括：

- 联邦法规 49 第 121 部和第 135 部所涉飞机发生的所有运输事故。
- 公用（如政府）飞机发生的安全事故。

· 美国航空公司和美国生产的运输机或者主要部件造成的国外飞机运输事故。
· 因空中交通控制、训练、空中相撞、新认证的飞机或者引擎以及飞行中发生的火灾或者解体造成的运输事故。
· 通用航空事故，联邦航空局被授权对其中一些事故进行实况调查（但没有授权确定可能原因）。

另外，根据《芝加哥公约》附件13和相关国际协议中对机构的授权，国家运输安全委员会可以更多或者更少地参与全球商用航空运输事故的调查。它在全世界都享有盛誉。国家运输安全委员会的航空安全建议的主要部分都是针对联邦航空局（FAA）。这些建议使很多领域的安全性都得到了改善，包括飞行员培训、飞机维修和设计、空中运输控制程序和救生设备的需求。它还得到授权对运输问题进行专门研究。这种研究使国家运输安全委员会脱离了以往单个运输事故调查的模式，从更广泛的视角调查安全问题。例如，国家运输安全委员会对天气、防撞性、飞行碰撞和通勤航空公司都进行过专门的调查研究。在过去40年里，NTSB已经发布近13000条安全建议。

国家运输安全委员会的组织

根据其网站，NTSB组织机构图一共有三层，如图3-1所示。

最高层。国家运输安全委员会由总统任命、参议院确认的五名成员组成，其中两名分别担任主席和副主席。NTSB委员会成员制定运输安全事宜的政策，以及组织的宗旨目标和运行。委员会评估和批准重大事故报告、安全建议和决定FAA认证行动的申请。NTSB的5人通常作为重大事故调查的发言人，主持公开听证会，发表重要讲话，并且在国会相关委员会上做证。

第二层。以下办公室向NTSB主席报告：

· 财务总监办公室
· 总顾问办公室
· 总经理办公室
· 通信办公室
· 平等就业机会办公室（EEO）

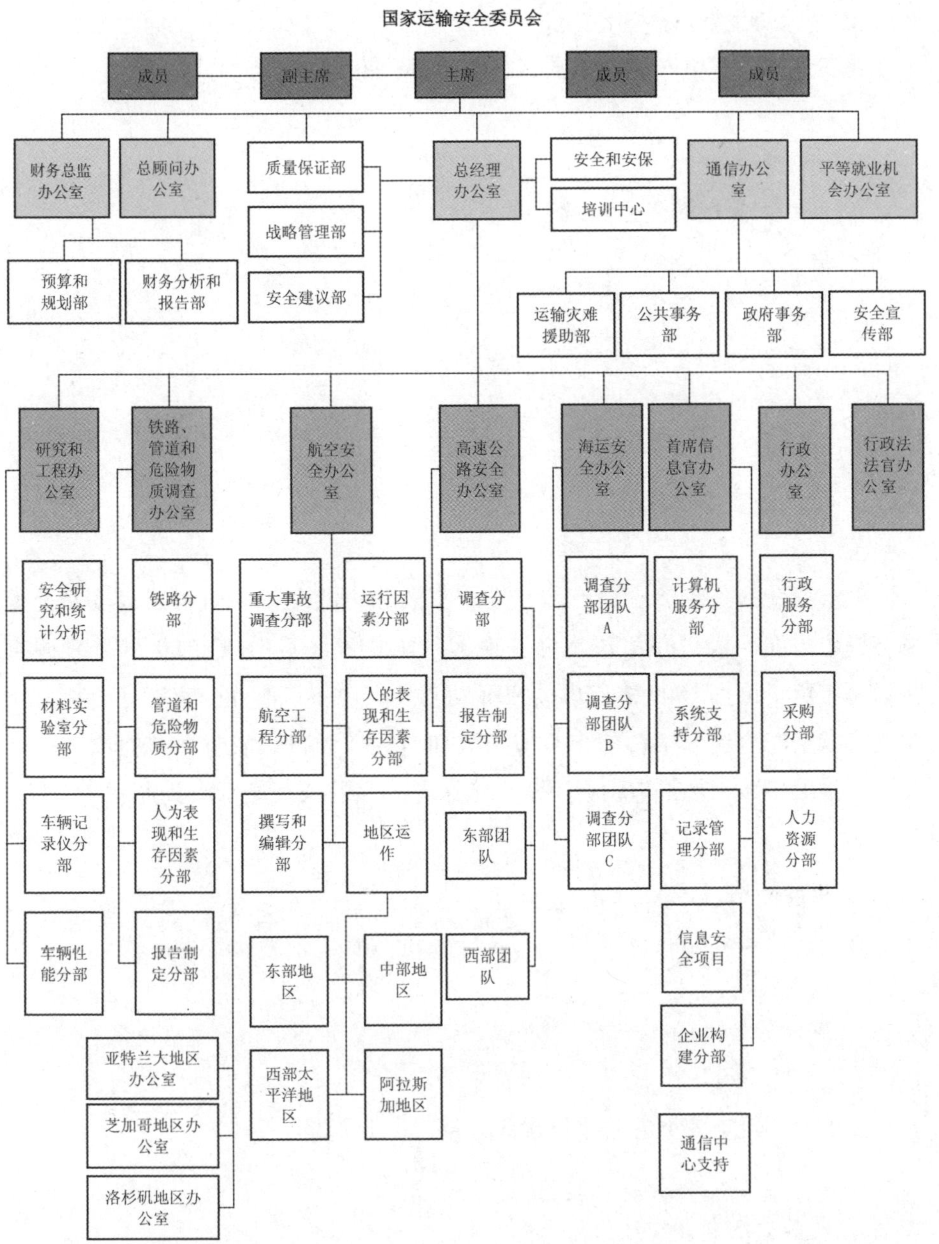

图3－1　国家运输安全委员会组织架构，2010年11月

来源：www. ntsb. gov

常务董事办公室通过为NTSB管理提供全面领导来支持委员会的使命。该办公室协调NTSB整个员工队伍的活动，监督下一层级的8个办公室，制订满

足NTSB目标的计划。

第三层。以下办公室直接向常务董事办公室汇报：

· 研究和工程办公室
· 铁路、管道和危险物质调查办公室
· 航空安全办公室
· 高速公路安全办公室
· 海运安全办公室
· 首席信息官办公室
· 行政办公室
· 行政法官办公室

航空安全办公室负责调查航空安全事故和事故征候，向国家运输安全委员会提出可能原因以供批准。办公室大约120人，其中只有80名事故调查员，每年负责调查1600多起事故和事故征候。它和其他办公室一起合作，负责制定航空安全建议书，防止类似事故和事故征候再次发生，从而改进航空安全。绝大多数现场调查由以下4个地区办公室的调查员牵头负责：

· 东部地区
· 中部地区
· 西部地区
· 阿拉斯加地区

此外，在航空安全办公室下设5个部门，分别是：

· 重大事故调查分部
· 运行因素分部
· 人为表现和生存因素分部
· 航空工程分部
· 撰写和编辑分部

国家运输安全委员会的大多数工作涉及无生命的物体，如飞机结构、铁路轨道、管道、管理规章和程序等。但是，其中有一个部门叫作行政法法官办公室，其大多数工作都涉及个人。从根本上来说，该办公室是作为上诉法院，受理个人执照或者证书被交通部吊销、撤销或者修改的案件。执照持有人包括从飞行员和机务人员到商业海员和飞行签派员。但是法官的权力范围超出了个人，还包括审理上诉，上诉内容包括为飞机类型或者向航空公司签发的运行证书丢失或者被吊销。

行政法法官行使初审法官的职责，负责监督、收取证据、做出判决、发传票和监管听证会的过程。许多听证会都在华盛顿以外的区域举行。根据1980年司法公平法案的规定，法官还可以根据1958年联邦航空法第609章审查飞行员的申请。审查律师公费和费用的申请大多可以根据早期诉讼书面记录确定是否授予。但是，在全面公正地解决申请引起的问题时，受命负责申请的行政法法官可能需要举行非正式会议或者证据听证会。

行政法法官的最初决定和决议可以上诉到国家运输安全委员会。作为诉讼中的任一方，飞行员或者联邦航空局都可以将法官的决议诉诸国家运输安全委员会。国家运输安全委员会发布意见和决议后，任一方可以请求国家运输安全委员会复议。如果没有提出复议请求，且没有上诉到美国上诉法院，那么国家运输安全委员会的决议将成为最终决议。只有飞行员或者航海员可以向美国上诉法院提起上诉，联邦航空局和美国海岸警卫队没有权利向法院上诉。在审查过程中，法院有权肯定、修改或者驳回国家运输安全委员会的全部或者部分意见或者决议，如果需要的话可以命令国家运输安全委员会进一步审理。

3.3　事故调查过程

当重大商用航空运输事故发生后，国家运输安全委员会的快速反应小组会在收到通知几小时内，在主任调查员（IIC）的带领下从华盛顿总部前往事故现场。作为高级航空安全调查员，主任调查员与国家运输安全委员会的航空安全办公室 OAS 一起组织、实施和管理现场调查，无论委员会成员是否出现在现场。这种行动仅包括调查坠毁事故（现场或者事后）的实际环境、准备最终报告提交给委员会成员、提出避免将来再次发生类似运输事故的安全建议和参与国外运输事故调查。主任调查员（IIC）有责任也有权力监督和协调所有资源和现场调查活动。国家运输安全委员会的快速反应小组最多可组成10个调查小组。工作团队根据专业领域组成，分为发动机、系统、结构、运行、空管、人为因素、天气和存活性。驾驶舱语音记录器和飞行记录器小组在华盛顿的国家运输安全委员会实验室成立。所有指定负责特定调查的国家运输安全委员会工作人员都要听从主任调查员的指挥。

3.3.1 参与过程

国家运输安全委员会别无选择，只能在媒体的密切关注和大众的审视下进行调查。随着商业航空运输逐渐成为数以百万乘客的常规选择，重大运输事故无异于国家的灾难。同时，国家运输安全委员会对事故原因的声明对于航空公司、飞机制造商和其他实体来说简直是灾难性的，它们应该为灾难负责。国家运输安全委员会安全调查的一个非常现实的后果，即使是无意识的，就是接受法庭和媒体的批评或者指责。数亿美元的债务以及一些最有影响力公司的竞争力都取决于国家运输安全委员会对重大运输事故原因所作的结论。这不是指30多年前那些支持建立独立的调查机构的人们所希望建立的系统，而是指现在机构执行调查任务的工作环境。

国家运输安全委员会依靠团队合作处理运输事故，包括制造商、经营商在内的“各方”都参与到调查中，根据法律规定，联邦航空局也应包括在内。这样的团队制度使国家运输安全委员会可以将公司的技术专家、实体（如飞行员协会）和个人吸收到调查中，从而更好地利用有限的资源和人力。这些有能力提供专业知识的人员参与事故可以确定事故可能的原因。除了联邦航空局，其他参与方的地位都是一种特殊的荣誉，而不是一种权力。主任调查员有权指派可以参加调查的各方，而且各方代表必须在任何时候都听从主任调查员或者国家运输安全委员会高级调查员的指挥。任何新闻媒体、律师或者保险工作人员都不允许参与任何阶段的调查。原告或者诉讼当事人（受害人或者家人）也被明确禁止担任参与方成员。

任何一方指派参与调查的专家必须是其雇员而且拥有专业技术，能在调查中为国家运输安全委员会提供帮助。为安全委员会提供技术援助给各方提供了更多机会来了解情况，形成有关事故起因的解释。在未经主任调查员允许前，各方代表不允许将信息透露给公司总部，而且只有当存在事故预防必要的情况下才可以。未能遵循国家运输安全委员会制定的规章和程序，个人甚至团体会受到从调查团队中开除的处罚。各方代表必须签订一个书面保证书，声明同意遵守国家运输安全委员会的规章。

运输事故发生后前两天是最关键的时期，因为这期间证据还保持完好。一旦人们开始进入残骸检查时，线索就开始消失了。空速表的指针可能掉了或者燃料管线可能流干了。揭露运输事故诱因的重大线索也会丢失。因此，坠毁地点必须要隔离，未经专业训练的人员不能进入，直到快速反应小组到达现场。

3.3.2 快速反应小组（The Go – Team）

快速反应小组24小时保持待命，小组全体人员具有调查运输事故的各种技能。在航空业中，快速反应小组的花名册包括国家运输安全委员会五个成员之一、空中交通管制专家、气象学家、人为行为专家、受过证人审问训练的专家、引擎专家以及液压学、电力系统和维修记录的专家各一名。一些快速反应小组的成员完全可以参与不同运输模式导致的事故调查，因为他们的专业技术领域可以应用到各个运输模式。人为因素专家属于此种类型，国家运输安全委员会的冶金学家、气象学家和有害危险物质专家也属于同样的情况。

快速反应小组轮流执行任务。派遣出一个小组之后，很快就贴出一个新的列表。像消防员一样，快速反应小组的成员长时间在办公室进行专门研究，直到有人报告事故。通常情况下，联邦航空局第一个得到运输事故的消息，然后是国家运输安全委员会的区域或者外地办公室的管理人员。该办公室通知快速反应小组、值班的委员会成员、国家运输安全委员会主席和公众事务办公室。该小组一般在两个小时内就会前往现场。到达现场以后，最近的国家运输安全委员会外地办公室的一名调查员将在地方当局的帮助下保护飞机坠毁地点。飞机制造商、航空公司、引擎生产商的代表和联邦航空局也会到达现场。如果这起事故非常重大，国家运输安全委员会的成员将跟随该小组一同前往。主任调查员组织会议并分派个人加入快速反应小组的各个小组。

3.3.3 事故地点

快速反应小组停留在事故地点的时间长短随着需要而变化，通常情况下会在10—14天完成任务。但是，事故调查经常需要地点外的工程研究或者实验室检验，这就延长了事实调查阶段的时间。如果发生全体人员死亡的事故，一开始当地验尸官通常会对飞行人员验尸，确定飞行员是否失能是运输事故的一个因素。验尸结果还可以推断出谁在驾驶舱和谁在驾驶飞机。

预备工作完成以后，将进行详细调查。快速反应小组由几组专家组成，每组专家都专门负责调查具体的某个方面。各组在小组主席的带领下集中处理调查的某个具体部分。各个主席协同合作以确保各组的覆盖范围都有人负责。凭借着他们在飞行领域的综合知识，尤其是飞机方面的知识，他们将残骸中发现的残留物与所学的知识做比照。简式照相机是这一行业非常重要的工具。在团队成员接触到任何残骸之前，他们会从各个不同的角度和距离拍摄照片，并且通过录音机记录信息。

三个学科（空中交通管制、运行和气象）的运行专家凭借自己的专长进行大量的调查工作。空中交通管制专家检查空中交通管制的设备、程序和飞行操作，包括地对空的声音传输，核实航路管制中心的飞行历史记录和终端区设备雷达记录。其他专家检验涉及飞机和机场的飞行运行、飞行培训和飞行人员经验的各个方面。气象专家检查气象和环境条件，这些因素可能会导致或者造成运输事故的发生。

人类行为专家负责调查与运输事故周围环境相关人员的背景和表现，包括人员的知识、阅历、培训情况、身体素质、决断、行动和工作习惯。公司决策和程序、管理关系、设备设计和工效以及工作环境也是需要调查的方面。

以下四个领域的航空工程专家拥有较强的技术调查技能。发动机专家负责检查飞机引擎的适航性；结构专家负责检查飞机结构和飞行控制的整合性以及涉及设计和认证的充分性；系统专家负责检查飞机飞行控制以及电力、液压和航电系统的适航性；维修专家负责检查保养记录和飞机系统、结构和发动机的维修情况。

生存因素专家调查事故发生涉及的人员存活因素，包括受伤和死亡的原因。这些调查员还负责检查客舱安全和应急操作步骤、防撞性、设备设计、应急反应能力和机场认证等。

3.3.4 实验室

调查员在事故地点工作，而国家运输安全委员会在华盛顿的材料实验室对现场发现的线索进行详细分析。作为世界一流的实验室，其设计用途是为现场的调查员提供支持。例如，实验室能够“读出”飞机驾驶舱话音记录器CVR和飞行数据记录器FDR，从而为调查员提供主要信息，包括空速、海拔、垂直加速度和运行时间等。这两个黑匣子向调查员提供了飞机在坠落最关键时刻的剖面信息。

冶金金属检查是实验室的另外一个功能。国家运输安全委员会的冶金专家可以对残骸部分进行事故后分析。该实验室能确定飞机坠毁是否由于设计强度不妥、超载或者因为疲劳或者腐蚀造成的静力强度退化。

1979年5月，美国航空公司DC－10从芝加哥的奥黑尔机场起飞后左发动机失灵，这次事故调查如果没有材料实验室的支持是无法进行的。初步调查过程中，冶金学家集中研究左发动机吊挂的舱壁，这是机翼的垂直构件，发动机就是悬挂在这里。他们发现了超应力区，发动机脱落了。正如猜测的那样，他们还在超应力区之前发现了金属疲劳的迹象。但是当冶金学家跟随疲劳的标记找到了起始点时，只发现了另外一处超应力区，再没有其他东西了，这就产生了一个谜团。第一次超限应力导致了金属疲劳，而疲劳又导致了最后的发动机脱落。但是到底是什么导致了起初的超限应力呢?

冶金学家和专家审查了飞机的维修记录，发现当拆除发动机时，维修人员会使用铲车降低整个发动机—吊挂的装配。该工作人员当时并没有意识到，这个方法会对引擎和吊挂固定在机翼的那一点产生暗伤。鉴于这个调查结果，航空业改变了将发动机从翼下拆下的程序。

3.3.5　事故报告准备

现场调查阶段（通常持续几天或者几周）完成以后，国家运输安全委员会的每个小组主席（高级调查员监管调查的某个特定区域）对其负责的区域进行事实报告。报告中有可能包括提议的安全建议，从而纠正缺陷以避免类似事故再次发生。所有真实资料都存入公共备审文档目录，向公众公开，接受审查。之后，参与事故调查的调查员经常要花很长时间进一步收集证据，通常要举行一个或更多公开听证会，然后对收集的真实信息进行最终分析。

国家运输安全委员会的调查活动没有时间限制。安全委员会完成最终事故报告的目标期限是从事故发生日起一年以内，但是最近的重大商业航空事故调查最少的持续了4个月，最长持续4年多。

报告准备过程中一个主要步骤就是小组主席准备他们各自专业技术领域的分析报告。各方通过不断与国家运输安全委员会的小组主席和主任调查员进行联系促进分析报告早日完成，但是他们无权审查、编辑或者评论分析报告。各方还通过提交书面意见书对委员会的分析过程提供帮助，有的书面意见书内容非常全面，被纳入公共备审文档。

3.3.6 公开听证会

事故发生后，国家运输安全委员会也许会决定举行公开听证会，从而收集更多的信息并在论坛上讨论涉及运输事故的各个议题。它竭尽全力迅速在事故地点附近举行听证会。

听证会包括国家运输安全委员会的调查员、调查中的其他各方和做证的鉴定证人。每个听证会都建立一个评议委员会，它由安全委员会高级管理人员组成，国家运输安全委员会的首席 5 人成员主持会议。评议委员会由专家小组提供支持。国家运输安全委员会参与调查的一些调查员也在专家小组中任职。根据听证会中提出的话题，该小组通常涵盖各个领域的专家，包括飞机性能、发动机、系统、结构、运行、空中交通管制、气象、生存因素和人为因素等方面。那些参与解读驾驶舱话音记录器和飞行记录器以及审查证人和维修记录的人员也可以参加听证会。

参加听证会的各方都是由国家运输安全委员会的成员指派的，它是听证会的审裁官。其中包括那些相关人员、政府机构、公司和协会，他们参加听证会对保护公众利益很有必要，而且他们的专业知识也对寻找相关证据有帮助。通常，他们包括联邦航空局、运营商、机身、飞机制造商、发动机生产商、飞行员联盟和其他可以帮助安全委员会完成调查记录的组织。除了 FAA，其他参与方的地位都是一种特殊荣誉，而不是一种权力。各方必须委派一名发言人参加听证会。

专家证人宣誓做证，在调查过程中协助安全委员会的工作。证据是用来扩大公务档案，向公众表明正在进行的调查是彻底、客观而公正的。做证的证人也是其中的一员，因为他们可以就运输事故有关的问题提供最佳信息。

新闻媒体、家庭成员、律师和保险人员不是参与调查的各方，也不允许参加公开听证会。

举行公开听证会以后，调查员需要额外收集必要的信息并在听证会期间进行必要的进一步测试。调查完成后，无论从听证会还是其他调查活动中，各方都有机会审查事实记录，然后各方将召开技术评审会议。举行该会议是为了确保调查中不存在任何失误，并达成一致意见，确认所有必要的行动都已经完成。

偶尔，如果出现新的重大线索或者后续调查表明另有一些问题需要在一个论坛上公开，如举行听证会，这时候就会重新召开听证会。

3.3.7　最终事故报告

随着事实调查阶段的结束，事故调查过程进入最终阶段，就是分析事实调查结果。分析将在国家运输安全委员会的总部华盛顿进行。最终事故报告包括与事故相关的一系列事实调查结果，分析这些调查结果，提出建议避免类似事故的发生和陈述可能原因。

主任调查员和国家运输安全委员会的高级职员编写报告的最终稿，称为表示法草案，提交给委员会成员。该草案包括安全建议和可能原因的调查结果。审查报告草稿一段时间以后，将在华盛顿举行由委员会成员组成的公开会议。国家运输安全委员会的人员提交并评论报告草稿；各方代表允许参加会议但不能进行任何陈述或者评论。会议中，委员会成员可以投票决定是否将整个草稿作为最终事故报告，是否需要进一步的调查或者修订；或者在会议中讨论做出修改，采用修改版的最终事故报告。

主要调查得出的安全建议一般都包含在最终事故报告中，但是出于安全考虑，如果国家运输安全委员会认为必要的话，可以在调查阶段的任何时间发表这些安全建议。

从技术上来说，国家运输安全委员会的调查从未封闭过。如果认为调查结果有错误或者有一方发现了新的证据，调查中的各方可以请求委员会重新审议或者修改调查结果和对可能原因的描述。如果不是参与各方的请愿，那么将不会被考虑。

3.3.8　安全建议

向联邦航空局提交的安全建议是国家运输安全委员会的最终成果，它是重中之重，需要更仔细的评估。实际上，这些建议对于国家运输安全委员会履行预防事故的基本职能有着至关重要的作用，因为它是改变和改进国家运输系统安全的手段。向联邦航空局提出的建议中，近80%有着积极的影响。因为涉及人的生命安全，及时性也是建议过程的一个主要部分。因此，国家运输安全委员会应该在发现问题后尽快提出一个安全建议，直到调查结束确定事故的可能原因。授权给国家运输安全委员会后，国会明确地强调安全建议的重要性，要求国家运输安全委员会应该“主张有意义的答复以降低运输事故再次发生的可能性”。国家运输安全委员会提出的每个建议都指派个人或者团体预期采取行动，描述国家运输安全委员会期望采取的行动，明确说明需要满足的安全需求。

建议书建立在调查结果基础之上，提出与最终确定的事故原因可能没有直接关系的缺陷。例如，1989年，一架DC－10飞机在艾奥瓦州苏城紧急迫降，调查过程中，国家运输安全委员会在发布最终报告之前分别对四个情况发表建议。在1996年环球航空公司TWA800航班的调查中，认定是中央燃油箱发生爆炸导致飞机坠毁，国家运输安全委员会立刻发表了紧急安全建议书，意在消除客机燃油箱中的爆炸性燃料/空气蒸汽。

一次单个事故调查能够对整个商业航空运输业产生重要影响，这并不经常发生。比如，2009年2月12日，通勤航空公司Colgan的3407航班在纽约布法罗附近地区坠毁。从NTSB的观点看，这次事故调查在范围上覆盖很广，安全建议的数量很多，向公众公布信息的速度很快。这些在听证会和调查中呈现的事宜如下：

- 结冰对飞机性能的影响。
- 寒冷天气运行。
- “严肃的驾驶舱”（飞行员之间讨论不合适的话题）。
- 飞行机组经验和培训。
- 疲劳管理。
- 失速改出。

最终NTSB报告以史无前例的速度公布，在距离事故发生还不到1年的时间里，提出了28条建议。这些建议覆盖了很广的安全事宜，包括本次事故的发生因素，特别是飞行员训练和疲劳问题。正如第一章所述，本次事故对商业航空安全产生了深远的影响，将在本书中相应章节进行更详细的描述。

3.3.9 调查通用航空事故

调查通用航空事故的过程相对简单一些，每次事故需要的工作人员也要少一些。因为国家运输安全委员会每年调查很多起通用航空事故，考虑到机构人员和预算资源有限，所以很有必要简化调查。大多数通用航空事故调查由国家运输安全委员会的区域或者当地办公室来执行。在现场调查中，至少有一个调查员要到坠机现场调查；有限调查（limited investigation）通常采用写信或者打电话的方式。但是并不是所有的通用航空事故都可以产生由国家运输安全委员会成员批准的安全建议书。

3.3.10 家庭援助和运输灾难援助办公室

1996 年，航空灾难家庭援助法颁布以后，总统委任国家运输安全委员会作为联邦领导机构，负责在重大航空事故现场协调联邦政府资产，并作为航空公司和遇难者家属的联络员。国家运输安全委员会的职能包括整合联邦政府和其他机构的资源，支持国家及地方政府和航空公司的工作，为航空灾难受害者及其家属提供援助。国家运输安全委员会的运输灾难援助办公室为当地政府和航空公司提供联邦资源，如为解救和打捞工作提供帮助，提供家庭心理咨询、受害者确认和法庭服务。安全委员会正设法将家庭援助活动和国家运输安全委员会的技术调查人员完全分离开。

3.3.11 调查过程中联邦航空局承担的责任

事故调查主要是联邦航空局的各个飞行标准区域办公室（FSDO）的职责，它要根据办公室的具体要求（例如，地理位置、气候、人员配备和资源，等等）制订事前计划。联邦航空局与国家运输安全委员会紧密合作，各机构间签订的正式协议可以从飞机事故和事故征候通知、调查和报告，8020.11C 令（2010 年 2 月 2 日）中找到。联邦航空局事故调查的职责包括：

- 确保：
    - ◊ 记录并评估所有导致事故发生的事实和环境。
    - ◊ 采取行动避免未来类似事件的发生。
- 确定是否存在以下情况：

- 联邦航空局设施的性能或者功能是因素之一。
- 非联邦航空局拥有和运行的 ATC 空管设施或导航设施的性能是因素之一。
- 经认证合格的美国飞机的适航性是因素之一。
- 经认证合格的美国飞机、航空机构、商业经营者、航空公司或者机场的能力是因素之一。
- 联邦航空法规提供足够的法律规定。
- 涉及机场认证安全标准或者运行。
- 涉及机场安保标准或者运行。
- 涉及机组成员任职的体格要求。
- 违反联邦航空法规。

事故发生后。国家运输安全委员会授权联邦航空局进行调查，然后将调查的事实报告提交给国家运输安全委员会。就国家运输安全委员会的一些事故调查职能进行授权必须依照 1974 年独立安全委员会法案第 304 章（a）（1）执行。

联邦航空局的主要事故调查员被称为主任调查员。他负责指挥并控制联邦航空局在事故调查中的所有行动直到调查完成；他有权获得和使用联邦航空局所有人员提供的必要服务、设施、设备和记录。

联邦航空局的主任调查员在国家运输安全委员会进行的调查中受国家运输安全委员会主任调查员的控制和指挥。当国家运输安全委员会将事故调查委托给联邦航空局时，联邦航空局的主任调查员就成为国家运输安全委员会的授权代表。该授权代表将拥有国家运输安全委员会法规中规定的所有调查权利。而联邦航空局的所有其他人员都向主任调查员负责，在调查过程中准备或者收到的所有报告都要交其处理。

3.4 国家运输安全委员会（NTSB）的事故资料库

国家运输安全委员会的航空事故资料库和梗概最早可以上溯到 1962 年，可以登录 www. ntsb. gov 查询。这些资料库包含有关民用航空事故和美国海滨以内、美国境内和美国国际水域运输事故的相关信息。事故发生几天后，一般初步报告就在网上公布了。随后发布事实初步报告，调查完成以后它将被描述可能原因的最终报告替代。正在调整中的情况或者国家运输安全委员会在事故调查中并不承担主要责任的情况下，不能查询完整信息。该网站的信息汇总如下：

- 国家运输安全委员会的数据库每日更新，它具有互动的搜索功能：
  - 1962 年以来发生的事故可以按照年月日进行查询。
  - 按照事故发生的城市和州进行查询。
  - 按照事故的严重程度查询：事故征候、事故、致命事故和非致命事故。
  - 按照飞机类型（飞机、直升机等）查询。
  - 按照组装类型查询：业余的还是商业的。
  - 按照飞机制造、类型和注册信息查询。
  - 按照运行信息查询（121 部、135 部等）。
  - 按照航空公司的名字查询。
  - 按照国家运输安全委员会的事故编号查询。
  - 按照关键词查询。
- 按照日期分类的事故每日更新一次，每月一列清单。
- 即将完成的调查列表。
- 自 1982 年以来每年可下载的完整数据集，用微软数据库管理系统 2000MDB 格式每月更新一次。
- 政府信息定位系统事故资料库的完整描述，包括解释事故和事故征候的定义。
- 联邦航空局事故征候数据库关于事故征候的完整信息，包括未经国家运输安全委员会调查的事件。
- 数据、信息产品和其他关于航空事故的信息渠道的列表，包括出版、摘要和新闻发布。

3.5 国家运输安全委员会（NTSB）最希望实施的安全改进

由于国家运输安全委员会在美国联邦航空局和航空业缺乏监管机构，其最重要的职能之一是强烈建议和倡导联邦航空局的适当行动，来提高航空安全。国家运输安全委员会通过发布和频繁地更新其“最想改善航空安全措施的列表”来完成其使命。当前国家运输安全委员会的列表可以在 www. ntsb. gov 网站上找到。

写作本书时，此列表中有 7 个航空问题，国家运输安全委员会通过颜色代码把联邦航空局的行动分成三个类别：

红色 = 不能接受的响应
黄色 = 可接受的响应，继续慢慢推进
绿色 = 可接受的响应，及时地推进

下面是当前国家运输安全委员会最想要改进的列表，鼓励读者查阅当前网站更新以获得安全问题的最新信息。

3.6 国家运输安全委员会（NTSB）7 项最希望实施的安全改进列表（2011 年 6 月）

1. 改进飞行员熟练程度的监督

状态：红色

美国联邦航空局所需的行动：

- 雇佣飞行员之前评价此前驾驶舱检查未通过记录。
- 针对表现方面有缺陷的飞行员，要考虑完整的表现历史记录，提供培训和其他监督。

2. 需要（驾驶舱）图像记录器

状态：红色

美国联邦航空局所需的行动：

· 在驾驶舱安装坠机保护的图像记录器，给调查人员提供更多的信息来解决复杂事故。

3. 改善（直升机）紧急医疗服务（EMS）飞行安全

状态：红色

美国联邦航空局所需的行动：

· 对所有机上医疗人员的飞行实施更严格的通勤飞机法规。
· 发展和实施EMS运营商飞行风险评价程序。
· 需要正式的签派和飞行跟踪程序，包括最新的天气信息。
· 飞机上安装地形警戒警告系统（TAWS）。

4. 改善跑道安全（跑道入侵）

状态：黄色

美国联邦航空局所需的行动：

· 直接向在驾驶舱飞行组及时提供碰撞/入侵的警告。
· 需要为每个横穿跑道提供具体航空交通管制（ATC）间隔。
· 要求运营商安装驾驶舱移动地图或自动系统，当飞机试图从滑行道或预定跑道以外起飞时向飞行员发出警报。
· 要求着陆距离评估，每个降落要有足够的安全边距。

5. 减少结冰条件下飞机飞行的危险

状态：红色

美国联邦航空局所需的行动：

· 使用当前冰雨和大水滴成果的研究，修改飞机在结冰条件下的设计和批准。

- 对于目前认证的飞机应用修订后的结冰要求。
- 要求使用气动防冰设施的飞机一旦进入结冰条件就激活。

6. 提高机组资源管理（CRM）

状态：黄色

美国联邦航空局所需的行动：

- 要求通勤和按需空中的士飞行组接受机组资源管理的培训。

7. 减少航空业人体疲劳引起的事故和事故征候

状态：红色

美国联邦航空局所需的行动：

- 为机组、维修人员和空中交通管制员根据疲劳研究的基础、昼夜节律和睡眠及休息要求设置执勤小时限制。
- 为管制员和安排管制员排班的人员制定疲劳的意识度和对策培训项目。
- 为运营商制定建立疲劳管理系统的开发指导，包括不断评估这些系统有效性的一套方法。

关键术语

ICAO 附件 13 – 飞机事故和事故征候调查	快速反应小组
授权代表	参与方制度
国家运输安全委员会（NTSB）	可能原因
1974 年独立安全委员会法案	黑匣子
委员会成员	评议委员会
常务董事办公室	最终事故报告
航空安全办公室	安全建议
行政法法官办公室	表示法草案
主任调查员	现场调查

1996 年航空灾难家庭援助法案
运输灾难家庭援助办公室
8020.11C 令飞机事故和事故征候通知、调查和报告
NTSB 最希望完成的安全改进列表

思考题

1. 讨论 ICAO 和 NTSB 在国际航空事故调查中的角色。
2. 什么是授权代表?
3. 国家运输安全委员会的主要职责是什么?
4. 1974 年独立安全委员会法案的通过对国家运输安全委员会产生了什么影响?
5. 描述国家运输安全委员会调查的事故类型。描述国家运输安全委员会的组织结构。
6. 阐明主任调查员和快速反应小组的作用。参与方制度使国家运输安全委员能够使用其有限的资源，请解释该制度。请说明重大事故调查过程中采取的步骤。国家运输安全委员会在华盛顿设立的实验室可以进行哪几种活动? 安全建议书在何时提出?
7. 召开公开听证会的目的是什么? 重新召开过听证会吗? 最终事故报告中包含什么内容? 请区分现场调查和通用航空事故的有限性调查有何不同。
8. 根据 1996 年航空灾难家庭援助法案，国家运输安全委员会有何作用? 什么是运输灾难援助办公室?
9. 描述联邦航空局在重大事故调查中承担的责任。描述国家运输安全委员会除事故调查以外还有哪些职能。
10. NTSB 最希望完成的安全改进列表是什么作用?

参考文献

1. ICAO – Chicago Convention Article 26/Annex 13.

2. NTSB Strategic Plan FY2010 – FY2015.

3. Testimony of Honorable Deborah A. P. Hersman, Chairman NTSB, before the Aviation Subcommittee, Committee on Commerce, Science and Transportation, U. S. Senate – Hearing on Aviation Safety: One year after the crash of (Colgan) Flight 3407, February 25, 2010.

网络参考

http://www.icao.int

http://www.ntsb.gov

第四章

安全数据的记录和报告

事故

事故征候

- 建立安全报告文化

事故征候报告系统

- 强制报告系统
- 自愿报告系统

航空记录和报告系统

- 联邦航空局报告系统
- 航空安全信息分析和分享系统(ASIAS)
- 行业自愿安全报告举措
- 国家运输安全委员会事故和事故征候报告系统
- 交通部的报告系统
- 国家航空航天局的报告系统
- 自动记录系统
- ICAO 国际报告系统

通用行业（职业安全和健康管理局）记录和报告系统

- 适用范围
- 职业安全和健康管理局表格300—与工作相关的受伤和疾病记录
- 职业安全和健康管理局表格301—与工作相关的受伤和疾病事件报告
- 职业安全和健康管理局表格300A—与工作相关的受伤和疾病事件总结
- 公开政府的举措(政府透明度)

美国环境保护署(EPA)记录和报告

- 《综合环境反应、赔偿和责任法案》(CERCLA)报告要求
- 《应急计划和公众知情权法案》(EPCRA)报告要求
- 《资源保护和恢复法案》第Ⅰ小节(地下储油罐)
- 其他报告要求
- 防止飞机和飞机发动机造成空气污染

关键术语

思考题

参考文献

学习目标

学习完本章以后，你应该掌握以下知识：

- 认识到研究事故和事故征候对加深理解、增长知识和提出建议以避免事故发生有着重要作用。
- 解释并列举国家运输安全委员会和ICAO定义的事故、事故征候和伤害。
- 解释建立安全报告文化的重要性。
- 区分强制和自愿报告系统的不同。
- 识别和描述由联邦航空局内部组织维护的事故和事故征候报告系统。
- 描述国家运输安全委员会管理的航空事故资料系统。
- 讨论国家航空航天局在管理航空安全报告系统中的作用。
- 描述飞行记录器和舱音记录器中获得的信息。
- 识别国际民航组织根据事故/事故征候报告系统ADREP做出的报告。
- 解释职业安全健康署对伤害和疾病的定义。
- 强调职业安全健康署对记录的一些要求。
- 认识环境泄漏的构成因素以及报告要求。

4.1 事故

对事故报告、调查和预防进行讨论之前，应该了解事故和事故征候的定义。ICAO附件13对于事故的定义类似于国家运输安全委员会（NTSB）中的定义，因此为了以下讨论，我们将关注NTSB的定义。NTSB在商业旅客运输中用于衡量航空安全时使用的一些术语包括：

- 事故——指从任何乘客登机等待起飞开始到所有乘客下飞机期间，因航空器运行发生的人员（乘客或者机组）遭受致命或严重伤害或者航空器遭受严重破坏的事件。
- 致命伤害——指在事故发生后30天内导致死亡的任何伤害。
- 严重伤害——指需要住院长达48小时以上，且导致骨折、内伤或者烧伤的任何伤害。
- 重大损坏——指影响到航空器结构强度、性能或者飞行特性，且通常情况下需要对受影响的部件进行大修或者替换。
- 事故征候——指航空器运行中发生的影响或者可能影响运行安全的事件，但是达不到事故标准。
- 重大事故——指造成按121部运行的航空器损毁，或多人死亡，抑或一人死亡且按121部运行的航空器严重毁坏的事故。
- 严重事故——指造成一人死亡且按121部运行的航空器未出现重大损坏，或者至少一人重伤且按121部运行的航空器严重毁坏的事故。
- 人员伤害——指造成至少一人重伤且按121部运行的航空器未出现重大损坏的非致命的事故。
- 飞机损坏——指未造成人员死亡或重伤，但航空器严重损坏的事故。

事故及事故调查始终是获得预防事故方法和信息的最有效途径。事故可以为危险因素造成后果的严重性提供有力的判别依据。事故的灾难性和高价的本质促使人们积极地配置资源，以期在一定程度上预防事故的发生。

在事故调查中，必须立即对相关因素进行清晰准确的分析。而且，调查的目的是采取有效的事故预防措施，尤其是对局方和运营人。随着调查不再强调“追究过错方”而是转向采取有效的预防措施，参与调查的各方积极合作，促使能够尽早调查出事故发生的原因。需要强调的是追究事故过错方的做法对于预防事故发生这一长远目标是极其不利的。

根据定义，事故是至少对人员造成重伤或者飞机出现重大损坏的事件，但是事故也有可能导致法律诉讼。作为负责事故的当局，调查员经常被视为一个信息来源，这些信息可作为法庭上定罪的证据。因此，证人和其他事故中涉及的人员倾向于不把信息透露给调查员，这样调查员就不能对发生的事情，尤其是涉及的人为因素进行全面的了解。

事故调查包括分析证据，从而确定所有引发事故的原因，这个过程促进安全建议书的制定。关于重大危险的安全建议书应该在危险确定后尽快提出，而不是等到调查结束以后。这些安全建议书应该包含在调查的最终报告中。发布安全建议书具有以下作用：

- 确保建议书合情合理、符合现实情况。
- 使其他国家、组织和个人了解建议的措施。尽管这份建议书并不是针对他们提出来的，但也促使他们采取措施避免类似事故的发生。
- 施加压力以做出快速且恰当的反应。

建议书必须包括调查中发现的所有危险因素，而不仅是与事故原因有直接相关的危险因素。可以说，事故调查为建立有效的事故预防方案奠定了基础。

4.2　事故征候

事故征候是指那些可以粗略地解释为险肇事故。ICAO 和 NTSB 都将事故征候定义为事件而不是事故，联系影响或可能影响安全运行的航空器操作。导致事故的起因也可以导致事故征候的发生，而且所有的事故都源于事故征候。每天发生的不安全行为和条件以不同方式结合起来通常会导致事故征候而不是事故的发生，而事故征候不断发生为安全趋势分析和建议可能的事故预防措施提供了更多的机会。但是，想要获知航空事故征候，必须由涉及的人员进行报告。然而，事故征候的解释也是因人而异的。NTSB 的 49CFR 第 830.5 节规定要求即刻通知（尽可能快捷的方式）航空器事故或下列严重事故征候：

- 飞行控制系统故障或失效。
- 由于受伤或疾病，所需机组成员不能履行正常的飞行职责。
- 任何内燃发动机组件失效导致碎片，而不是从排气道排出。
- 空中失火。
- 航空器空中相撞。
- 造成财产（除了飞机）损失，预计维修费用超过 25000 美元。

- 对于大型多引擎航空器，空中电子或液压系统失效，两台或更多引擎失效，或紧急撤离。
- 螺旋桨叶片脱离，不包括地面脱离。
- 航空器（玻璃）驾驶舱显示器50%以上完全失去信息，不包括忽隐忽现的情况。
- 特定的空中相撞和系统咨询信息无效。
- 对直升机尾桨和主转子叶片造成损害，需要大修或更换。
- 特定航空器在滑行道、错误的跑道降落，或发生跑道入侵，需要另一飞机即刻采取纠正措施避免相撞。

ICAO 附件 13 说明了事故和严重事故征候之间的区别。

在 ICAO 新的 SMS 程序中，事故征候的报告、调查和分析是预防事故的高效方式。事故征候最重要的特点是：

- 事故征候与事故相似，事故征候不会像事故那样造成终极伤害或损害。因此，事故征候和事故有相同的危害因素，但是不会造成相关联的伤害或损害。
- 事故征候比事故的数量要多很多（大约要多 10—100 倍）。因此，从事故征候中我们能分析出更多的危险因素。
- 事故征候中涉及的人员可以提供更多关于危险因素的信息。

显而易见，采用综合事故征候报告和调查系统需要资金和人力。但是，经验告诉我们这些系统是划算的，因为事故征候调查能够提供真正的“事前”预防措施。更多有关事故和事故征候预防信息请见第十三章。

建立安全报告文化

及时和准确报告不安全事件是现代航空安全管理项目的核心。ICAO 一直以来都有这样一种意识：建立合适的安全文化是有效安全报告的关键，按照 ICAO 的 9859 号文件《安全管理手册》第二版，组织要在这一领域发挥有效作用，需要具有一定的特点和特质。有效安全报告的组织具有如下 5 个基本特质：

· 明确的意愿报告差错和经历。
· 具有航空专业知识的专业人员接收信息。
· 报告具有灵活性，信息在特殊情况下能够直接传递给合适的决策者。
· 学习型组织有能力从中获取结果，并且实施重大改革。
· 对于提供重要的安全相关信息的人们，有负责鼓励和奖励的组织。

图4－1强调了有效安全报告的5个特质，更多的信息可以参见http：www. icao. int。

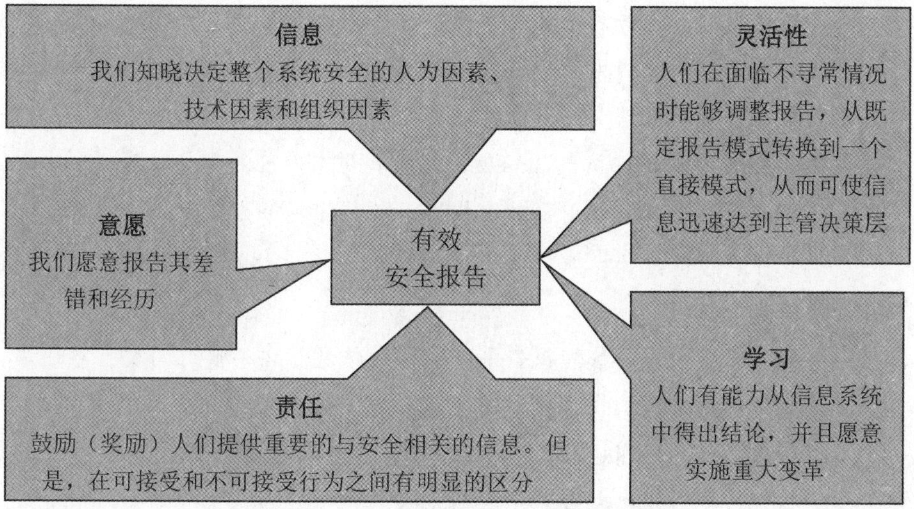

图4－1　有效安全报告——5个基本特征

来源：ICAO《安全管理手册》，2009年第2版，www. icao. int

经验表明，有效的事故征候报告系统具有以下大多数特点：

· 值得信赖。报告人员必须相信接受信息的组织，坚信自己提供的任何信息都不会对组织不利。如果没有信任，人们就不会自愿报告自己所犯的错误，也不会报告他们知道的其他危险因素。对于一个有效的事故征候报告系统，它不应该惩罚无心的失误或者错误。
· 保密性。非惩罚性系统基于保密性报告。人员报告事件必须确保他的身份和其他能够用于识别身份的信息不被泄露。
· 独立性。从理想化的角度讲，事故征候报告系统应该由独立于航空法规执行机构的组织来运营。相应地，一些国家，包括美国，允许第三方管理所谓的自愿报告系统。第三方接收、处理和分析已提交的事故征候报告，并将结果反馈到政府机构和航空界。而所谓的强制报告系统则很可能不会允许第三方的参与。然而，如果政府机构清楚地明白所有收到的信息都只能用于预防事故，那样就最好了。这条原则可适用于航空公司或者其他任何飞机运行人员，他们将事故征候报告作为事故预防计划的一部分。

- 报告方式简单。对于报告人员来说，提交事故征候报告的工作应该尽可能简单易行。报告表应该容易获得，这样任何打算报告的人员都可以轻松报告。报告表应容易编辑，描写叙述的空间应该充足，而且还鼓励人们提供改进现状和避免事故再次发生的建议。报告表应根据操作类型、光照条件、飞行计划的类型和天气等将信息分类，并在“查询”格式中显示。该表最好应该写明收信人地址并免费投寄。
- 认可。报告事故征候需要付出相当多的时间和努力，因此应该被认可。不管什么时候，在可能情况下，对于报告采取行动后的结果应该反馈给报告者。
- 激励和促进。事故征候报告系统获得的信息应该尽快地向航空界通告，这样可以激励人们报告更多的事故征候。具体可以采用在每月定期电邮、网上信息通报、信息简报或定期简报上刊登的形式。按照设想，这些方法能达到扩大覆盖范围的效果。

4.3 事故征候报告系统

有效的事故征候报告系统可以采用不同的方式组织。但是，联邦当局使用的大部分系统都是采用这两种主要类型：强制的和自愿的。

4.3.1 强制报告系统

在强制报告系统中，人们必须报告事故征候的类型、指明报告的人员和内容，这些要求必须在法规中作出详尽的规定。否则，强制系统就不能执行。为了达到这个目标和避免不必要的重复，要求事故征候报告的这些事项必须与日常的问题和缺陷区分对待，因此现在需要具备充分的控制系统和程序。

实际上，这种方式为危险因素的等级判定建立了一个基准，低于该基准就不需要做事故征候报告了。建立这个基准是非常必要的，否则，强制系统会收到数量巨大的报告，这样很可能会掩盖了重要的事项。我们应该专注于那些资源紧缺但是需要进行管控的领域。

飞机运行中的大量变化增加了提供报告所需的事件完整列表的难度。例如，飞机上只有一个液压系统的话，这个系统失效是很危险的，但是一个飞机上配有三个到四个系统的话，就不会有危险了。如果环境发生变化，一个相对较小的问题也可能会导致危险的发生。原则应该是：如果有疑义，就应该报告。

因为强制报告系统主要处理具体的问题，所以它们倾向于收集更多有关技术故障的信息而不是人为因素方面的信息。为了克服这一问题，具备有效的强制报告系统的国家通常也具备自愿报告系统，主要是为了获得更多的人为因素方面的信息。

4.3.2　自愿报告系统

自愿报告系统鼓励（而不是要求）飞行员、管理者和航空运行中涉及的其他人员报告他们所处环境中或观察范围内存在的危险因素、异常或者缺陷。很多国家包括美国的经验表明，自愿报告系统需要一个诚信的第三方（如NASA）管理系统。原因很简单，人们不愿意将自己所犯的错误报告给雇佣他们的航空公司或者给其颁发执照的政府机构。

在自愿报告系统中，通常采取删除身份识别或者不记录任何识别信息的方式实现保密性。由于保密性，自愿报告系统在收集人为因素相关信息方面比强制系统更成功，因为不用担心被报复或是难堪。

下面几节将讨论航空、通用行业和环境领域的事故、事故征候记录和报告系统的主要特征。

4.4　航空记录和报告系统

美国联邦政府收集了大量航空资料以更好地履行监督航空安全的职责。负责收集和分析航空安全和安全相关资料的4个主要机构分别为：联邦航空局、国家运输安全委员会、研究和创新技术局的运输数据统计局（BTS）和国家航空航天局（NASA）。

4.4.1 联邦航空局报告系统

美国联邦航空局收集广泛的航空信息和自动化的数据库系统。大部分与安全有关的数据被收集，并由联邦航空局负责航空安全（AVS）的副局长和其下属办公室管理。在当今互联网数据库和Web站点发达的时代，鼓励读者查阅最新的Web站点页面www.faa.gov更新信息。

4.4.2 航空安全信息分析和共享系统（ASIAS）

如其网站上所述，美国联邦航空局促进公开的安全信息交流，以持续改善航空安全。美国联邦航空局开发了航空安全信息分析和共享系统ASIAS，以使用户能够跨多个数据库执行综合的搜索。ASIAS平台是安全数据的不断变化数据仓库，其中包含联结和跨界通道链接如下各种来源：

- 从运输飞机事故中获得的教训——链接视频库和主要飞机事故的模拟动画，说明事故原因之间复杂的相互关系。它为开始研究商业航空安全的学生提供优质资源。
- 数据和信息的链接——此选项卡提供多个数据库的访问，以及按字母顺序或按主题搜索的工具。
- 科目和学习的链接——这些选项卡提供高水平的研究结果、研究和报告的访问。其中更重要的这些数据库如下：
  - 美国联邦航空局事故/事故征候数据系统（AIDS）
  - 航空安全报告系统（ASRS）
  - 运输统计局（BTS）的航空公司运输数据
  - 几近的空中碰撞系统（NMACS）
  - 国家运输安全委员会航空事故和事故征候数据系统（NTSB）
  - 国家运输安全委员会对美国联邦航空局的安全建议和响应
  - 跑道安全办公室，跑道入侵
  - 世界飞机事故摘要（WAAS），由英国民航局公布
- www.FAA.gov网站上其他数据库服务：
  - 使用困难报告系统（SDRS）。这些报告由航空承运商、维修厂、

制造商、美国联邦航空局监察员和关于特定类型的机械问题、飞机失效或故障的其他人提交。

- 空中交通活动数据系统（AIADS）。此系统包含官方国家空域系统空中交通业务数据，可供公开发布。
- 运行差错。运行错误是违反 ATC 间隔标准，这规定了飞机之间、飞机和其他物理结构之间、航空器和限制领空之间的最小安全距离。间隔是航空安全的基本原则之一。美国联邦航空局空中交通设施有一个软件程序，用于检测可能出现的运行错误和警报消息，并发送到美国联邦航空局监督人员。美国联邦航空局对报告的数据进行年度审查，并汇总到空中交通运行错误和偏差数据库中。
- 飞行员偏差。飞行员偏差是指在飞行中飞行员的一项行动违反了 FAR 规例。这种偏差可能导致两架飞机之间的间隔不够，或违规。飞行员偏差最常见类型是高度、航路间隔、空域和空速违规、目视飞行及仪表气象条件（IMC）。ATC 观察到飞行员的偏差，它会询问飞行员，向当地飞行标准地区办公室递交一份报告。

4.4.3　行业自愿安全报告举措

如第一章中指出的，鉴于 Colgan 航空 3407 航班在纽约附近坠机情况的严重性质，促使新的安全立法《航空公司安全和 2010 年联邦航空管理局扩展法》在 2010 年 8 月 1 日签署成为法律，该法 213 节强烈赞同四个现有的自愿安全项目：

- 航空安全行动项目（ASAP）
- 飞行运行质量保证（FOQA）
- 高级资格项目（AQP）
- 航线运行安全审计（LOSA）

这项法律的第 214 节要求 121 部空运承运人不迟于本法颁布后一年（2011 年 8 月 1 日）执行 ASAP 和 FOQA 计划。如果有航空承运人使用 AQP 和 LOSA

作为其安全系统的一部分，需要提交一个详细的报告。因此，这些补充的“自愿”安全项目可能会在不久的将来被美国联邦航空局作为必需的项目。

航空安全行动计划（ASAP—FAA **咨询通告** 120－66B）。该计划的目标是通过判别并纠正不安全行为避免事故和事故征候的发生。它提倡员工自发报告安全问题。该项目的策略是通过奖励制度为员工报告安全问题创造一个非惩罚性的环境，即使这些问题可能涉及所谓的违反航空法规。在该项目中，航空公司与联邦航空局建立了安全的伙伴关系，同时也包括一个第三方，如员工工会。一些航空公司对航空安全行动计划报告中包含的信息非常敏感，因此联邦航空局提出制定法规，从而保护航空安全行动计划报告和其他敏感的安全信息不向公众传播，试图通过这种方式解决问题。

飞行运行质量保证（FOQA—FAA **咨询通告** 120－82）。飞行运行质量保证项目包括在飞行过程中收集和分析记录的数据以改善飞行操作的安全性（更多信息请见后面提到的自动记录系统）。电子飞行数据记录器可以记录200多种飞行参数并经常通过快速存储记录器下载。尽管该项目在国际航空公司中非常流行，但由于数据保密问题，美国只有一些航空公司使用该项目。2001年，联邦航空局采取措施处理保密性问题，它编纂飞机数据并对每个经联邦航空局批准在该项目下运营飞机的运营商实施机密保护。该法规禁止披露任何自愿提交给联邦航空局的敏感安全信息和保密信息。

高级资格项目（AQP—**美国联邦航空局咨询通告** 120－54A）。AQP的总体目标是通过使用创新的培训和资格的概念提高航空安全，并对飞机技术、运行和培训方法的变化作出响应。AQP的一些显著特点如下：

- 它是基于充分使用驾驶舱内环境的能力项目。
- 它是使用全动飞行模拟器或其他模拟器飞行训练设备来针对特定具体的飞机品牌、型号和系列。
- 它强调机组资源管理（CRM）训练，这是强制性的。

AQP的最终目标是，个人实现尽可能高的标准，机组表现超过FAR 121部和FAR 135部飞行员培训标准以上的水平。

航线运行安全审计（LOSA—**美国联邦航空局咨询通告** 120－90）。如咨询通告所述，LOSA是一个自愿的正式流程，选聘受过训练的观察员收集定期航班与安全有关的数据。观察员往往是受信任的机长，坐在驾驶舱内，获得有关飞行机组人员行为和在复杂运行情况下管理威胁和差错策略的数据。威胁和差错管理（TEM）认为：这种威胁和差错是日常运行的一部分，机组必须设法保持飞行安全。国际民航组织还在国际航空界提升了LOSA的重要性，公布了《航线安全审计手册》（国际民航组织文档9803）。

美国联邦航空局、大陆航空公司和得克萨斯大学奥斯汀分校之间对LOSA做了初步研究，这项研究被称为得克萨斯大学人为因素研究项目。通常情况下，LOSA项目可以每6—12个月进行一次，美国联邦航空局建议LOSA每3年进行一次。其他信息将在第七章《航空安全中的人为因素》中提供。

航空运输监管系统（ATOS）。该系统于1998年开始运行，作为联邦航空局认证和监管的一个新方式，它使用系统安全原则和系统化的进程确保航空公司遵循联邦航空局的法规并保证它们运行系统的安全性。不像传统的监管方式，该系统将新监察任务、分析流程和数据收集技术的结构化应用合并到单个航空公司的监管中。这个方法通过着眼于航空公司运营时最关键的安全因素，让飞行标准部监察员在监管航空公司时更有效率。该系统目前正在应用，它为监督、识别和处理风险以及给出数据和分析指导每个航空公司的监管工作提供了系统化的程序。根据网站上的资料，ATOS通过提供安全控制航空业务组织实施FAA政策，三个主要职能定义了这个监管系统：

- 设计评估——ATOS功能是否能够确保一家航空承运人运行系统符合FAA规章和安全标准。
- 绩效评估——确保一家航空承运人的运行系统产生希望的结果，包括缓解或控制危险源以及相关的风险。
- 风险管理——这个过程应对危险源以及相关的风险，按照风险优先等级被用于管理FAA资源。

通过在许多航空公司系统中收集和分析数据，联邦航空局的监察员能更好地制定目标并不断改进。航空运输监管系统使联邦航空局监管行为和联邦航空局监察员的工作方式有了很大的转变。它推动建立起了针对系统评估的更加团结的伙伴关系，提供更多信息供航空公司和联邦航空局共享。通过与航空公司进行合作，随着新的趋势和关注领域的出现，该系统将在安全问题方面与联邦航空局建立一个更加积极的合作关系。这将帮助完成航空飞行标准部的任务，为公众提供世界上最安全的航空运行。FAA 监管和 SMS 概念之间的关系将在第十三章中进一步探讨。

航空飞行标准部 AFS 正在建立一个集中化的分析和信息管理系统，用于收集、分析和发布飞行标准的安全数据和信息，帮助航空公司数据译码。这些信息通过电脑上的决策支持工具，即安全绩效分析系统 SPAS，进行发布。它包括航空运输监管系统选定的航空公司数据、资料汇总和其他来源，包括航空安全报告系统的报告和系统安全办公室的信息。这些信息可以帮助监察员和航空公司在监管资源和减轻安全风险的纠正措施方面做出决策。规划中的促进措施需要继续保持生效，并视情况加入该系统。

4.4.4 国家运输安全委员会事故和事故征候报告系统

自 1967 年成立以来，国家运输安全委员会管理着民用航空事故的记录，它的航空事故征候和事故数据库包括美国发生的所有民用航空事故的资料。那些涉及军用或者公用航空器的事故通常不是由国家运输安全委员会进行调查。尽管这种事故征候和事故报告系统主要是用于行政管理，但是这个系统也的确具备分析能力。国家运输安全委员会的航空事故和事故征候数据库是航空事故资料和起因的官方储存库。国家运输安全委员会发布了航空器事故资料和临时特殊研究报告的年度审查结果，资料系统完成的数据分析为这些资料提供支持。上面我们提到过，国家运输安全委员会负责调查所有的航空器事故和一些事故征候，确定可能原因并向联邦航空局提交建议书。国家运输安全委员会使用 6120. 19A 表格在 5 个工作日内完成初始报告。然后，使用 6120. 4F 表格完成信息量更大的事实报告。事实报告需要几个月甚至几年的时间完成。初始报告包含的信息（日期、位置、航空器操作人员和航空器类型等）有限。国家运输安全委员会的航空事故和事故征候数据库分为以下几个类型：位置信息、航空器信息、操作人员信息、事故概述、事件发生顺序、调查结果、伤害情况、天气和环境信息以及飞行员信息等。

4.4.5 交通部的报告系统

运输统计局 BTS 是美国交通部的一个部门，它负责编制和分析国家运输系统的资料。根据法律规定，航空公司必须向运输统计局提供财务、运行和其他方面的数据。这些数据可以为乘客提供国家航空运输系统环境和性能相关的信息。其中一些编入目录的指标包括出港次数、飞行时间和航空公司在最近5个日历年内进行国内商务活动飞行的总英里数。这也是政府和行业采取的措施，用于计算航空运输系统中的事故或者事故征候发生率。

2005年2月20日，BTS成为研究和创新技术局RITA的组成部分，RITA包括BTS、以前的研究和特定项目局RSPA的研究部、Vople国家运输系统中心（以前在RSPA）、运输安全学院（以前在RSPA）和多式联运办公室（以前在秘书处）。BTS由交通部部长任命的一位总监负责管理，直接向RITA局长报告。

4.4.6　国家航空航天局的报告系统

国家航空航天局（NASA）为航空研究和发展提供支持，管理保密性的自愿航空安全报告系统。航空安全报告系统用于飞行员和空中交通管制员对航空系统中出现的失误和操作问题做出报告，并将所有的报告者匿名，保护他们不被控诉。迄今为止，大约提交了880000个事件报告而未出现任何报告者身份泄露的情况。通过系统资料可以以联邦政府的视角分析航空事故征候的性质和趋势。

国家航空航天局的航空安全报告系统。航空安全报告系统是由联邦航空局、国家航空航天局共同建立的，旨在提供一个自愿的报告系统，这样飞行员、管制员和其他人员可以提交与安全有关的航空事件的报告。该系统主要由联邦航空局出资、国家航空航天局管理、巴特尔Battelle研究所维护。报告被发送到位于国家航空航天局航空艾姆斯研究中心安全报告系统办公室，经过分析后，由巴特尔的员工录入电脑。

自1976年成立以来，美国国家航空航天局NASA的报告过程是非常成功的，作为自愿、非惩罚方式来报告和纠正航空安全差异，这一流程已在美国联邦航空局咨询通告00－46D和FAR 91.25得以广泛复制其豁免政策，91.25表明：美国联邦航空局将不使用国家航空航天局ASAP报告作为执法行动，除非是犯罪、蓄意违反或严重事故征候。唯一的重大限制是航空专业人员必须在10个日历日内提交报告，以避免联邦航空局罚款和处罚。这10天的期限由美国联邦航空局严格解释，但可在Web站点http：//asrs.arc.nasa.gov/提交电子报告。图4－2提供了在美国航空航天局报告格式的副本。

航空安全报告系统的报告表可以收集最大的信息量，而报告者也可以受到鼓舞。该系统提供了结构化的信息区块和关键词，不仅可以为报告者提供

此格式不报告飞机事故和犯罪活动。
事故和犯罪活动不包括在ASRS项目中，不应提交给美国国家航空航天局。
在本报告中所载的所有身份标识都将被删除，以保证报告者的匿名性。

（下面空白留给 ASRS 的日期/时间戳）

身份鉴定：请填写所有空格，以确保得以回复。
您的身份将不会被记录保存。这一部分将会返回给您。

电话号码：我们可能与您联系，以进一步获得相关情况的详细信息：
家庭 地区 ________ 号码 ______________ 时间 ________
工作 地区 ________ 号码 ______________ 时间 ________

姓名 ______________________
地址/信箱 ______________________
____
城市 __________ 州 ________ 邮编 ________

事件/情况类型
____
____
发生日期 ______________
（MM/DD/YYYY）
当地时间（24 小时制） ________
（HH：MM）

填写空白处，并选择所有适用于此事件的选项

报告者		飞行时间（小时）	资质和等级		ATC 经验
□ 机长 □ 副驾驶 □ 负责飞行的飞行员 □ 不飞的飞行员 □ 接班飞行员 □ 检查员	□ 单个飞行员 □ 教员 □ 学员 □ 签派员___年 □ 其他______	总时间________小时 最后 90 天_____小时 时间类型______小时	□ 学员 □ 运动/娱乐 □ 私人 □ 商业 □ ATP	□ 飞行教员 □ 多发 □ 仪表 □ 飞行工程师 □ 其他	□ FPL □发展 雷达 ________年 非雷达________年 监管的________年 军事________年

空域		条件/天气		亮度/能见度	ATC/咨询服务
□ A 类 □ E 类 □ B 类 □ F 类 □ C 类 □ 特殊用途 □ D 类 □ TFR	□ VMC □ IMC □ 混合的 □ 边缘的	□ 雾 □ 冰雹 □ 薄雾/烟雾 □ 结冰 □ 雨	□ 雪 □ 雷暴 □ 湍流 □ 风切变 □ 其他____	□ 黎明 □夜晚 □ 白天 □黄昏 云高______英尺 能见度______米 □ RVR______英尺	□ 机坪 □中心 □ 地面 □FSS □ 塔台 □UNICOM □ TRACON □CTAF ATC 设备 姓名________

	航空器 1			航空器 2		
	您的航空器类型（制造商/型号）（例如 B737）不是“N#”、Flt#等：________		**运营商 FAR 部门：**______	**其他航空器：**________		**运营商 FAR 部门：**______
运营商	□ 航空承运人 □ 空中的士承运人 □ 企业飞机	□分租飞机 □固定基地运营商 □政府	□军队 □私人 □其他：______	□ 航空承运人 □ 空中的士承运人 □ 企业飞机	□分租飞机 □固定基地运营商 □政府	□军队 □私人 □其他：______
目的	□ 客运 □ 私人	□货运 □训练	□调机 □其他：______	□ 客运 □ 私人	□货运 □训练	□调机 □其他：______
飞行计划	□ VFR □ IFR	□SVFR □DVFR	□无	□ VFR □ IFR	□SVFR □DVFR	□无
飞行阶段	□ 滑行 □ 停机 □ 起飞 □ 初始爬升	□爬升 □巡航 □下降 □初始进近	□最后进近 □复飞点/复飞 □着陆 □其他：______	□ 滑行 □ 停机 □ 起飞 □ 初始爬升	□爬升 □巡航 □下降 □初始进近	□最后进近 □复飞点/复飞 □着陆 □其他：______
使用航线	□ 航线(ID)______ □ 直接 □ SID(ID)______	□STAR(ID)______ □海洋上空 □航向	□目视进近 □无 □其他：______	□ 航线(ID)______ □ 直接 □ SID(ID)______	□STAR(ID)______ □海洋上空 □航向	□目视进近 □无 □其他：______

如果包括两个以上的航空器，请在“事件/情景描述”处填写增加的航空器。

位置	冲突
高度：________（单值） □MSL □AGL	预计交错距离（英尺）：水平________ 垂直________
距离：________ 和/或 轮胎（轴承）：________ 从：	采取规避措施吗？ ○是 ○否
□ 机场 ________ □空管因素 ________	TCAS 是一个因素吗？ ○TA ○RA ○否
□ 交叉口 ________ □助航设备 ________	激活地形警告系统吗？ 重置 ○是 ○否

图 4－2 NASA 航空安全报告系统

来源：http：//asrs. arc. nasa. gov/

指示，而且可以帮助检索和研究随后上报的数据。报告最好使用描述性的文字。空白处需填写报告者的姓名、地址和电话号码，这样国家航空航天局就可以通过邮件回复确认报告者已经收到报告信息，巴特尔分析员可以与报告者联系准备后续的资料。该系统可以识别报告者身份的信息并在数据录入电脑前被删除。

在国家航空航天局的指导下，巴特尔收到事故征候报告后处理并分析数据，然后发布调查结果报告。航空安全中的人为因素是国家航空航天局艾姆斯研究中心一直以来的顾虑，也是航空安全系统发展过程中考虑到的一个主要因素。数据分析员主要擅长航空器运行和空中交通管制，为事件中的人为因素或者其他相关因素提供见解。尽管这些报告都已进行了详细的编码，每个报告的完整叙述文本还将保留用于后续的重新评估。通过这个过程，超过5000 份安全警示信息得以发布，纠正了航空安全的不足之处。从 ASRS 数据库那里可以获得大量的人为因素信息。

4.4.7　自动记录系统

很多现代航空运输飞机都安装了自动记录设备。飞行数据记录器 FDR 可以监测飞行中选定的参数，而驾驶舱话音记录器 CVR 可以记录语音和驾驶舱的声音，安装后可以协助事故调查，在一些情况下可以协助事件的调查。安装工程记录器可以监管飞机系统。从这个记录器中获得的数据可以用于检测即将发生的故障，核实组件寿命和大修日程表是否妥善。

自动记录器安装在空中交通管制和通信系统中，主要用于事故调查，也可用于检查操作程序是否正确。

飞行数据记录器和驾驶舱话音记录器安装后，最初用于协助事故调查，确定事故原因，尤其是大型飞机发生的灾难性事故。在一些国家，专业群体如飞行员和空中交通管制员，都接受这一理念，即安装这些记录器对航空业有很大的好处，它可以帮助确定事故原因。相应地，它们的确具有这个用途，前提是经营和管理机构保证避免基于从记录器中获得的信息进行惩戒处分，除非证实是疏忽大意或者失职导致（见前面的飞行品质监控）。

很多国家通常利用飞行记录器的信息预防事故的发生。他们将该信息看作是对安全洞察力和飞机运行信息的一个非常重要的来源。标准的飞行剖面图以及可以接受的偏差通常被输入电脑，然后将输入的资料与那些标准的剖面图作对比，最后检查重大偏差并观察是否会出现危险因素。如果出现的话，采取纠正措施。这个方法不需要验证个人身份，因为偏差的数量和类型暗示了危险因素的存在。

一些航空公司经常检验飞行数据记录器的记录，从标准的操作程序中查找危险因素或者偏差的迹象，他们的调查结果由退休机长或者飞行机组成员组成的委员会进行审查。这个小组受到管理人员和飞行员的尊敬，而且不能与雇主或者雇员进行直接接触。他们不用担心被炒鱿鱼或者受罚，而且更容易提出事故预防的见解。

4.4.8 ICAO 国际报告系统

通过事故和事故征候资料的国际交流可以获得更丰富的基础安全指导经验。这些信息对一些小国家或者小型航空公司特别有价值，它们不能运行事故或者事故征候报告系统，或者它们的数据库容量小，不能识别潜在的危险因素。因此，最好在民用航空当局和安全组织之间进行安全资料的交换。

附件 13 主题就是“飞机事故调查”，这提供了基本标准，要求成员国向 ICAO 报告飞机事故和事故征候的相关信息。再者，ICAO 标准提供了“事件发生国”应该以最短的延误通报事故和严重事故征候，通过最合适最快捷的方式提供给如下国家：

- 飞机注册国
- 运营人所在国
- 设计国
- 制造国

ICAO 已经制定了详细的通知过程，称为 ICAO 事故/事故征候数据报告系统（ADREP）。目前的版本是 ADREP2000。对于该系统完整的资讯在 www.icao.int 以及 ICAO 9156 号文件《事故/事故征候报告手册》中。额外的信息请参考 9859 号文件《安全管理手册》第二版。

ADREP 系统使用的软件来自欧洲航空事故征候报告系统协调中心 ECCAIRS。这套软件系统免费提供给 ICAO 成员国，并且已经极大改进了 ADREP 报告和分类功能。此外，ADREP/ECCAIRS 系统允许成员国方便交换事故分析工具。很多大国和大型组织发布了大量涉及航空安全的资料。这些出版物包括短片、杂志和事故摘要等。

国际民航组织的事故征候数据报告系统。该系统是全球大型商业飞机事故和事故征候信息的数据库。因此，国际民航组织可以凭借丰富的国际经验为各个国家提供事故预防的信息。国际民航组织的事故和事故征候报告指南中（9156 号文件）包含了这一系统的详细信息。国际民航组织根据事故和事故征候报告指南可以提供以下信息：

- ADREP 双月总结，数据报告概要是由计算机生成的出版物，包含两个月内国际民航组织收到的数据初步报告。每年的最后一版包括当年上报给国际民航组织的事故和事故征候报告的全面索引。
- ADREP 年度统计，它是国际民航组织发布的一个公告，包括从数据库中提取的年度统计资料。这些统计资料在安全研究和事故预防项目方面很有帮助。
- ADREP 数据请求要求，它是由国际民航组织提供的电脑印制本，回应各个国家提出的具体请求。ADREP 手册中还包含如何申请 ADREP 报告的要求。

那些愿意使用电脑系统记录事故和事故征候的国家都安装了 ADREP 电脑系统。这些系统除了促进编码的标准化，还为各国节省了巨额的财务费用。

国际民航组织其他的安全信息。国际民航组织还发布以下飞机事故和事故征候信息：

- 一体化安全趋势分析和报告系统 iSTARS。类似于 FAA 的 ASIAS 平台，ICAO 最近公布了新的 iSTARS 测试版，该系统是安全风险决策工具，能通过分析和安全相关多重风险从而促进危险源的识别和不可接受安全风险的解决。ICAO 成员能够成为 iSTARS 注册使用者，并提供评论、地图、图表、文档或更新 ICAO 事故数据。随着该系统的发展，这个安全信息交互新平台将极大促进国际安全信息的分享。
- 飞机事故文摘。包含叙述类的事故或事故征候最终报告，因为它们促进了事故预防或者新的和有效调查技术的使用。

· 各国最终报告的列表。列举了应报告国要求提供的叙述类飞机事故最终报告。该列表根据各国提供的信息每6个月进行一次更新。

任何单一的衡量方式或者统计资料都不能完全反映商业航空安全的情况。尽管事故和死亡率统计数据是衡量商业航空中长期风险的最好方式，但是在短期内价值有限，而且不适合监督决策的短期效力。例如，要求在商业运输工具安装防撞系统和在通用航空飞机上安装应答机的效果不可能在未来的事故数据中显示。新一代导航和空管通信系统的安全益处将是在可预见未来的情况下进行分析和研究的主要领域。

尽管非事故的安全数据不能取代事故和死亡率数据，但仍然是重要的补充数据。如果能合理地收集并保存，非事故数据可以帮助识别和估计安全问题的重要性并可以监管安全项目。此类数据的有用性将在本章后面部分进行讨论。

4.5 通用行业（职业安全和健康管理局）记录和报告系统

4.5.1 适用范围

职业安全和健康管理局的法规列于 CFR 29 的 1904 部，它要求职业安全与卫生条例涉及的每个拥有 11 个或者以上雇员的雇主以表格 300 或者 301 记录或者报告所有员工的职业性（与工作有关）死亡、伤害和疾病的情况。拥有 10 个或者以下员工的雇主必须保存伤害和疾病的记录，职业安全和健康管理局或者劳工统计局 BLS 以书面方式通知他们必须保存这些记录。但是，职业安全与卫生条例涉及的所有雇主必须向职业安全和健康管理局报告死亡数和所有导致三个或者以上雇员入院治疗的事故征候，或者在得知事故征候发生后 8 小时内口头报告给职业安全和健康管理局（打电话或者派人到职业安全和健康管理局的区域办事处报告）。只需要急救护理的伤害和疾病不需要记录。伤害包括但不限于割伤、骨折、扭伤或者截肢。疾病包括急性和慢性病，如皮肤病、呼吸障碍或者中毒。

伤害和疾病记录有很多种用途。职业安全和健康管理局通过数据倡议收集信息，帮助指导项目和评估自己的绩效。监察员在监察过程中也使用这些数据以确定可能伤害员工的危险因素。雇主和雇员使用这些记录在各个工作地点施行安全和健康项目。数据分析是一个公认的发现工作场所安全健康问题和跟踪解决这些问题进度的方法。这些记录还为劳工统计局的职业伤害和疾病年度调查提供基本数据，该调查是美国全国职业伤害和疾病数据的主要来源。每年，劳工统计局使用分层随机数据收集调查方法从美国各个公司收集伤害和操作数据（如工作时间）。然后，根据产业分组分析、分类和发布这些数据，被称为标准产业分类编码。公司可以使用这些数据与同行业进行对比。关于标准产业分类编码和伤害统计数据的更多信息见第五章的伤害统计数据。

4.5.2　职业安全和健康管理局表格300—与工作相关的受伤或疾病记录

该表格要求雇主记录所有与职业相关的伤害和疾病，除了急救，需要包含以下信息：

- 雇员姓名、职位、受伤或者生病时的地点（部门）。
- 简述伤害和疾病的情况，包括身体部位和原因。
- 伤害和疾病导致未能上班或者上班受限的总天数。
- 伤害和疾病的类型或者分类。

4.5.3　职业安全和健康管理局表格301—与工作相关的受伤和疾病事件报告

事件报告表格301包含伤害和疾病的信息比表格300更详细一些。表格300中列出的每个伤害或者疾病都必须在一个表格301中附注。表格301中的信息更详尽地描述了伤害或者疾病发生的原因、时间、受伤时员工正从事的行为以及伤害或者疾病需要的治疗程度。职业安全和健康管理局表格300和301的版本可以在职业安全和健康管理局的网站下载。请注意联邦航空局在内部设备和操作中使用灾难报告表格3900－6（或者后继的表格）。

4.5.4 职业安全和健康管理局表格300A—与工作相关的受伤和疾病事件总结

职业安全和健康管理局表格 300A 是疾病和伤害表格的年度总结，而且职业安全和健康管理局表格 301 的事故征候报告必须由雇主自记录所在历年年末起保留 5 年（29 CFR 1904. 33）。雇主必须将当年（历年）受伤和疾病的总数汇总（表格 300A），在所有机构显而易见的地方（最好在员工布告栏）公布。从表格提到的下一年 2 月 1 日到 4 月 30 日期间，上一年的总数必须持续公布。

4.5.5 公开政府的举措（政府透明度）

OSHA 正在考虑实施新的、改进后的和现代化的记录系统，并公之于众，鼓励创新想法用于改进职业、安全和健康。对于这一新流程的信息请参见 www. osha. gov。

4.6 美国环境保护署（EPA）记录和报告

根据联邦环境法，任何设备或者容器（如轮船漏油）排泄到环境中的有害物质总量超过了阈限量以后必须报告给政府当局。这些阈限量是指可报告的量，必须要及时上报。根据《清洁水法》《综合环境反应、赔偿和责任法案》《应急计划和社区知情权法》（第Ⅲ条）、《资源保护和恢复法案》以及美国《有毒物品控制法》的规定，除了排放报告以外，州成文法还要求额外的排放报告。环境可以指空气、水、土壤或者三者媒介的结合。泄漏包括通过故意或者非故意的排放或通过任何方式（如溢漏、泄漏、倾泻、滤去和废弃机桶或者其他装有有害物质的密闭容器）将有毒物质排放到环境中。在得知排放的消息后应该立刻或者 24 小时之内发出排放通知。EPA 的法规涉及很多报告要求，其中包括：

- 排放进入的媒介（环境）
- 有害物质和总量的列表
- 负责报告的人员

· 报告的时间期限
· 排放发生后需联系的机构
· 未做报告进行的罚款

在一些情况下，后续的报告也有要求，其内容必须包括原始的通知、采取的反应行动、与排放有关的急性和慢性健康威胁以及为受害人提供医疗护理的建议。

所有这些排放报告的要求可以确保为清除承担责任，为管理和公共决策提供数据，使联邦、各州和当局能有效地准备和回应可能危害人类和环境的紧急事件。EPA 不一定要对排放者采取执法行动，但是对未能报告排放的违规者要严厉打击。

4.6.1 《综合环境反应、赔偿和责任法案》（CERCLA）报告要求

如果《综合环境反应、赔偿和责任法案》中规定的有害物质比可报告的量大或者相等并排入环境时，那么在排放地管理器皿或者设备的人员必须立刻通知国家响应中心 NRC。NRC 由美国海岸警备队人员负责，全年 24 小时值班。NRC 的电话为（800）424 - 8802，或者通过网络 www. nrc. uscg. mil/通知。国家响应中心作为所有危险物质排放报告的唯一联邦联系点。

综合环境反应、赔偿和责任法案规定的有害物质包括《清洁空气法》《清洁水法》《资源保护和回收法》和《有毒物品控制法》部分章节中提到的物质。当任何物质列入以上 4 种法案的规定中，它们就自动成为《综合环境反应、赔偿和责任法案》中规定的有毒物质。当任何物质从上述法案的列表中画去时，如果 EPA 的管理者单方面决定该物质是有害物质，那么该物质仍然由《综合环境反应、赔偿和责任法案》管理。

4.6.2 《应急计划和公众知情权法案》（EPCRA）报告要求

《应急计划和公众知情权法案》（第Ⅲ节）于 1986 年颁布，主要目的是通知各团体在其区域中存在的有害化学物质。所有与该节相关的规定可以从有毒废物堆场污染清除基金、应急计划和社区知情权项目（第 300—399 部分）的 J 章 40CFR 中查询到。应急计划和公众知情权法案的报告要求和《综合环

境反应、赔偿和责任法案》的要求一样，另外前者的规定列出了极危险物质，并要求他们在排放量超过可报告量时向上级报告。《综合环境反应、赔偿和责任法案》要求将各个设备通知国家应急响应委员会和当地应急规划委员会备案。这两个部门是专门的应急响应小组，在国家和地方都有办事处，根据《综合环境反应、赔偿和责任法案》设立。每个州的州长必须指派一个国家应急响应委员会。许多国家应急响应委员会包括很多政府部门的机构，如环境、自然资源、应急服务、公共健康、职业安全和交通运输等机构。国家应急响应委员会指定当地的应急规划区域，并在每个区域建立当地应急规划委员会。当地应急规划委员会的代表来自各个部门，包括国家和地方选定的官员、警察、消防、民防、公共健康专家，环境、医疗、应急规划和交通部门的官员等。

如果《应急计划和公众知情权法案》的颁布也和《综合环境反应、赔偿和责任法案》的颁布有同样的效力，那么除了国家应急响应委员会和当地应急规划委员会以外，还应该通知国家响应中心。由于在编写化学物质列表时可以使用不同的标准，因此有很多化学物质同时出现在两个法案的列表中，但是同时也有一些化学物质只在其中一个列表中出现。

应急计划和公众知情权法案的应急规划要求（见第302部分、第303部分和第355.30部分CFR40）。要求如果设备储备或者使用的极危险物质的量等于或者超过临界规划值，那么国家应急响应委员会和当地应急规划委员会应该发布通知。极危险物质和它们的临界规划值见CFR40第355部分。例如，联邦航空局制定了这个报告要求，因为航线交通控制中心和空管塔台中发现的硫酸（用作电池电解液）超过了1000磅这个临界值。另外，联邦航空局的航空中心和技术中心规定氯气（用于水和废水处理）超过100磅，次氯酸钙（用于水和废水处理）超过10磅，三氯乙烷（用作溶剂清洗剂）超过100磅应进行报告。

应急计划和公众知情权法案第313部分要求EPA和各州收集化学物质排放的资料，并通过有毒物质释放清单向公众公布。第370部分CFR40（有害化学物质报告：社区知情权）建立了有害化学物质报告的要求，从而提高社区的意识，促进各州和地方应急响应计划的发展。CFR40第372部分（有毒化学物质排放报告：社区知情权）要求将化学物质排放的报告及时上报给EPA。报告包含很多种不同的类型，涉及不同的主题，从石油泄漏、化学事故到有害物质排放到水或者大气中。EPA每年将所有这些报告的信息编写整理好，然后打印出来或者上传至在线数据库，如向公众发放有毒物质释放清单。公布有毒物质释放清单的目的是通过宣传来教育公众，这样社区就能够让公司和地方政府负有毒化学物质的管理责任。目前，该清单中包含650种化学物质。关于该清单更多的信息，包括化学物质清单、毒性以及其他报告和项目的信息，请访问 www. epa. gov。

4.6.3　《资源保护和恢复法案》第Ⅰ小节（地下储油罐）

这两部分（CFR40第280部分和第281部分）中的几个小节为地下储油罐（USTs）的所有者和营运者确立了技术标准和纠正措施要求。地下储油罐是机场和燃料供应商工作地点中燃料处理和储存时最关心的问题。

报告要求。设备必须提交以下信息：

- 通报所有的UST系统，该系统包括为安装的新UST系统提供认证。
- 所有排放报告，包括疑似的排放、泄漏和溢出以及确定的排放。
- 计划中或者已经采取的纠正措施，包括最初的削减措施，最初的地点特征、移除产品以及调查土壤和地下水清理。
- 长期关闭或者更改服务前进行通知。

保存记录的要求。设施必须保存以下信息：

- 如果未使用防腐蚀的设备，邀请专家分析工作地点腐蚀的可能性。
- 有关防腐蚀设备运营情况的文档。
- 有关UST系统修理的文档。
- 最近遵守排放检测要求的情况。
- 永久封存地点进行的调查结果。

4.6.4　其他报告要求

其他法规（除了综合环境反应、赔偿和责任法案以及应急计划和公众知情权法案）也要求报告有害物质的排放。其中包括：

- 《有害物质运输法》（HMTA）要求报告在运输和处理期间有害物质的排放。这些法规由交通部负责管理。
- 《有毒物质控制法》（TSCA）要求报告氯化联苯的排放，以及应对石棉、氡和铅涂料的问题。
- 《清洁水法》要求报告 40 CFR116.4 部分中列出的有害物质以及从器皿和设备排入通航水域的汽油。
- 如果排放量等于或者超过了可报告的量，《资源保护和恢复法案》根据 CFR40 第 261 部分 D 分部分列出的有害废物（F、K、P、U）和根据 CFR40 第 261 部分 C 分部分列出的有特征的废物都应该报告。

4.6.5 防止飞机和飞机发动机造成空气污染

这一部分（CFR40 第 87 部分）中的几个小节为飞机发动机中排放的烟雾设定了限制，禁止将各种类型飞机发动机中的废气排放到大气中，要求在发动机关闭后不能故意将燃油喷嘴集合管中吸走的油料排放到大气中。EPA 正在评审规章关于使用 AVGAS 从活塞发动机飞机排放铅的问题。相关信息请参见 www. epa. gov。

关键术语

事故	FAA 事故/事故征候数据系统
致命伤害	使用困难报告系统
重伤	运行差错和飞行员偏差报告系统
重大损害	航空安全报告系统
事故征候	航空安全行动计划（ASAP）
国家运输安全委员会的事故分类：重大事故、严重事故、伤害、飞机损坏	飞行运行质量保证（FOQA）
	高级资格项目（AQP）
几近空中相撞	航线运行安全审计（LOSA）
强制报告系统	航空运输监管系统（ATOS）
自愿报告系统	飞行数据记录器（FDR）
航空安全信息分析和分享系统（ASIAS）	驾驶舱话音记录器（CVR）

国际民航组织的事故和事故征候报告系统（ADREP）
国际民航组织一体化安全趋势分析和报告系统（iSTARS）
职业安全和健康管理局表格 300、300A 和 301
职业安全和健康管理局的伤害和疾病
标准产业分类编码（SIC）
《清洁水法》《综合环境反应、赔偿和责任法案》《应急计划和社区知情权法》（第Ⅲ条），《资源保护和恢复法案》以及美国《有毒物品控制法》的报告
地下储油罐（USTs）
飞机和飞机发动机的污染——CFR40 第 87 部分

思考题

1. 事故和事故征候的区别是什么？请列举事故征候的几种类型。

2. 列举和阐释国家运输安全委员会对事故的分类。

3. 为什么事故调查始终能提供事故预防的见解和信息呢？事故发生后公布安全建议书的目的是什么？

4. 解释建立安全报告文化的重要性。强制和自愿报告系统之间有何不同？自愿报告系统哪个特点最重要？

5. 联邦航空局的事故征候数据系统包括哪些内容？使用困难报告系统的目的是什么？

6. 航空安全信息分析和分享系统是如何运作的？

7. 讨论航空安全行动计划、飞行运行质量保证、高级资格项目和航空运输监督系统的主要特征。

8. 描述国家运输安全委员会管理的数据库系统。为什么国家航空航天局选择管理航空安全报告系统？它有何职能？

9. 飞行数据记录器和驾驶舱话音记录器的目的是什么？它们如何用于事故预防？什么是国际民航组织的事故征候数据报告？请列举国际民航组织提供的信息和基于事故征候报告的数据得出的信息。

10. 讨论职业安全和健康管理局对伤害和疾病的记录要求，以及收集这些数据的原因。

11. 讨论劳工统计局在记录和分析职业性伤害和疾病数据时发挥的作用。

12. 讨论 EPA 的有害物质报告要求的主要特征，并阐述原因。

13. CFR40 第 87 部分涉及了什么内容？

参考文献

1. International Civil Aviation Organization. 2009. Safety Management Manual (SMM), 2d ed. Montreal, Canada: www. icao. int.

2. ____ 2006. Accident/Incident Reporting Manual (ADREP Manual) Montreal, Canada (ICAO Doc 9156).

网络参考

http://www. icao. int/

www. ntsb. gov/

http://asias. faa. gov/

http://asrs. arc. nasa. gov/

www. epa. gov/

www. osha. gov/

www. nrc. uscg. mil/

第五章

安全统计数据回顾

简介

航空事故数据统计

- 制造商参与安全数据统计
- 波音公司的事故数据统计汇总
- 美国和国际上的事故数据统计汇总
- 展望未来—2011 年及之后

职业事故数据统计—劳工部和劳工数据统计局(BLS)

关键术语

思考题

参考文献

学习目标

学习完本章以后，你应该掌握以下知识：

- 解释为什么事故率较事故发生数量而言是一种更好的衡量安全的手段。
- 讨论在分析和比较商业航空事故统计数据时应该注意的几个问题。
- 讨论波音公司的商业喷气运输机事故汇总的结果。
- 总结20世纪80年代、90年代和21世纪美国和国际商业航空的事故统计趋势。
- 讨论ICAO事故预防的未来理念。
- 讨论职业安全和健康管理局定义的疾病和伤害率的统计数据。

5.1 简介

在旅客运输中，安全因素（通常也指成因）是指与死亡率相关或者影响死亡率的事件。安全指数是一种可测量的安全因数。乘坐特定交通工具旅行导致的死亡（或者伤害）概率经过量化是旅客运输安全的主要基准。车辆事故发生率也经常被用作安全指数，因为大多数乘客死亡都是车辆事故导致的。

如果将风险看作死亡概率，那么旅行中存在的风险是由死亡率确定的。但是，商业航空死亡率不能显示短期的风险变化情况，一个大型喷气式飞机事故就可以导致好几百人死亡。因此，每个事故都可以对死亡率产生很大的影响。所以，死亡率的趋势必须通过长期（5年或者以上）的数据才能反映出来。事故率可以替代死亡率作为反映安全水平的指标。即使在某个具体类型的事故中，每个坠机事故的死亡率也千差万别。但是，由于每年事故数量误差比死亡数量的误差要小得多，在分析数据时也是同样的情况。尽管事故在数量上超过了死亡人数，这个数量还是太小了。而且，今年和明年的事故可能存在巨大的差异，因此意外伤害率始终是不能显示短期危险趋势的估算值。

在人们可以使用事故统计资料进行安全分析之前，需要理解在交通事故或者死亡率中曝光数据的分母。披露数据可以显示事件发生的概率。对于乘客和车辆来说，周期、距离和时间是主要的暴露类型。它们被用作比率的分母，如旅客离港的死亡人数或者每飞行小时的电力系统故障。数据类型的选择会影响各种交通方式之间以及该方式的意外事故发生率。如果将空中运输和其他交通方式比较，乘客－英里（乘客数量乘以飞行的英里数）是最合适的计算方法，因为这些对比可以在广泛系统中进行。可以以一对城市间的行程为基准，对比不同类型交通方式的风险。但是，美国城市对的数量太多了，而一些交通方式未以需要的方式记录下需要进行比较的乘客资料。另外，受到航线类型和一天中不同时间段的影响，每乘客－英里的风险在一个行程中是不统一的。

起飞和降落期间航空事故的发生率比在飞行的其他任何阶段都高。因此，大部分商业航空乘客－英里是在整体平均风险更低的情况下进行。比较暴露和事故发生率分母最好使用车辆－英里（与乘客数相对），因为乘客数除以车辆的结果经常变化。最后一点，车辆－英里并不能反映与车辆的大小和速度有关的风险。

航空事故的严重程度有很大差异，从空服人员在飞行服务时推手推车或者搬运过重的行李造成后背受伤，到飞机坠落导致几百人死亡。从一个更均衡的角度来说，一些数据库把事故分为致命与非致命的。但是，即使是在飞机推出时有一人死亡的事故也还是被归类为航空事故。为解决这一问题，国家运输安全委员会最近开始把事故划分为重大、严重、伤害、损害（定义见第四章）。另外一种划分事故的方法（在保险和飞机制造行业普遍使用）包括（飞机）机身全损和非机身损失。机身全损是指飞机受损且无法修复。

事故发生数量在衡量组织和其产品的安全性时并不可靠。一切都是公平的，拥有较大机群的航空公司相对来说比拥有较少机群的航空公司发生的事故要多一些（从统计数据上来看）。同样地，飞行更频繁的飞机型号比相对不太频繁的机型发生的事故要多一些。为此，相比单纯的事故发生数量，事故发生数量除以一些共同基本变量（飞行小时数、离场和飞行公里数）形成的事故伤害率，是一个更有效的衡量相对安全性的指标。由此而论，时间（飞行小时数）对于很多种风险分析来说是一种普遍使用的衡量暴露程度的手段。

既然财务、运行和维修都需要飞行时间数据，航空公司需要准确地记录这些数据，在比较安全率时随时可用。NTSB 使用“率”来比较航空公司之间以及航空运输业其他部门的安全绩效。

起飞和降落是飞行中风险最大的阶段。在起飞和降落期间发生的事故比飞行期间其他阶段要多一些。因此，如果起飞或者降落被作为计算比率的基数，那么主要使用小型飞机运行较短航线的航空公司比那些主要采用大型飞机长途运行的航空公司更受欢迎（这样起飞和降落的次数相对较少）。如果使用飞行时间作为事故发生率计算的基数，那么上面的情况就反过来了。由于空中运输中包含的大多数风险都与起飞和降落有关，那么 1000 英里的航程与 100 英里的航程相比安全性就差不多了。总而言之，事故和离场之间的关联性比事故和飞行以及事故和乘客——英里之间的关联性更强。因此，飞机离场（或者降落）是空中运输中一个更有效的参数。

空中运输业随着技术的进步也迅猛发展，经营策略（点对点或者枢纽式）、兼并、合并和破产迅速改变了航空业发展进程。现在的航空业和 30 年前已经完全不同了。因此，如果你想对比很长时间以前的统计数据就要谨慎一些。当然什么时域适合分析和比较航空安全数据是不确定的，但是最近 5—10 年是联邦监管机构可接受的范围。

航空事故很少发生，空中运输中出现死亡或者重伤的危险概率也很低。国内航空公司从总体来讲每年发生的灾难性事故少于 4 个（如果不包括蓄意破坏或者恐怖活动，那么数量会更少）。由于事故数量很少，很难根据数据进行统计推断以评估行业安全绩效。监管机构和航空业保存了各种各样的安全信息。但是，在确定安全趋势和建议控制措施时，必须考虑到这些数据的准确性和完整性。我们不应该以灾难或者事故作为指标，应该研究安全因素，包括事故的性质和原因，并将这些系数用于预先治理那些不安全因素，及时向管理人员和决策制定者反馈信息。

总而言之，任何一个单一的测量方法都不能完全地反映安全情况。如果描述乘客风险，则使用乘客——暴露数据。如果数据中不包含车辆大小或者速度的信息，则使用乘客——英里数据。离港——暴露可以反映航段中不统一的风险。时间是最广泛的暴露程度计算方法，而且基于时间的数据经常是很容易获取的。

5.2 航空事故数据统计

第四章讲述了航空中使用的各种信息报告系统，包括自愿和强制两种。尽管确保安全报告的灵活性和一致性总体来说是困难的，但是自愿报告系统还有一个缺陷，那就是不可靠性。获得事故数据有很多种可靠的渠道。其中最容易获取的事故数据库由波音公司维护，该公司公布了商业喷气式飞机事故的年度统计摘要。另外一个比较好的源文档是飞安基金会的航空安全网（http：//aviation－safety. net/）。最后，美国飞机事故资料的关键性和强制性的来源是美国国家运输安全委员会的数据库。

5.2.1 制造商参与安全数据统计

安全专业人员随同机身和发动机制造商一同出现在事故现场，参与调查。他们收集并分析数据。他们在改善飞机设计和制造的方式，以及飞机运行和维护的方式方面提供建议。目的是学习如何避免灾难的发生。

制造商也有同样的职责，执行这些职责的组织框架可能有很大的区别。例如，在波音公司负责事故调查和数据分析的是两个独立的部门，但是在其他制造商那里两者就是合并在一起，而且经常与一个组织的用户支持部门存在联系。

制造商的安全部门共同承担的职责是事故调查。当一个公司的产品涉及一个事故时，该公司有职责帮助查找事故原因。用国家运输安全委员会的话来说，该公司成为调查中的一员。这意味着制造商的代表与国际运输安全委员会的调查员携手工作，在事故发生地点查找证据。各方随后进行测验，提出调查结果，但是最终分析和发布报告是由国际运输安全委员会单独执行的。

安全部门详细检查事故征候和事故，并组成代表各个部门的委员会，使用新的 SMS 程序。

基于之前审查的事件，委员会建议改变设计方案或者修改维护和运行程序。事故报告可以提供很多数据。更多的数据来自事故征候报告和由航空公司、制造商和政府机构编制的其他文件。例如，联邦航空局记录使用困难报告。制造商的安全部门将这些数据看作是研究和开发的来源。数据可以从各种渠道获得。制造商在全球的服务代表定期地对不正常事件进行报告，无论事件大小。

航空公司经常向制造商直接上报。其他数据来源于民航局和国际组织，如国际航空运输协会、英国民用航空管理局和美国联邦航空局以及保险公司和出版社。尽管花费了很大努力收集数据，但安全工作人员还是无法保证每个事件的记录进入合适的数据库。有时，如果没有发生损害或者损害程度较小，航空公司不会进行外部报告。

尽管大型机身的制造商运行着最庞大的数据库，但是其他制造商也收集这方面的信息。发动机和其他零部件的制造商也参与其中。

收集这些信息的目的是用于趋势分析。电脑可以识别人类分析未能发现的模式。波音公司在安全领域采取积极主动的心态。制造商可以警示承运人有关他们尚未认识到的问题。波音公司组建的小组使用事故记录和其他数据识别目前存在的安全问题。例如，波音公司强调安装近地警告系统 GPWS 的重要性和在使用系统时进行合理培训的必要性，它是主要的倡导者。

类似地，为了避免进近和降落事故，波音公司建议商业运输使用的每个跑道都要安装一个仪表着陆系统（ILS）。提倡飞行员和管制员采取几个训练措施以减轻不稳定进近带来的危险。

波音公司的研究也强调“机组人员导致的事故”。它的数据和其他来源表明飞行人员的失误是导致将近 70% 商业喷气式飞机机体损失事故的主要原因（见下一节）。但是，事故很少是由单一原因导致的。制造商的预防策略强调了所有的因素，不仅仅是主要的因素。从事件链中去除一个环节就可以避免很多事故的发生。

航空公司运行自己的数据库并进行趋势分析。这些分析可以受益于制造商所做的工作。例如，美国航空公司研究了波音 757 机尾擦地的一系列事件。评估完这些记录以后，航空公司和波音公司一起检查 757 其他运营商的飞行经历。一旦发现问题，美国航空公司和波音公司通过修改培训方法来解决问题。

Metro 承运人收到月度趋势监督报告，如签派可靠性、飞行中发动机空停和未经安排的部件拆解。这些报告是基于 25 个以上运营商运营 Metro 250 飞机的运行数据。

大型机身制造商在编制完行业事故数据后还发布年度报告，尽管他们分析和提交数据的方式不同。对于日常的问题解决，航空公司更多地与制造商的事故和事故征候调查员进行沟通，而和它的数据分析员沟通的要少一些。

在下面的讨论中将探讨波音公司、飞安基金会和国家运输安全委员会的数据库，从而分析航空事故统计资料。

5.2.2　波音公司的事故统计汇总

根据波音公司的统计汇总，在定期的商业喷气式飞机经营（1959—2009年）的整个历史记录中（全世界）总共发生了1704次事故，有28296人死亡。在1704次事故中，有592次事故造成了重大伤害，其中479次都属于机身全损事故，25次都归因于重大损害事故，88次都是轻度损害事故导致的结果。如果从运营类型上划分事故，1704次事故中79%（1344次）是客运业务，14%（244次）是货运业务，剩下的116次事故是在测试、培训、演示飞行和调机时发生的。全球1704次飞机事故中，美国和加拿大运营共占了31%（530次），全球28296个机上致命人数中，美国和加拿大运营促发了其中的22%（6153人）。在这一时期，总共有5.63亿次离港，飞行时间总共为9.93亿个小时。这个行业现在运行了20025架喷气式飞机，每年有2100多万离港次数。

如果我们看一下从1959—2001年全世界商业喷气式飞机机群发生的所有事故的情节，可以发现所有事故和那些涉及机身损失的事故发生率在过去35年间一直很稳定（见图5-1）。如果我们对这些数据使用控制限制，通常是每年机身损失事故数量的3个标准差，我们会发现喷气式飞机运输环节多年来都在统计控制之下。但是，即使在未来几年低事故发生率仍然继续维持，我们预计随着机群离港数量的增加，每年机身全损事故的实际数量有所增长。

根据事故发生时所处的飞行阶段，对机身全损和致命事故进行分析（见图5-2）。34%机身损失和致命事故是在最后进近—降落阶段发生，排在第二位的是从装载到初始爬升的阶段（占38%）。1.5个小时的飞行中57%的飞行时间都在巡航，只有10%的机身全损事故是在巡航阶段发生的。

该汇总还考虑到了从1992—2001年商业运营机身全损事故的主要原因（见图5-3）。对于原因已知的事故，大部分事故的主要原因是机组人员，在10年间占到了66%。

最后，按照事故分类统计了从2000—2009年的死亡人数（见图5-4）。飞行中失去控制导致的死亡人数最多（1759人），其次是可控飞行撞地

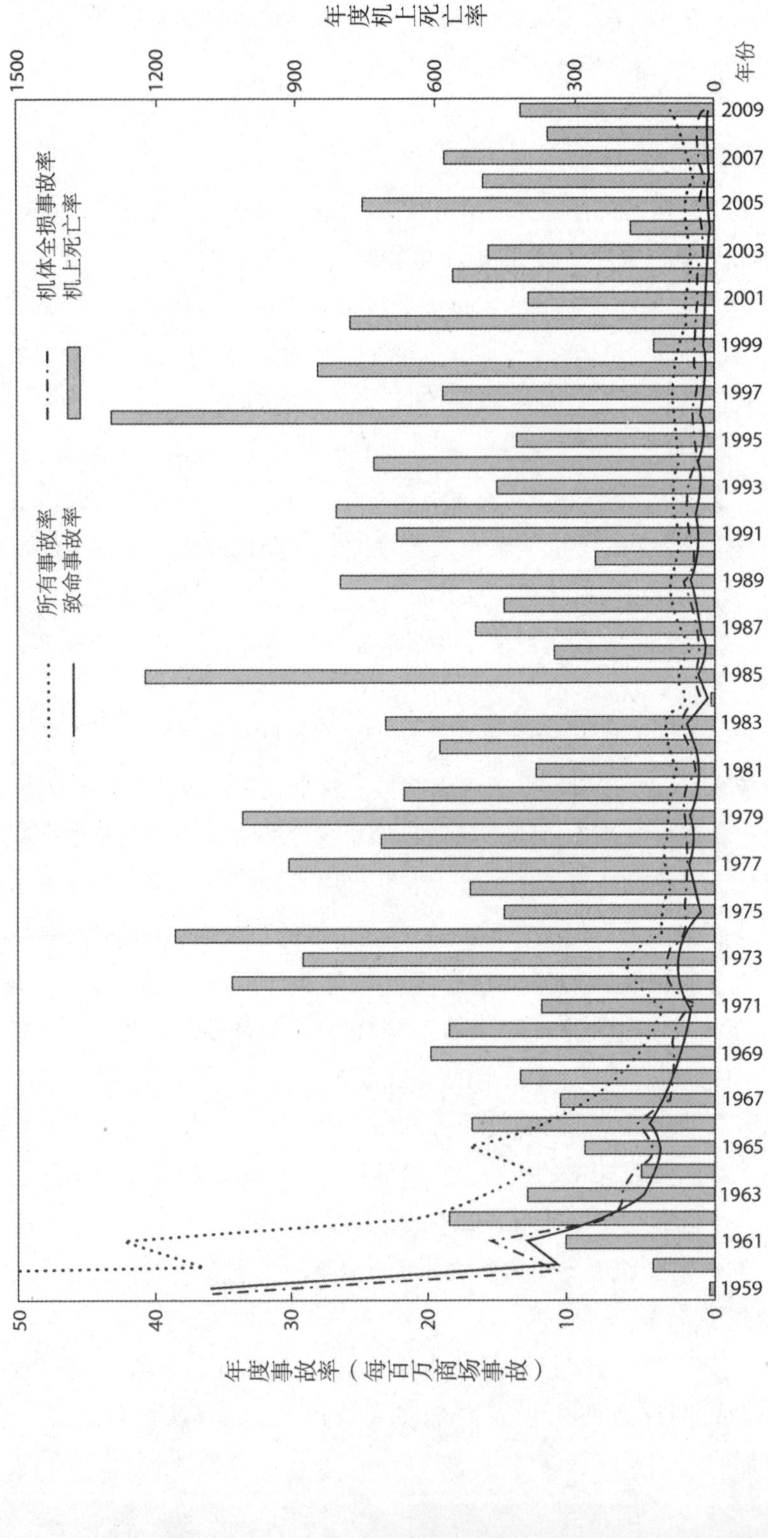

图5-1 事故率和死亡率，涵盖全球商业喷气式飞机所有事故（1959—2009年） 单位：%

来源：波音公司2009年数据汇总，2010年7月

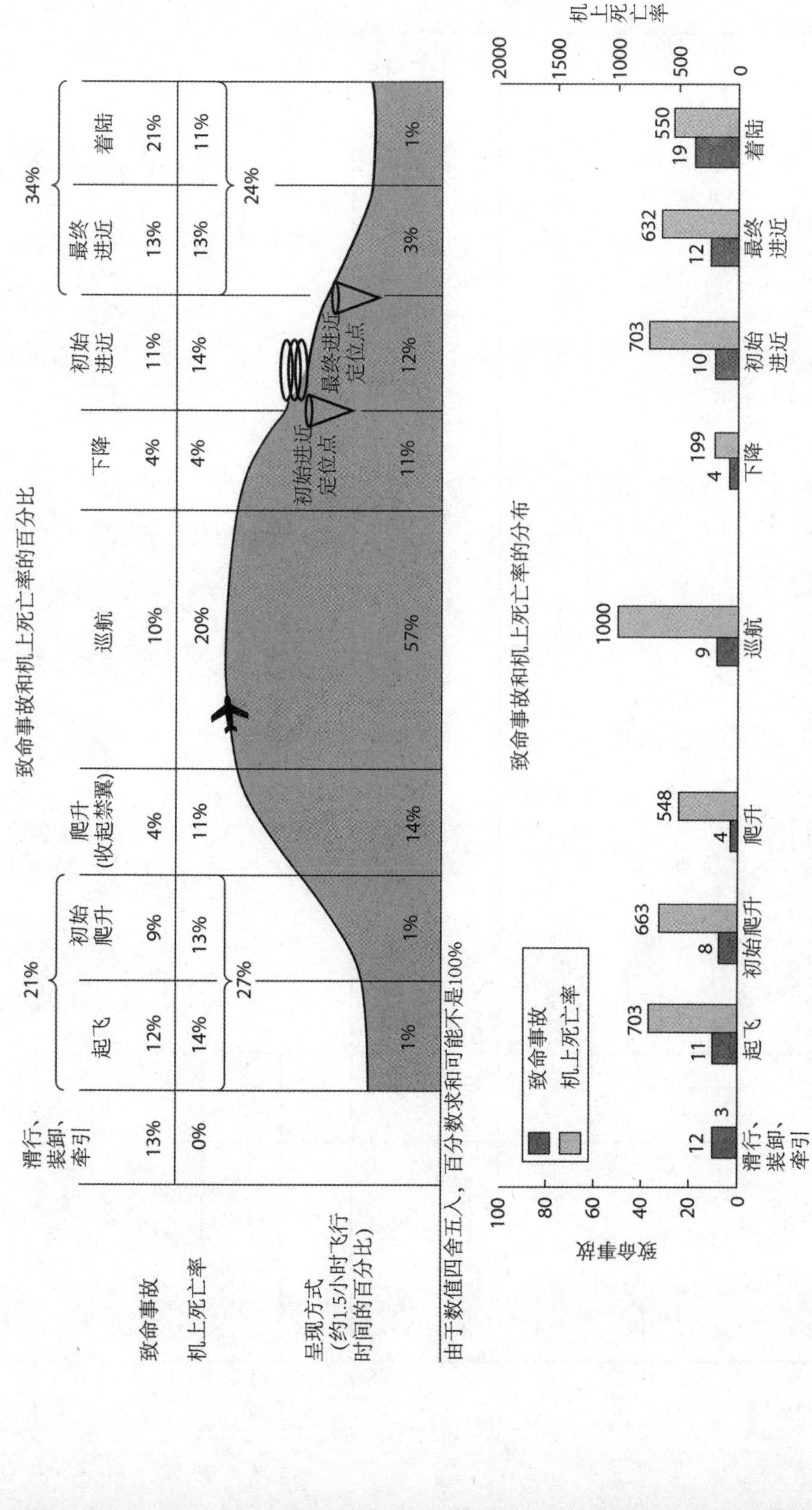

图5-2　按照航段分类事故和机上死亡率、机体全损和/或致命事故，全球商业喷气式飞机（1992—2009年）

来源：波音公司2009年数据汇总，2010年7月

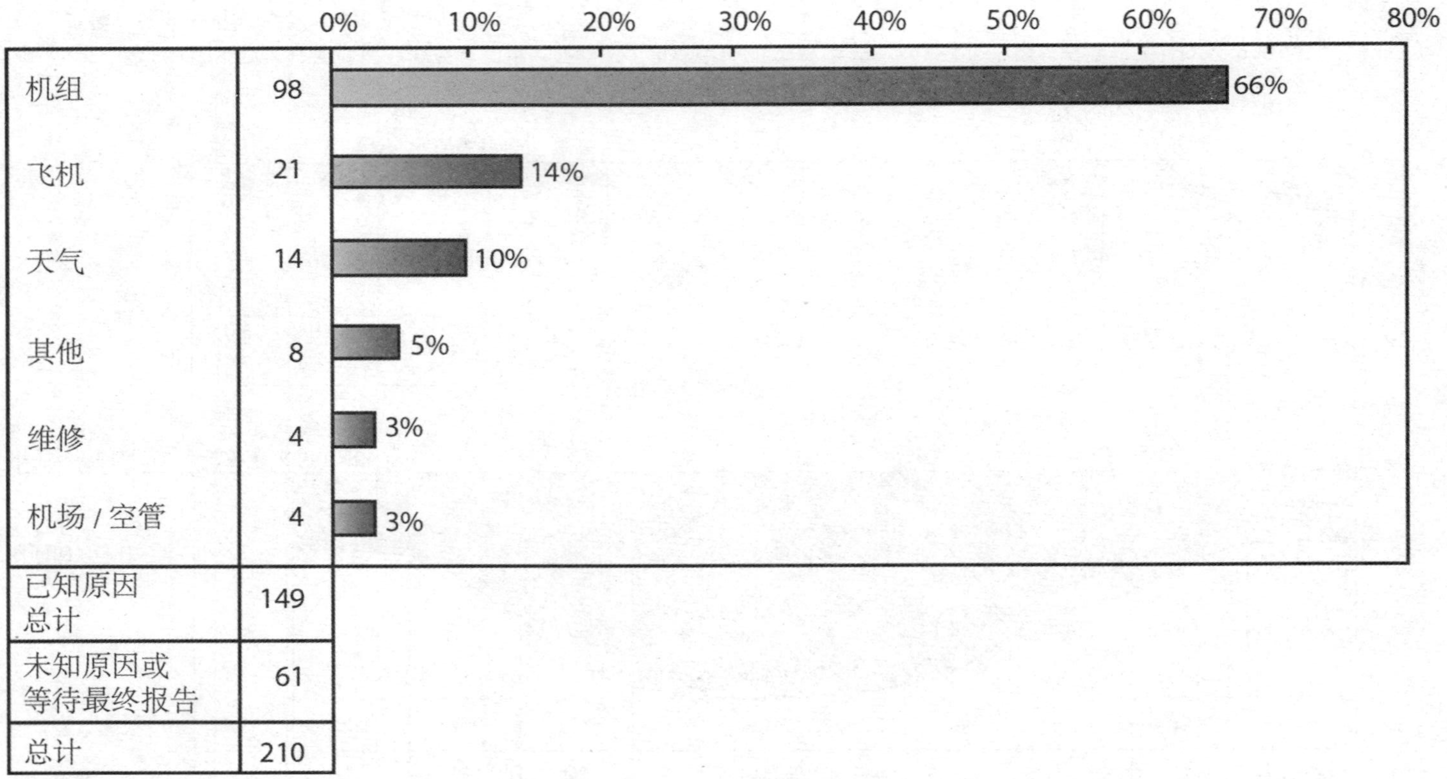

图5–3 按照主要原因分类的事故，机体全损，全球商业喷气式飞机（1992—2001年）

来源：波音公司2001年数据汇总，2002年7月

注释：根据调查机构确定的原因

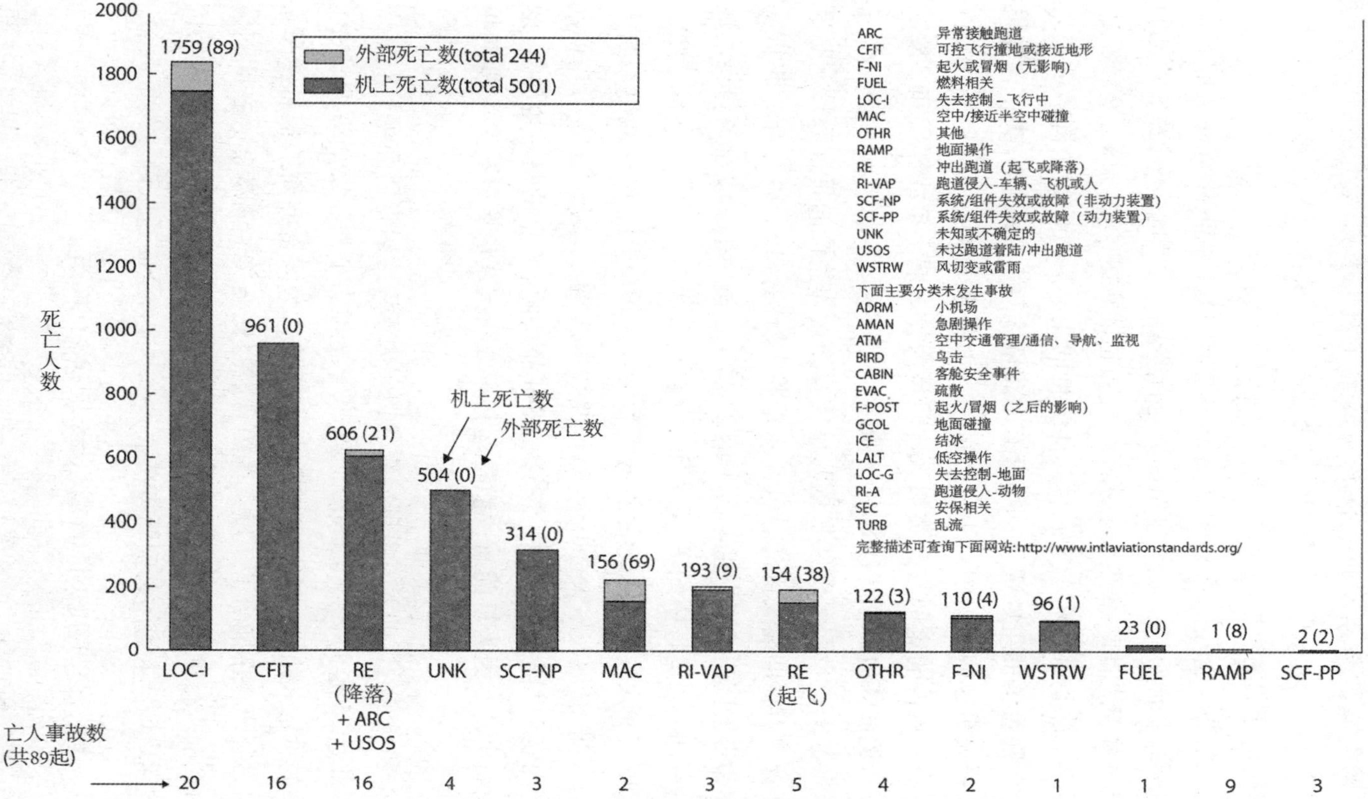

注：主要根据CAST分类

图5-4　CICTT事故分类的死亡情况，致命事故，全球商业喷气式飞机，2000—2009年

来源：波音公司2009年数据汇总，2010年7月

(961 人)。

波音公司的事故数据不包括涡轮螺旋桨飞机以及最大毛重为 6 万磅 (27216 千克) 以下的飞机；苏联和独联体事故；以及由于蓄意破坏、劫机、自杀和军事行动导致的事故。

我们可以从波音公司的资料中吸取很多重要的教训，其中最明显的就是人为差错问题。非常明显，人为差错一直是航空业事故和事故征候最常见的原因。我们必须清楚图 5 - 3 仅仅显示了人为差错问题的一个方面，全体机组人员不是航空系统差错的唯一来源。其他类型的主要事故原因中隐藏的是人为差错一个非常重要的组成部分，尽管有时难以发现。在维修分类中，如最近未公开数据表明这些事故中一半以上都与人为因素有关，而且似乎人为因素在其他分类中所占的比例与此类似。这就是为什么航空事故征候和事故的人为差错总量的估算值可以高达 80%—90%。

基于这些数据，我们可以越来越明显地看到人为差错的管理和控制是航空公司安全管理面临的最大挑战。这并不是一个新的认识。1974 年，飞行安全基金会在弗吉尼亚州威廉斯堡举行了第 28 届年度国际航空安全研讨会。该研讨会的主题是飞行运行中的人为因素，人们认为这次研讨会的举行是航空业安全会议中第一次致力于人为因素的大型会议。1975 年，国际航空运输协会IATA发起了第 20 届技术大会，即飞行运行中的安全。该会议大部分内容仅仅强调人为因素和人为差错问题，该问题被称为“航空安全的最后边界”。这些早期行业做出的努力为目前解决航空运行中人为因素的管理和控制问题提供了指导。

在 FAA 和行业的资助下，美国得克萨斯州大学人为因素研究项目对航空安全进行了长达 25 年的研究。最近，飞安基金会推出了一项安全举措——航空人为因素的承运人指南，在该网站包括大量的人为因素方面的信息。飞安基金会和空客公司合作推出了年度人为因素航空安全奖，该基金会在欧洲航空安全研讨会上进行颁奖。类似地，IATA 和 ICAO 也非常积极地参与人为因素方面的国际培训。人为因素问题将在第七章中进行全面地探讨。

5. 2. 3 美国和国际上的事故数据统计汇总

在美国，安全数据的主要渠道来自国家运输安全委员会。表 5 - 1 至 5 - 5分别代表美国的航空公司根据联邦航空法规第 121 部（大型航空公司）

和第135部（通勤航空公司和按需空中出租飞机）提供定期和非定期服务时事故、死亡人数和事故发生率的逐年汇总。请注意，这些数据反映了国家运输安全委员会对事故的官方定义，致命的事故只是其中的一个子集。

由于国家运输安全委员会对事故的定义非常广泛（涉及的任何事故征候，如骨折也是被归类为事故）。美国每年平均大约有36个可报告的事故涉及定期和非定期的航空服务。但是，严重事故，即涉及人员死亡的事故，非常罕见。1990—2009年平均每年发生4次因定期和非定期（121部）运营导致的死亡事故。同期，定期和非定期（121部）离港次数从810万次增加到1040万次，2000年达到高点1150万次。很明显，美国死亡事故率正在向预期的方向发展。然而，第三世界航空国家发展的全球趋势并不乐观。

20世纪80年代，在国家运输安全委员会成立的前15年里，航空公司的安全性稳步提高。1967年，航空公司每飞行1百万英里死亡事故的发生率就达到0.006；到1980年，该发生率降低到0.001，相当于降低了83%。1982年1月1日，美国的航空公司纯喷气式飞机运输中，连续26个月没有出现一次灾难性的坠机事故。除了1980—1981年，之前没有任何一年没有出现过这种情况。以前的记录是15个月，从1971年的9月到1972年的12月。航空公司在26个月里的1000多万次航班中运载了5亿多乘客—5千亿客英里数。这意味着航空运输可以携带全美国的所有男人、女人和孩子飞行2000多英里。

1982年的第13天，佛罗里达航空公司波音737飞机从华盛顿国家机场起飞后在暴风雪中撞到了一座大桥，至此航空公司安全的辉煌记录走到了终点。70位乘客、4名机组人员和桥上的4个人全部遇难。1982年发生5次死亡事故，使每10万飞行小时的死亡事故率达到0.057。1981年该发生率由0.061下降了7%，因为在这一年发生了4次只有1人死亡的事故。但是，总计的死亡人数达到235人，与1981年的4个人和1980年的无人死亡相比是10年内死亡人数第三多的事故。

1983年，通勤航空公司连续两年保持极低事故发生率，总共发生了16次事故，其中2次是死亡事故。而1982年一共发生了26次事故，其中5次是死亡事故。死亡人数从14人降到了11人。每10万次离港的事故发生率达到0.687，比1982年要低46%，该发生率经常被用于衡量通勤飞机的安全性。

表5-1 1990—2009年美国的航空公司根据第14CFR121部提供定期和非定期服务时（航空公司）事故、死亡人数和事故发生率

年份	事故		死亡人数		飞行小时	飞行英里数	离港	每10万飞行小时发生的事故		每100万飞行英里数发生的事故		每10万次离港发生的事故	
	总计	致命事故	总计	在飞机上				总计	致命事故	总计	致命事故	总计	致命事故
1990	24	6	39	12	12150116	4947832000	8092306	0.198	0.049	0.0049	0.0012	0.297	0.074
1991	26	4	62	49	11780610	4824824000	7814875	0.221	0.034	0.0054	0.0008	0.333	0.051
1992	18	4	33	31	12359715	5039435000	7880707	0.146	0.032	0.0036	0.0008	0.228	0.051
1993	23	1	1	0	12706206	5249469000	8073173	0.181	0.008	0.0044	0.0002	0.285	0.012
1994*	23	4	239	237	13124315	5478118000	8238306	0.168	0.030	0.0040	0.0007	0.267	0.049
1995	36	3	168	162	13505257	5654069000	8457465	0.267	0.022	0.0064	0.0005	0426	0.035
1996	37	5	380	350	13746112	5873108000	8228810	0.269	0.036	0.0063	0.0009	0.450	0.061
1997	49	4	8	6	15838109	6696638000	10318383	0.309	0.025	0.0073	0.0006	0.475	0.039
1998	50	1	1	0	16816555	6736543000	10979762	0.297	0.006	0.0074	0.0001	0.455	0.009
1999	51	2	12	11	17555208	7101314000	11308762	0.291	0.011	0.0072	0.0003	0.451	0.018
2000	56	3	92	92	18299257	7524027000	11468229	0.306	0.016	0.0074	0.0004	0.488	0.026
2001*	46	6	531	525	17814191	7294191000	10954832	0.236	0.011	0.0058	0.0003	0.383	0.018
2002	41	0	0	0	17290198	7192501000	10508473	0.237	—	0.0057	—	0.390	—
2003	54	2	22	21	17467700	7280383000	10433164	0.309	0.011	0.0074	0.0003	0.518	0.019
2004	30	2	14	14	18882503	7930159000	11023128	0.159	0.011	0.0038	0.0003	0.272	0.018
2005	40	3	22	20	19390029	8165643000	11130407	0.206	0.015	0.0049	0.0004	0.359	0.027
2006	33	2	50	49	19263209	8139357000	10820915	0.171	0.010	0.0041	0.0002	0.305	0.018
2007	28	1	1	1	19637322	8315905000	10928432	0.143	0.005	0.0034	0.0001	0.256	0.009
2008	28	2	3	1	19097962	8068288000	10437197	0.147	0.010	0.0034	0.0002	0.268	0.019
2009	30	2	52	51	18001000	7577161000	10349200	0.167	0.011	0.0040	0.0003	0.290	0.019

注释：

- 2009年的数据是初始数据
- 飞行时间、英里、始发次数根据FAA数据
- 自1997年3月20日起，10座或以上飞机按照121部运行，实施定期客运航班
- 标记有*的年份中违法行为应为这类事故征候负责。这些行为包括自杀和蓄意破坏，这些事故计入事故总数，但是在此类事故中的死亡人数不用于事故发生率的计算。9·11恐怖袭击中的死亡人数并不包括在该表格中

数据来源：国家运输安全委员会

表5-2　1990—2009年美国的航空公司根据第14CFR121部分提供定期服务时（航空公司）事故、死亡人数和事故发生率

年份	事故		死亡人数		飞行小时	飞行英里数	离港	每10万飞行小时发生的事故		每100万飞行英里数发生的事故		每10万次离港发生的事故	
	总计	致命事故	总计	在飞机上				总计	致命事故	总计	致命事故	总计	致命事故
1990	19	4	11	9	11524726	4689287000	7795761	0.165	0.035	0.0041	0.0009	0.244	0.051
1991	21	3	60	47	11139166	4558537000	7503873	0.189	0.027	0.0046	0.0007	0.280	0.040
1992	15	3	29	27	11732026	4767344000	7515373	0.128	0.026	0.0031	0.0006	0.200	0.040
1993	22	1	1	0	11981347	4936067000	7721870	0.184	0.008	0.0045	0.0002	0.285	0.013
1994*	18	4	239	237	12292356	5112633000	7824802	0.138	0.033	0.0033	0.0008	0.217	0.051
1995	30	1	160	160	12776679	5328969000	8105570	0.235	0.008	0.0056	0.0002	0.370	0.012
1996	31	3	342	342	12971676	5449997000	7851298	0.239	0.023	0.0057	0.0006	0.395	0.038
1997	43	3	3	2	15061662	6339432000	9925058	0.285	0.020	0.0068	0.0005	0.433	0.030
1998	41	1	1	0	15921447	6343690000	10535196	0.258	0.006	0.0065	0.0002	0.389	0.009
1999	40	2	12	11	16693365	6689327000	10860692	0.240	0.012	0.0060	0.0003	0.368	0.018
2000	49	2	89	89	17478519	7152260000	11053826	0.280	0.011	0.0069	0.0003	0.443	0.018
2001*	41	6	531	525	17157858	6994939000	10632880	0.216	0.012	0.0053	0.0003	0.348	0.019
2002	34	0	0	0	16718781	6927954000	10276107	0.203	—	0.0049	—	0.331	—
2003	51	2	22	21	16887756	7015935000	10227924	0.302	0.012	0.0073	0.0003	0.499	0.020
2004	23	1	13	13	18184016	7604248000	10782989	0.126	0.005	0.0030	0.0001	0.213	0.009
2005	34	3	22	20	18712191	7843717000	10910460	0.182	0.016	0.0043	0.0004	0.312	0.027
2006	26	2	50	49	18647896	7851864000	10627481	0.139	0.011	0.0033	0.0003	0.245	0.019
2007	26	0	0	0	19014677	8024313000	10734170	0.137	—	0.0032	—	0.242	—
2008	20	0	0	0	18551362	7821849000	10271639	0.108	—	0.0026	—	0.195	—
2009	26	1	50	49	17470000	7316000000	10199000	0.149	0.006	0.0036	0.0001	0.255	0.010

注：

- 2009年的数据是初始数据
- 飞行小时数、英里数和离港次数是由联邦航空管理局编写的
- 自1997年3月20日起，10座或以上飞机按照121部运行，实施定期客运航班
- 标记有*的年份中违法行为应为这类事故征候负责。这些行为包括自杀和蓄意破坏，这些事故计入事故总数，但是在此类事故中的死亡人数不用于事故发生率的计算。9·11恐怖袭击中的死亡人数并不包括在该表格中

数据来源：国家运输安全委员会

表5-3 1990—2009年美国的航空公司根据第14CFR121部分提供非定期服务时（航空公司）事故、死亡人数和事故发生率

年份	事故		死亡人数		飞行小时	飞行英里数	离港	每10万飞行小时发生的事故		每100万飞行英里数发生的事故		每10万次离港发生的事故	
	总计	致命事故	总计	在飞机上				总计	致命事故	总计	致命事故	总计	致命事故
1990	5	2	28	3	625390	258545000	296545	0.800	0.320	0.0193	0.0077	1.686	0.674
1991	5	1	2	2	641444	266287000	311002	0.779	0.156	0.188	0.0038	1.608	0.322
1992	3	1	4	4	627689	272091000	365334	0.478	0.159	0.0110	0.0037	0.821	0.274
1993	1	0	0	0	724859	313402000	351303	0.138	—	0.0032	—	0.285	—
1994	5	0	0	0	831959	365485000	413504	0.601	—	0.0137	—	1.209	—
1995	6	2	8	2	728578	325100000	351895	0.824	0.275	0.0185	0.0062	1.705	0.568
1996	6	2	38	8	774436	423111000	377512	0.775	0.258	0.0142	0.0047	1.589	0.530
1997	6	1	5	4	776447	357206000	393325	0.773	0.129	0.0168	0.0028	1.525	0.254
1998	9	0	0	0	895108	392853000	444566	1.005	—	0.0229	—	2.024	—
1999	11	0	0	0	861843	411987000	448070	1.276	—	0.0267	—	2.455	—
2000	7	1	3	3	820738	371767000	414403	0.853	0.122	0.0188	0.0027	1.689	0.241
2001	5	0	0	0	656333	299252000	321952	0.762	—	0.0167	—	1.553	—
2002	7	0	0	0	571417	264547000	232366	1.225	—	0.0265	—	3.012	—
2003	3	0	0	0	579944	264448000	205240	0.517	—	0.0113	—	1.462	—
2004	7	1	1	1	698487	325911000	240139	1.002	0.143	0.0215	0.0031	2.915	0.416
2005	6	0	0	0	677838	321926000	219947	0.885	—	0.0186	—	2.728	—
2006	7	0	0	0	615313	287493000	193434	1.138	—	0.0243	—	3.619	—
2007	2	1	1	1	622645	291592000	194262	0.321	0.161	0.0069	0.0034	1.030	0.515
2008	8	2	3	1	546600	246439000	165558	1.464	0.366	0.0325	0.0081	4.832	1.208
2009	4	1	2	2	531000	241161000	150200	0.753	0.188	0.0166	0.0041	2.663	0.666

注：
- 2009年的数据是初始数据
- 飞行小时数、英里数和离港数由联邦航空局编写

数据来源：国家运输安全委员会

表5-4　1990—2009年美国的航空公司根据第14CFR135部分提供定期服务时（航空公司）事故、死亡人数和事故发生率

年份	事故		死亡人数		飞行小时	飞行英里数	离港	每10万飞行小时发生的事故		每100万飞行英里数发生的事故		每10万次离港发生的事故	
	总计	致命事故	总计	在飞机上				总计	致命事故	总计	致命事故	总计	致命事故
1990	15	3	6	4	2341760	450133000	3160089	0.641	0.128	0.0333	0.0067	0.475	0.095
1991	23	8	99	77	2291581	433900000	2820440	1.004	0.349	0.0530	0.0184	0.815	0.284
1992*	23	7	21	21	2335349	507985000	3114932	0.942	0.300	0.0433	0.0138	0.706	0.225
1993	16	4	24	23	2638347	554549000	3601902	0.606	0.152	0.0289	0.0072	0.444	0.111
1994	10	3	25	25	2784129	594134000	3581189	0.359	0.108	0.0168	0.0050	0.279	0.084
1995	12	2	9	9	2627866	550377000	3220262	0.457	0.076	0.0218	0.0036	0.373	0.062
1996	11	1	14	12	2756755	590727000	3515040	0.399	0.036	0.0186	0.0017	0.313	0.028
1997	16	5	46	46	982764	246029000	1394096	1.628	0.509	0.0650	0.0203	1.148	0.359
1998	8	0	0	0	353670	50773000	707071	2.262	—	0.1576	—	1.131	—
1999	13	5	12	12	342731	52403000	672278	3.793	1.459	0.2481	0.0954	1.934	0.744
2000	12	1	5	5	369535	44943000	603659	3.247	0.271	0.2670	0.0223	1.988	0.166
2001	7	2	13	13	300432	43099000	558052	2.330	0.666	0.1624	0.0464	1.254	0.358
2002	7	0	0	0	273559	41633000	513452	2.559	—	0.1681	—	1.363	—
2003	2	1	2	2	319206	47404000	572260	0.627	0.313	0.0422	0.0211	0.349	0.175
2004	4	0	0	0	302218	46809000	538077	1.324	—	0.0855	—	0.743	—
2005	6	0	0	0	299775	45721000	527267	2.002	—	0.1312	—	1.138	—
2006	3	1	2	2	301495	46503000	568464	0.995	0.332	0.0645	0.0215	0.528	0.176
2007	3	0	0	0	291701	46049000	592577	1.028	—	0.0651	—	0.506	—
2008	7	0	0	0	293499	46428000	576203	2.385	—	0.1508	—	1.215	—
2009	2	0	0	0	292000	46251000	566000	0.685	—	0.0432	—	0.353	—

注：
- 2009年的数据是初始数据
- 自1997年3月20日起，10座或以上飞机按照121部运行，实施定期客运航班
- 飞行小时数、英里数和离港次数是由联邦航空局编写的
- 标记有*的年份中违法行为应为这类事故征候负责。这些行为包括自杀和蓄意破坏，这些包括在事故和死亡人数的总数中，但是并不用于事故发生率的计算。9·11恐怖袭击中的死亡人数并不包括在该表格中

数据来源：国家运输安全委员会

表5-5 1990—2009年美国的航空公司根据第14CFR135部提供非定期服务时（航空公司）事故、死亡人数和事故发生率

	事故		死亡人数			每10万次离港发生的事故	
年份	总计	致命事故	总计	在飞机上	飞行小时	总计	致命事故
1990	107	29	51	49	2249000	4.76	1.29
1991	88	28	78	74	2241000	3.93	1.25
1992	76	24	68	65	2844000	2.67	0.84
1993	69	19	42	42	2324000	2.97	0.82
1994	85	26	63	62	2465000	3.45	1.05
1995	75	24	52	52	2486000	3.02	0.97
1996	90	29	63	63	3220000	2.80	0.90
1997	82	15	39	39	3098000	2.65	0.48
1998	77	17	45	41	3802000	2.03	0.45
1999	74	12	38	38	3204000	2.31	0.37
2000	80	22	71	68	3930000	2.04	0.56
2001	72	18	60	59	2997000	2.40	0.60
2002	60	18	35	35	2911000	2.06	0.62
2003	73	18	42	40	2927000	2.49	0.61
2004	66	23	64	63	3238000	2.04	0.71
2005	65	11	18	16	3815000	1.70	0.29
2006	52	10	16	16	3742000	1.39	0.27
2007	62	14	43	43	4033000	1.54	0.35
2008	58	20	69	69	3205000	1.81	0.62
2009	47	2	17	14	2875000	1.63	0.07

注：

- 2009年的数据是初始数据
- 飞行小时数、英里数和离港次数是由联邦航空管理局编写的。按照135部按需运行的信息（英里数和离港次数）无法获得

数据来源：国家运输安全委员会

1983 年定期航线一共发生了 4 次死亡事故，造成 15 人死亡。1983 年总共发生了 22 次事故，而 1982 年发生了 16 次事故。1983 年，每 10 万个飞行小时中事故发生率达到 0. 318。

1984 年定期航线仅发生了 13 次事故，包括死亡和非死亡的事故，达到了历史最低点，每 10 万次离港的事故发生率仅为 0. 229。通过对比，1975 年的发生率为 0. 659，基本上是 1984 年的 3 倍。

截至 1984 年底，从 1982 年 7 月 9 日新奥尔良泛美航空公司 B727 飞机在起飞时发生坠落后，美国涡轮喷气式飞机还没有发生过一次灾难性坠机事故。自 1979 年起，这是航空公司第二次连续两年多没有出现喷气式飞机灾难性坠落事故标志性的 30 个月。

1985 年是灾难性的一年。1 月 1 日，东部航空公司 B727 在拉巴斯下降过程中位于海平面 22000 英尺的位置时撞在玻利维亚的伊拉尼山上。飞机上的 29 名乘客和机组人员全部遇难。尽管 NTSB 率领的探险队到达事故地点，但是过深的积雪和严寒使他们无法救援遇难者、无法恢复驾驶舱语音以及飞行数据记录器。

在玻利维亚发生的事故是 1985 年美国通勤航空公司和主要航空公司发生的 13 个死亡事故中的第一个，这次事故共造成 563 人遇难。除了玻利维亚事故以外，涉及众多人员死亡的事故包括：

- 8 月 2 日，达美航空公司 191 航班，一架 L－1011 三星客机在降落到达拉斯沃斯堡市机场的最后进近阶段遭遇风切变，导致 135 人丧生。这次事故促成 FAA 在多普勒雷达对天气探测技术培训和改进方面的重大变革。
- 12 月 12 日，美国箭航 1285 航班的军用包机 DC－8 在加拿大甘德起飞时由于地面结冰发生事故，导致 256 人丧生。

尽管 1985 年商业客运航班的死亡人数比 20 世纪 80 年代初期的任何一年都多，但是美国民用航空的整体记录从事故发生率和死亡事故来看是复杂不清的。

对于定期航线（121 部），1985 年每 10 万次离港的死亡事故发生率为 0. 066，是 1984 年的 3. 5 倍多。对于非定期的（121 部）航班（包机），每 10

万次离港的死亡事故发生率为 1. 261，是 1982 年的 2 倍多，是 1985 年之前发生过包机死亡事故的最后一年。1985 年，定期和非定期航空公司（包机，121 部）的死亡总数达 526 人，是历史上美国航空公司发生事故第二惨烈的一年。1977 年，两架 B747 包机在加那利群岛特那里费机场跑道上发生相撞事故，只有这一年死亡人数比以往更多一些。

在 1986 年发生了 21 次事故造成 5 人死亡以后，美国大型定期航空公司（121 部）在 1987 年发生的大型事故创造了 13 年以来的最高纪录，总共发生了 32 次事故，造成 231 人遇难。这是继 1974 年发生 42 次事故后，大型定期航空公司发生事故次数最多的一年，1974 年的离港数几乎是 1987 年的一半。定期航空公司发生了 32 次事故，每 10 万次离港的事故发生率为 0. 425，比 1986 年的 0. 289 上升了一些（上升了 47%）。但是，0. 041 的死亡事故发生率意味着该年度比上一年增加了 200%。1987 年发生的死亡事故包括：

· 西北航空公司 MD82 飞机航班 255 从底特律都会韦恩县国际机场起飞后，由于机组未能使用检查单确保起飞的襟缝翼设置正确而发生事故，造成 156 人遇难，其中包括 2 名地面人员。

无论是通勤航空公司还是支线航空公司，从 1986 年开始安全问题出现急剧转折。1987 年发生了 33 次事故，其中 10 次为死亡事故，是自 1980 年发生 38 次事故以来发生事故最多的一年。死亡人数为 59 人，创造了 8 年以来的最高纪录。每 10 万次离港会发生 1. 174 次事故，而 1986 年为 0. 5。死亡事故发生率为 0. 356，比 1986 年的 0. 071 上升了几个百分点，到达了 1979 年以来的最高点。

1988 年，美国定期航空公司的事故发生率比前一年有所下降。根据国家运输安全委员会的数据统计，1988 年共发生 29 次重大事故，比 1987 年减少了 3 次。在 29 次事故中，有 3 次为死亡事故，造成了 285 人死亡。每 10 万次离港的事故发生率从 1987 年的 0. 425 下降到 1988 年的 0. 381；每 10 万次离港的死亡事故发生率从 0. 041 下降到 0. 027。

通勤航空公司的事故从 1987 年的 33 次下降到 1988 年的 18 次，其中只有 2 次死亡事故，而上一年发生了 10 次。死亡人数也从 59 人降到 21 人。每 10 万次离港的事故发生率为 0. 619，而 1987 年为 1. 174。

国家运输安全委员会调查了 1988 年发生的两次异常大型航空事故：

- 阿罗哈航空公司 243 航班飞机由于金属疲劳问题导致爆炸性客舱释压，后在毛伊岛安全降落，只有 1 人死亡。美国国会通过了《1988 年航空安全研究法案》，对于飞机维护和机构技术的关键领域进一步加强研究。
- 1988 年 12 月 21 日，泛美航空公司 103 航班 B747 飞机在苏格兰洛克比上空爆炸，机上 259 名乘客以及地面约 11 人丧生。一周以后英国调查员宣布飞机是被炸弹击落的，这次悲剧演变成了针对美国航空公司的一次最致命的破坏活动。

尽管美国航空公司和通勤航空公司的事故发生率在 1989 年有所下降，但是死亡事故发生率还是有所上升。航空公司的死亡事故总数创造了 1968 年以来的最高纪录。

1989 年，美国大型定期和包机航空公司发生了 28 次事故，比 1988 年的 30 次事故下降了一些。在这 28 次事故中，11 人丧生，这是自 1968 年 15 次死亡事故以来的最高纪录。每 10 万次离港的死亡事故发生率为 0. 144，是 10 年来的最高点，比 1988 年的 0. 026 还上升了几个百分点。

1989 年，美国大型定期航空公司发生了 24 次事故，比上一年的 29 次下降了一些。在这 24 次事故中，8 人丧生，是 1973 年以来死亡人数最多的一次。在 1989 年 131 个死亡人数中，111 人都是在 7 月 19 日美联航 DC－10 执行 232 航班在艾奥瓦州苏城发生坠落事故中丧生的（其中有一位乘客在事故发生后 31 天死亡，没有统计到国家运输安全委员会的数据中），事故原因是发动机的疲劳裂纹，导致爆炸和液压系统灾难性问题。由于该航班机组资源管理 CRM 技术到位，挽救了 185 名乘客的生命，该航班机长受到了赞扬。

通勤航空公司在 1989 年发生了 19 次事故，比上一年增加了一次。发生了 5 次死亡事故，比 1988 年增加了 2 次，造成 31 人死亡，比 1988 年增加 10 人。每 10 万次离港的事故发生率为 0. 674，比 1988 年的 0. 169 稍微高一些，但是死亡事故发生率从 0. 069 上升为 0. 177。

20 世纪 90 年代，从 1990 开始这 10 年间，定期、非定期和通勤航空公司所有的事故发生率都开始有所下降。

1991 年，美国大型定期航空公司发生了 25 次事故，比上一年稍微有所增加。在这 25 次事故中，有 4 次死亡事故。1991 年有 62 人死亡，其中 2 次重大事故中 59 人丧生：

- 1991 年 2 月 1 日，美国合众国航空公司 B737 在洛杉矶国际机场降落时撞上澳洲天西航空 Metroliner 的飞机。两架飞机都被摧毁，34 人遇难。事故原因是在这个特别繁忙的机场上，其空管指挥人员情景意识出现人为差错，这个事故类型被称为典型的"跑道侵入"，许多年来 NTSB 最希望实施安全改进的项目中就有这类事故。
- 1991 年 3 月 3 日，美联航 585 去往科罗拉多斯普林斯的航班 B737 在进近时坠落，机上所有 25 名乘客丧生。事故发生时这架飞机位于地面大约 1000 英尺处，最终进近时方向舵出现了不可控制的问题。在那时 B737机型具有令人羡慕的安全记录，这次事故的原因 NTSB 多年没有给出结论，后来 B737 在匹茨堡和里士满又发生了类似的方向舵问题，这为解决前述事故的复杂谜团提供了答案。

总体而言，1991 年，通勤航空公司共发生 23 次事故，造成 99 人死亡，这是 20 年来死亡人数最多的一年。每 10 次离港的死亡事故发生率由 1990 年的 0. 095 上升到 0. 284，上升了 200%。

1992 年，通勤航空公司发生了 7 次死亡事故，而 1991 年发生了 8 次。通勤航空公司机上死亡人数由上一年的 77 人降到 21 人。通勤航空公司的事故率并没有成为大众关注点。

1992 年，定期航空公司发生了 4 次死亡事故，33 人死亡，而 1991 年也发生了 4 次死亡事故，62 人丧生。当年 33 人死亡，是 1986 年以来死亡人数最少的一年，1986 年有 5 人死亡。

1993 年大型定期航空公司只发生了 1 次死亡事故，其中有 1 名地面工作人员被螺旋桨撞伤。每 10 万次离港的死亡事故发生率为 0. 013，是 1980 年以来最低的一年，1980 年定期航空公司没有发生任何死亡事故。

但很矛盾的是，定期航空公司 1993 年（22 次）比 1992 年（16 次）发生的事故数量更多，因此事故发生率也相对高一些，分别为 0. 285 和 0. 213。

通勤航空公司每 10 万次离港的死亡事故发生率由 0. 225 下降到 0. 111，

但是死亡人数由1992年的21人增加到1993年的24人，事故发生率由0.706下降到0.444。

1994年定期航空公司发生了19次事故，其中4次为死亡事故，239人丧生，而1993年发生了22次事故共有1人死亡：

- 7月2日，美国合众国航空公司DC－9在向夏洛特道格拉斯国际机场进近途中靠近雷雨活动区，当飞行人员遭遇风切变打算取消着陆时突然坠落。造成37人死亡，飞机上20人幸存。该事故结束了27个月以来美国大型定期航空公司没有发生乘客死亡的记录。
- 9月8日，美国合众国航空公司波音B737－300飞机执行427航班在大匹兹堡国际机场进近时坠落。机上所有132名人员全部丧生，飞机因冲撞力被摧毁，成为美国历史上最严重的一次航空事故。这次事故类似于美联航585航班方向舵控制问题。NTSB调查员对于这次不可控制的方向舵问题也是非常迷惑，直到另一架B737飞机在1996年里士满附近发生类似事件但是成功降落后才解开谜团。热冲击检测最终确认：737方向舵在特定情况下可能出现反向运动，最终方向舵被重新设计。
- 最后一次事故发生在10月31日，西蒙斯航空公司ATR－72运营的美鹰航空公司航班4184在印第安纳州罗斯蓝南部坠落。该航班从印第安纳波利斯飞往芝加哥的奥黑尔机场，由于交通延误处于空中等待状态达32分钟。在盘旋期间天气非常寒冷，可以看见雾气，导致飞机结冰。飞机上64名乘客和4名机组人员全部在事故中丧生。

1994年，定期航班每100万英里的死亡事故发生率增加到0.0008，而1993年为0.0002。每10万次飞机离港的死亡率从0.013上升到0.051。

非定期的航空公司连续5年没有1人死亡。1994年发生了4次事故，而1993年发生了1次。1994年每100万英里的事故发生率为0.0109，而1993年为0.0032；每10万飞行小时的事故发生率为0.481，而1993年为0.138；每10万次离港的事故发生率为0.967，而1993年为0.285。

通勤航空公司的死亡人数从1993年24人增加到1994年的25人，1994年发生了10次事故其中3次是死亡事故。1993年发生了16次事故，其中包括4次死亡事故。1994年每100万飞行英里的死亡事故发生率从1993年的0.007下降到0.005，而每10万次离港的死亡率从去年的0.111下降到0.084。这是连续第四年死亡率持续下降。

1995年定期航空公司每100万英里的死亡事故发生率由1994年的0.0008下降到0.0004。每10万次离港的死亡率为0.025，比1994年的0.051下降了一些。

- 1995年12月，美国航空公司B757执行965航班在哥伦比亚卡利附近撞山坠落造成160人死亡，这次事故是由于工作人员向飞机飞行管理系统FMS输入错误的导航数据所致，是典型的可控飞行撞地（CFIT）。

121部下的包机航空公司在连续5年没有出现死亡事故后，于1995年发生一次死亡事故，造成2人死亡，每100英里的死亡率达0.0031，而每10万次离港的死亡率达0.284。

通勤或者支线航空公司的死亡人数从1994年的25人下降到1995年的9人。每100万英里的死亡事故发生率从1994年的0.005下降到0.0036，每10万次离港的死亡事故发生率从1994年的0.084下降到0.062。这是连续第四年死亡事故发生率下降。

1996年定期航空公司的事故发生数量从1995年的34次降到了32次，但是三次死亡事故导致342人丧生。

- 1996年5月11日，瓦卢航空公司DC－9航班592从迈阿密国际机场飞往亚特兰大的途中坠落于大沼泽地，105名乘客和5名机组工作人员遇难。事故原因是危险品（氧气罐）的不当包装和储存，导致发生严重飞机火灾以致坠毁。
- 1996年7月17日，环球航空公司定期航班B747飞往巴黎，刚从肯尼迪国际机场起飞就坠入纽约长岛沿海的大西洋。飞机上230名人员全部遇难。事故原因是电线短路导致电弧进入油箱而引起爆炸。这两次坠机事故创造了过去20年中一年之内死亡人数最高的纪录。1996年定期航班每10万次离港的死亡事故发生率由0.025上升到0.038，而每10万个飞行小时的死亡事故发生率由0.016上升到0.023。

1996年非定期航空公司发生了5次事故，包括2次死亡事故，导致38人死亡。每100万飞行英里的事故发生率由1995年的0.0062上升到1996年的0.0118，将近翻了一倍。每10万次离港的死亡事故发生率由1995年的0.284上升到0.530。

1996年通勤航空公司仅仅发生了1次死亡事故。每1英里、1小时和1次离港的死亡事故发生率都连续第五年下降。当年发生了90次事故，其中包括29次死亡事故，在同一年空中的士出租飞机的事故造成63人死亡。每10万小时的事故发生率由1995年的3.02下降到2.80，而死亡事故发生率由1995年的0.97下降到0.90。

1997年定期航空公司一共发生了44次事故，比1996年的32次增加了12次。其中3次死亡事故和1996年次数相同，造成3人死亡。由于飞行英里、小时和离港数都有所增加，1996年和1997年的事故发生率大体保持一致。

自《通勤安全举措》从1997年3月20日生效后，10个以上座位的飞机必须根据14 CFR 121部进行定期客运，结果按照14 CFR 135部运行的通勤航空公司的飞行英里、小时和离港数都大大减少。总事故发生次数由1996年的11次上升到1997年的16次，同期死亡事故发生次数由1次增加到5次。这样一来，每100万英里的事故发生率由1996年的0.019上升到1997年的0.065。每10万个飞行小时的事故发生率由0.399上升为1.628，而同期每10万次离港的事故发生率由0.313上升为1.148。

1998年定期航空公司只发生了1次死亡事故，比1997年发生的全部事故减少了2次。这样一来，所有的事故发生率都下降了。包机航空公司总共发生了7次事故，比1997年增加了2次。但是，1998年和1999年没有发生死亡事故。1998年是出乎意外的好年头，通勤航空公司的事故总数下降了一半，由16次降到8次，而且没有发生死亡事故。20年来通勤航空公司第一次没有发生死亡事故。然而在第一章所提及的Colgan航空公司3407航班在2009年2月所发生的事故导致通勤航空公司运行发生了重大变革。每10万个飞行小时的事故发生率由2.65降到2.03，而每10万架飞机的死亡事故发生率由0.48降到0.45。

1999 年，定期通勤航空公司总共发生了 13 次事故，包括 5 次死亡事故，造成 12 人丧生。1999 年 6 月 1 日，美国航空公司 MD82 执行 1420 航班在小岩城机场降落时冲出了跑道，下跌到筑堤上并撞上进场灯，造成包含机长在内的 11 人死亡。

1999 年，非定期航空公司总共发生了 5 次事故，比 1998 年减少 2 次。每 100 万飞行英里的事故发生率由 0. 0178 下降到 0. 0121，而每 10 万次离港的事故发生率由 1. 575 下降到 1. 116。

1999 年，通勤航空公司的事故发生次数为 13 次，而 1998 年为 8 次。1998 年没有发生死亡事故，而 1999 年增加到 5 次。加上越来越多的通勤航班成为 121 部的运营者导致总体的运行数据有所下降，1998—1999 年事故发生率总体从 58% 上升到 71%。

2000 年及以后。新千年开始的第一年定期按 121 部运营的航空公司事故发生率有所上升，由 1999 年的 47 次上升到 51 次。2000 年发生了 3 次死亡事故，造成 92 人死亡，而 1999 年发生了 2 次死亡事故造成 12 人死亡。这相当于这两年间每 10 万次离港的死亡率上升了 50%。包机按 121 部运行在 2000 年仍没有死亡事故的发生。通勤按 135 部运行只发生了 1 次死亡事故（1999 年发生了 5 次），5 人丧生（1999 年 12 人丧生）。2000 年每 10 万次离港的死亡事故发生率为 0. 164，1999 年为 0. 744，相当于降低了 78%。

· 2000 年 1 月 31 日，阿拉斯加航空公司航班 261（麦道 MD83）从墨西哥瓦拉塔港飞往加利福尼亚州旧金山途中坠入加利福尼亚州慕古角附近的太平洋，88 人丧生。据报道，坠机前水平尾翼出现控制问题导致飞机失去平衡。

· 2000 年 7 月 25 日，法航 4590 航班协和号飞机从巴黎戴高乐机场起飞后坠毁，原因是前机大陆航空公司 DC－10 飞机脱落一钛金属条，协和号飞机轮胎被刺穿并打到油箱导致飞机起火坠毁。这种情况称为 FOD（外来物损伤）。这场事故造成 109 人死亡，也标志着协和号飞机超音速运行开始终结。出于安全考虑以及 9·11 恐怖袭击事件后客源的减少，3 年后该机型退出市场。

· 2000 年 8 月 23 日，海湾航空公司 072 航班 A320 飞机坠入巴林附近的波斯湾，由于空间定位错觉问题导致 143 人死亡。

- 2000 年 10 月 31 日，新加坡航空公司 006 航班 B747 飞机在台北机场起飞时坠机导致 83 人死亡。机长在暴风雨中失去情景意识，企图在关闭的平行跑道上起飞以致撞到一些大型建筑设备。

2001 年永久地改变了航空业的形势。9 月 11 日，恐怖袭击导致 4 架美国商业飞机（121 部定期航班）坠落，飞机上 265 人丧生（另有地面上几千人）。航空安保问题将在第十一章详细描述。9·11 事件中涉及的 4 架飞机如下：

- 美国航空公司 11 航班使用 B767 从波士顿始发，撞击了纽约世贸中心北塔。
- 美联航 175 航班使用 B767 从波士顿始发，撞击了纽约世贸中心南塔。
- 美国航空公司 77 航班使用 B757 从杜勒斯始发，撞击了五角大楼。
- 美联航 93 航班使用 B757 从纽瓦克机场始发，在宾夕法尼亚尚克斯维尔附近坠毁。

对于 121 部运行的航班来说，这个悲惨的日子和其他两个致命的坠机事故总共导致了 531 人死亡，是自 1977 年两架 747 飞机在西班牙加那利群岛的特纳利夫岛机场跑道上相撞导致 583 人丧生以来最严重的一次事故。如果忽略 4 个恐怖袭击的灾难，依照 121 部运行航班只发生了 2 次死亡事故（比 2000 年少一次），但是这仍导致了 266 人死亡，几乎是 2000 年的 4 倍。尽管在这两年间每 100 万英里的死亡事故发生率并不是非常高，但是 2001 年每 10 万次离港的死亡事故发生率实际上下降了 26%。121 部非定期航班还是没有发生任何死亡事故。135 部通勤航班发生了 2 次死亡事故（2000 年发生了 1 次），导致了 13 人死亡，比 2000 年增加了 8 人。因此每 10 万次离港的事故发生率为 0.402，比 2010 年增加了 2.5 倍。

- 2001 年 11 月 12 日，美国航空公司 587 航班，空中客车 300－600 飞机初始爬升后失去控制并坠毁于纽约皇后区的一个住宅区，死亡 265 人。这次事故是由于过度使用舵来应对尾流问题，从而导致垂直尾翼从飞机分离造成的。

以下是国际和美国飞机的主要事故摘要，至2010年结束：

- 2002年4月15日，中国国际航空公司129航班，B767从中国北京到釜山，在糟糕天气下盘旋进近过程中在一山坡上坠毁。这是可控飞行撞地（CFIT）事故，造成129人死亡。
- 2002年5月7日，中国北方航空公司6136航班，MD－82从北京到大连，由于有乘客为了从七份保单中获益而纵火，造成112人死亡。
- 2002年5月25日，中华航空公司611航班，B747从中国台湾到中国香港，在飞行中解体造成坠机，原因是以前结构修复不足，共有225人死亡。
- 2003年3月6日，Algiers航空公司6289航班，B737起飞发动机失效，偏离跑道后坠毁，导致102人死亡。同样，在2003年7月8日，苏丹航空公司139航班，另一架波音737失去了一个引擎后坠毁，117人死亡。
- 2004年1月3日，Flash航空公司604航班，B737从埃及飞法国时坠毁在红海，导致148人死亡。事故的原因是飞行员分神和空间定向出现问题。
- 2005年8月14日，赫利俄斯航空公司522航班，B737从塞浦路斯到希腊释压坠毁，导致121人死亡。这次事故的表面原因是飞机的座舱增压开关设置错误，导致机组和乘客因缺氧而失能。飞机因燃料用尽而在雅典附近坠毁。
- 2005年9月5日，印度尼西亚曼达拉航空公司091航班，B737在印度尼西亚起飞时坠毁，导致117人死亡。事故的原因是未能使用检查单，造成襟翼和缝翼未安置在起飞位置。
- 2006年5月3日，亚美尼亚航空公司航班967，A320在俄罗斯阿德勒/索契机场附近在恶劣的天气下夜间复飞坠毁，导致113人死亡。这次事故的原因是可控飞行撞地（水），同时天气条件低于标准。官方调查报告引述了机长心理情绪应激水平、糟糕的驾驶舱资源管理和空中交通管制问题。
- 2006年7月9日，S7航空公司778航班，A310飞机从莫斯科始发在西伯利亚坠毁，导致125人死亡。飞机在降落时未能减速，因为无意间将油门推向前面的位置，造成飞机冲出跑道并撞上混凝土路障。

- 2006年8月27日，科马航空公司191航班，CRJ－100飞机从肯塔基州列克星敦起飞时坠毁。飞机起飞使用错误的（短）跑道，失去了情境意识，机组人员的无关交谈违反了美国联邦航空局“驾驶舱规则”。
- 2006年9月29日，GTA航班1907，新B737－800在370飞行高度和巴航莱格赛650商务喷气机在巴西亚马逊丛林上空相撞，导致154人死亡。虽然巴西当局最初指控莱格赛飞机飞行员的疏忽，但NTSB报告认为空中交通管制也存在差错，因为这两架飞机竟然在同一高度同一航路上。
- 2007年7月17日，天马航空公司3054航班，A320执飞巴西国内航班，冲出跑道并坠毁在圣保罗戈尼亚斯机场，导致187人死亡。调查表明飞机反推没有启用，导致飞机在短跑道上没有停住。
- 2008年8月20日，斯潘航空公司JK5022航班，MD－82飞机从西班牙马德里起飞时坠毁，导致154人死亡。调查表明飞机在前一次中断之后，再次起飞时襟缝翼没有设置在正确的位置。
- 哈得孙河的奇迹——2009年1月15日，美国合众国航空公司1549航班从拉瓜迪亚机场起飞后成功迫降在纽约城附近的哈得孙河。飞机撞上一群加拿大鹅，在其初始爬升阶段两个引擎失去推力。所有155人安全疏散。国家运输安全委员会认为，优秀机组资源管理、安全设备和渡船经营者快速救援响应是成功的关键。
- 2009年2月12日，科尔根航空公司3407航班，庞巴迪Dash 8飞机在最后进近阶段失速坠毁在纽约布法罗。共有49人死亡。调查发现机组未能监测在结冰条件下的空速，和对于抖杆失速报警系统应对不正确，以及未能遵守美国联邦航空局驾驶舱规则。
- 2009年6月1日，法国航空447航班，A330飞机从里约热内卢到巴黎坠入大西洋，导致228人死亡。飞机皮托管系统接收不寻常的空速指示后，飞机在恶劣的天气中坠毁。
- 2010年5月22日，印度航空快运公司812航班，B737飞机冲出跑道并落入悬崖坠毁，导致158人死亡。很显然，飞机试图复飞。
- 2010年7月28日，Air Blue航空202航班，A321飞机在巴基斯坦伊斯兰堡附近山区坠毁，导致152人死亡。这是可控撞地（CFIT）事故，空中交通管制员在浓雾和季风雨期间失去了和航班的联系。

5.2.4 展望未来——2011年及之后

关注美国，2006年肯塔基州列克星敦空美191航班事故和科尔根3407航班在2009年的事故，在可预见的未来改变FAR121部商业航空安全的景观。2010年8月1日签署的《航空公司安全和飞行员培训改进法》，必然会提高飞行员培训的标准，大力支持安全宣传计划和新的飞行员疲劳规则，以改善航空乘客的安全。美国联邦航空局实施此法的时间非常紧，新的FAR规章将在未来3年内出台。

与此同时，国际民航组织已采取一种新方法，减少国际一级的航空事故数量。2010年3月下旬在蒙特利尔国际民航组织总部举行了高级别安全会议（HLSC），全球航空安全领导人考虑新的主动安全管理体系（SMS）的概念，并制定改进国际民航组织关键安全项目的建议。HLSC2010年的结果是：SMS积极主动的办法大大加强并通过国家安全方案（SSP）扩展到国际民航组织成员国，SSP是在一个国家内安全管理的综合体系。

此外，国际民航组织开发了一个全球航空安全计划（GASP），在2007年发布12项全球安全倡议，作为工作工具用于加强国际航空安全最需要的地方。因为国际民航组织某些地区第三世界国家事故率是现代航空国家的一倍，国际民航组织最近决定集中有限的资源，支持那些安全水平处于不可以接受范围的国家和地区。在其2010年10月结束的第37届大会上，国际民航组织通过两个具体的决议，国际民航组织全球安全规划（决议A37-4）和普遍安全监督审计方案（USOAP），以及连续监控方法（决议A37-5）。在后者的决议中，大会指示USOAP继续演进，实现持续监控办法（CMA），将纳入安全风险因素分析，以便用于评估每个成员国的监督功能。此CMA办法是SMS的关键要素之一，提倡持续改进。飞行安全基金会杂志《航空安全世界》2010年4月版题为“新方式”的一篇文章中提供了这些未来的发展资料，详见http：//flightsafety. org。

5.3 职业事故数据统计——劳工部和劳工数据统计局（BLS）（www. bls. gov/iif/）

近年来，由于技术进步、安全法规更加严格以及经济发展转向更安全的服务行业，职业伤害导致的死亡人数不断呈下降趋势。根据致命职业受伤统计数据项目的数据：美国在2009年初步的致命工作伤亡是4340人，2008年是5214人。总体而言，自2006年以来致命工作伤亡下降了26%。1994年到达顶峰为6632人。

劳工统计局也是美国非致命职业病（与职业相关）和伤害数据的一个权威来源。在第四章中已经提到，劳工统计局配合职业安全和健康管理局以及各州使用科学手段进行样本调查，从而收集非致命伤害和疾病的相关数据。所有的死亡人数必须直接上报给职业安全和健康管理局。这些调查不包括个体经营者、11个雇员以下的农民、个体家庭、联邦政府机构和各州和地方政府的雇员。这些结果将刊登在标准产业分类SIC手册上，该手册在1987年创立并出版。在标准产业分类手册上的信息按照产业类型发布。主要产业进一步划分为产业小组，每个产业小组都有各自的标准产业分类手册编号。

与航空业关联的一个小组是主要小组45，即空中运输。这个主要小组包括产业小组451（空中运输、定期和航空信使公司）、产业小组452（空中运输，非定期）和产业小组458（机场、小型飞机场和航站楼）。其他与航空相关的小组为主要小组37，即运输设备。这个主要小组包括产业小组372（飞机和零部件）。SIC代码包含4位电子编码系统，可以进一步识别产业细分类别。

北美产业分类系统（NAICS）（www. census. gov）。与加拿大和墨西哥合作，北美产业分类系统（NAICS）对于政府统计报告程序引发深刻的变化。NAICS使用六位数字编码系统，将所有经济活动归类到20个服务部门。例如，“短期航空运输”的类别细分为两个代码，如481111是定期旅客航空运输，481112是定期货运航空运输。NAICS已很快取代劳工部的标准行业分类（SIC）编码系统，从而在工伤事故统计方面提供了一个新的统计工具。

BLS工伤、疾病和设施程序提供工作相关的伤害、疾病和致命伤害信息的年度率，以及这些统计数字按事件、行业、地域、职业和其他特征会发生的改变。按照2009年报告，非致命性职业伤害和疾病人数下降到330万例，而2008年是370万例。自2003年使用NAICS数据第一次发布以来，总的可记录案例私营业雇主伤害和疾病的发生率每年已经呈明显下降趋势。

近年来，在航空运输界别组NAICS类别481中与工作有关的死亡、伤害和疾病的人数稳步下降。例如，此界别组中的死亡数字从2008年的38人减少到2009年的28人，减少超过26%。同样地，伤害和疾病率的可记录总件数也是下降的，包括不能工作的天数，或是涉及转移工作或限制的情况。然而，与一般行业伤害和疾病的趋势相比，空中运输行业每100名全职人员中出现8.5个可记录案件，是国家平均伤害率的近2倍。虽然一般行业伤害和疾病发展趋势近几年是最低的，航空交通部门仍然可以实行一些重大的改进。

类似很多收集的数据，NAICS/BLS统计数据确实具有一些限制。根据多数调查显示，这些数据存在抽样误差，也有其他来源的误差。其中包括不能获得案例中所有的信息、编码或记录数据的差错、定义的困难等。这些统计数据基于雇主备存的日志提供工伤和疾病的估计数据。雇主对于OSHA记录保存准则的理解可能不总是很清楚。最后，报告的伤害和疾病的数量可能会受到经济活动水平、工作条件和工作做法、人员经验和培训以及工作小时数等影响。

关键术语

安全因素

安全指标

（安全）暴露数据

事故发生率

机身全损

ICAO高级别安全会议（HLSC）

国家安全方案（SSP）

全球航空安全计划（GASP）

通用安全监管审计项目（USOAP）

北美产业分类系统（NAICS）

国家运输安全委员会的事故定义：重大、严重、伤害、损害

标准产业分类SIC手册

职业安全和健康管理局（OSHA）受伤和疾病

劳工数据统计局（BLS）

思考题

1. 为什么说事故发生率比事故发生次数是更好的衡量安全的指标？
2. 讨论在分析和比较商业航空事故统计数据时应该意识到的问题。

3. 什么是机身全损事故？主要原因是什么？描述 20 世纪 70 年代早期机身全损事故的发展趋势。

4. 飞行过程中最关键的阶段是什么？从波音公司的汇总中我们可以学到什么教训？

5. 描述 20 世纪 80 年代、90 年代和 21 世纪初航空事故发展的大趋势。

6. 描述未来 ICAO 在全球航空安全计划 GASP 下的安全理念和项目。

7. 解释职业安全和健康管理局疾病和伤害发生率如何计算。

8. SIC 和 NAICS 编码是什么？它们是如何使用的？

参考文献

1. Boeing, Commercial Airplane Co. 2010. Statistical Summary of Commercial Jet Aircraft Accidents: Worldwide Operations 1959 – 2009, Seattle, Wash., July 2010 http://www.boeing.com/.

2. National Transportation Safety Board. 1982 – 2009. Annual reports. Washington, D. C. NTSB. http://www.ntsb.gov/

网络参考

Flight Safety Foundation, http://flightsafety.org

International Civil Aviation Organization, http://www.icao.int/

North American Industry Classification System, http://www.census.gov/

OSHA statistics http://www.osha.gov/

U. S. Department of Labor, Bureau of Labor Statistics. www.bls.gov

第六章

事故因果关系模型

简介

Reason 教授的瑞士奶酪模型

SHELL 模型

5-M 模型

· 当代商业航空电子设备

· 人

· 机器

· 媒介

· 任务

· 管理

结束语

关键术语

思考题

参考文献

学习目标

学习完本章以后，你应该掌握以下知识：

- 列出事故建模的原因。
- 解释 Reason 博士瑞士奶酪模型的事故因果关系，并举例说明。
- 讨论 SHELL 模型及其运用。
- 给出当代飞机驾驶舱商业航空电子设备的概况。
- 解释在检验事故性质时存在的五个起因，即人、机器、媒介、任务和管理。

6.1 简介

多年来，航空安全概念持续演变，随着技术的变化一直在发展。事故调查历来主要集中关注简单的因果关系理论来确定发生了什么事，谁负责和什么时候发生，从而防止事故。这基本上是对于一个非常复杂的问题被动反应的方式。

由国际民航组织和其他安全组织领导的现代航空安全理论家推出新的思维方式，以防止航空事故。这些专家们关注如下问题：

- 这次事故为什么发生？
- 我们如何防止未来事故？

换句话说，自世纪之交，航空事故调查已经成熟，从原来分配责任到现在的对有关事故预防出现以下思考：

被动→ 主动 → 预防

图 6 –1　现代航空理论的趋势

来源：www. icao. int

不像以前对事故作出被动反应和惩罚有责任方的不安全行为，现代安全思维已经可以积极主动做出反应，如果按照目前的趋势继续下去（见图6－1），甚至可以预测接下来何时何地可能会发生事故。国际民航组织新的《安全管理手册（SMM）》（2009年第2版）对过去50年安全思想演变进行了极佳的讨论。它指出，从“二战”后直到20世纪70年代，安全专家们注重用“技术因素”来解决航空安全问题。飞机变得更现代，思维转移到人为因素使用机组资源管理概念来纠正航空安全问题。今天组织因素的概念，以及本组织的安全文化已作为一个重要的考虑因素，因而会使用最新的安全管理体系工具（见图6－2）。

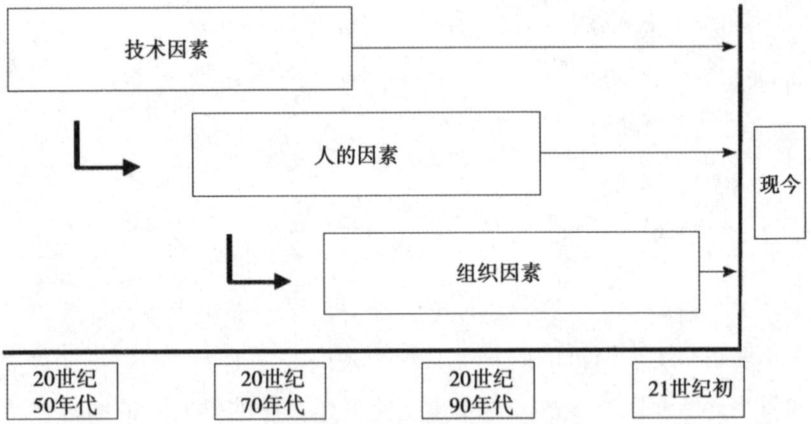

图6－2　安全思想的演变

来源：ICAO《安全管理手册》，2009年第2版 www.icao.int

事故调查的目的是揭露普遍存在而未被识别的事故起因。这有助于避免未来类似事故的再次发生。但是，由于商业航空事故相对比较罕见，因此需要针对短期安全情况的变化采取预防措施。非事故的数据分析和建模的目的是在第一次事故发生后通过找出事故的根本原因先行一步避免事故再次发生。尽管事件和事故可以提供事后证据证明安全性比较差，但是事故建模可以帮助我们理解事故是如何发生的，从而采取措施（制定政策决定或者改变航空运行环境）避免潜在危险的爆发。

事故调查的主要目标是建立事故的合理根据并建议控制措施。由于大多数航空事故涉及各种复杂的事件和原因，按照类型或者原因将这些事故分类或者归类会非常复杂而且棘手。而且，尽管有些时候一个方法可以消除或者降低各种不同的事故发生率，但类似的事故通常需要采取不同的预防策略。例如，近地警告设备可以解决各种问题，包括解决喷气客机的可控飞行撞地问题、降低事故发生率。

国家运输安全委员会 NTSB 按照各种方式对事故进行分类，包括原因和因素、事件序列和运行阶段。尽管飞机部件出现故障或者遇到恶劣的天气很容易进行分类，但是人为差错导致的问题很难追查。事故经常由多种原因导致，因此对因果关系进行分类非常困难。大多数情况下，每个原因都是独立存在的，如果其中一个不存在，事故也许就不会发生。这就是“事故链”的概念，通过防御和控制措施打断这个链中的某一环节就可以防止事故的发生。

前面我们也提到过，事故建模可以帮助我们理解事故的性质。事故模型能够：

- 帮助解释危险因素和事故之间的关系。
- 帮助理解和解释事实。
- 将不能直接观察的事物可视化。
- 必须近似于现实中存在的有用条件。

文献中有多种事故模型，其中三种模型在航空业中使用最频繁，将在后文中讨论。

6.2　Reason 教授的瑞士奶酪模型

James Reason 的事故因果关系模型在 1990 年公布，说明了组织中不同层次的人为因素如何导致事故。他的模型将事故的根本原因追溯到组织管理层面的人为差错。这种模型证明了个人和组织之间复杂的关系。Reason 认为显性人为差错发生之前，有特定的潜在条件存在，这是管理作为或不作为的结果。Reason 还认为人为差错是最终的显性结果，而不是事故的根本原因。Reason 模型的一些主要特征（图 6－3）包括：

- 这些系统受很多防御层的保护，这些防御层用于避免危险因素或者系统失效渗透到事故中。

- 但是每一层的保护层由于安全缺陷会产生“漏洞”或者裂缝，类似于奶酪的蜂窝。
- 随着防御层漏洞的数量和大小不断增长，事故发生的概率也会增加。
- 当每个防御层的漏洞排成一列时，事故就会发生。

这个模型建议强调：我们不仅要关注一线员工显性失效，更要关注先前存在的潜在条件，这些条件是高层决策制定者的错误决定形成的。这些潜在的失效为显性失效提供了条件。管理人员必须通过建立一种组织文化筑造防线，从而检测前兆事件并迅速纠正。

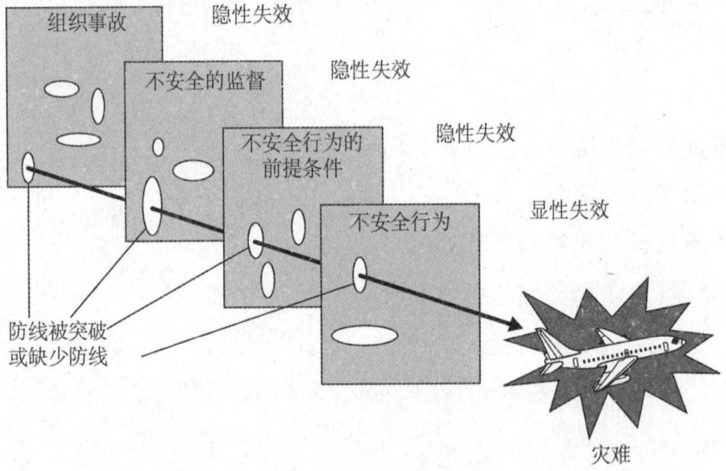

图6－3 Reason的瑞士奶酪模型和事故因果链改编自Reason，1990

使用瑞士奶酪模型的真实世界的问题案例如下：

组织影响：

- 快速扩张
- 缺乏法律法规
- 管理层对安全“口惠而实不至”

不安全监管：

- 忽视风险和危险源

· 糟糕的排班——疲劳
· 培训不足

不安全行为的前提条件：

· 工作量大
· 执行任务的时间压力过度
· 对系统的忽视

不安全行为：

· 使飞机警告系统失效
· 忽略关键的检查单项目
· 过分依赖自动化

国际民航组织SMM中提供了另一种方式描述组织和人为因素之间的复杂关系。符合Reason模型，各种“屏”或防御系统可以设置以堵塞瑞士奶酪上的孔，从而防止事故的发生。这些防御是内置于系统管理的控件，以防止难以避免的人为差错。图6-4显示了组织因素，可能要么是薄弱点（在奶酪上的孔），要么是长处（预防层）可以作为防御或安全网，防止事故发生。

图6-5中提供了另一个有用的模型说明本组织和潜在条件、主动失效之间二分法的重要性。顶部代表了组织流程，在管理层控制之下，如决策、通信、资源等。这些必须不断地进行监控和加强，以防止组织事故的发生。如果在规章、培训和技术（图6-4）领域存在不足，现有的潜在条件能够突破航空系统防御屏。应制定缓解战略，加强人为差错的防御。改变潜在条件和防御而得到支持，该组织应该转移重点，改善工作场所条件，从而控制人为差错，因为这些差错总是发生在复杂的航空状态。这种组织事故观点见图6-5。

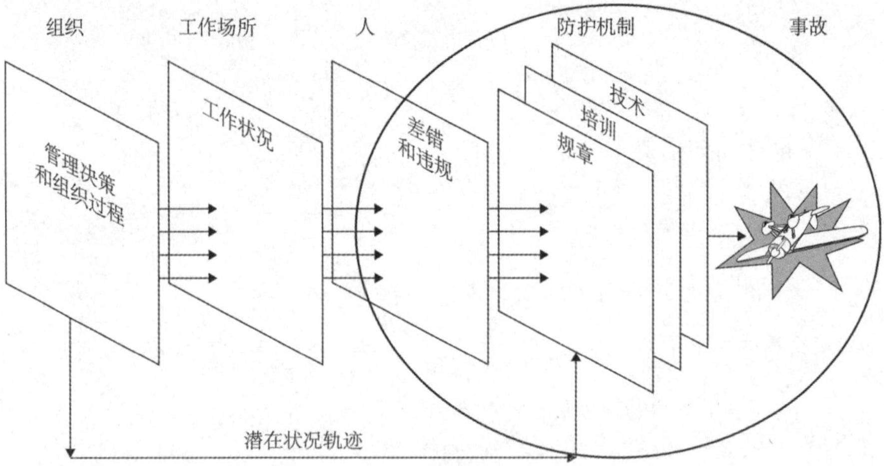

图6-4　事故致因的概念

来源：ICAO《安全管理手册》，2009 年第 2 版 www. icao. int

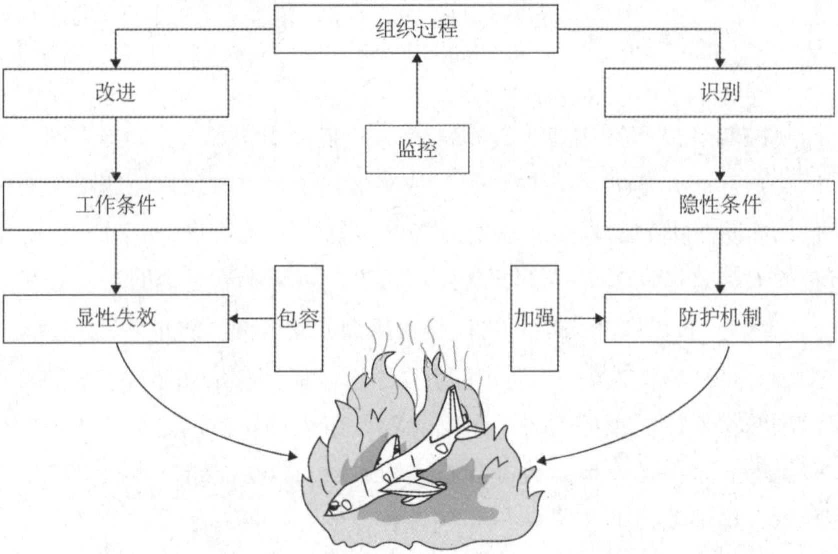

图6-5　组织事故

来源：ICAO《安全管理手册》，2009 年第 2 版 www. icao. int

6.3　SHELL 模型

在航空安全中另一种广泛使用的概念工具是 SHELL 模型。国际民航组织指出这个模型（见图6-6）的组件如下所示：

· S =软件（如程序、检查单、培训等）
· H =硬件（机器和设备）
· E =环境（运行条件）
· L =人件（和S、H、E之间的人类接口）
· L =人件（再次，即人与人之间的接口）

图6-6 SHELL模型
来源：ICAO《安全管理手册》，2009年第2版 www. icao. int

为了准确理解这个模型，重要的是注意L（人件）永远处于这个模型的核心，因为人无完人，和其他组件互动可能出现不协调的情况，我们需要考虑影响人表现的4个重要方面（所谓的4P）：

· 身体因素（力量、身高）
· 生理因素（健康、压力等）
· 心理因素（激励、判断等）
· 社会心理因素（个人事宜或紧张等）

SHELL模型界面之间不断互动，应该紧密和人件匹配，人件处于系统的中心：

- 人件—软件（L-S）。L-S界面是指人与其工作场所中的支持系统，并不只是计算机程序，还包括用户友好型的规章、手册、检查单等。
- 人件—硬件（L-H）。人与机器之间的关系。虽然人的本能倾向于适应L-H的不协调状况，而这种如果设计不好容易产生危险源。
- 人件—人件（L-L）。L-L界面是指工作场所中人与人之间的关系。沟通、人际技巧在这里很重要。机组资源管理（CRM）培训在这方面取得了很大进展。
- 人件—环境（L-E）。此界面涉及人与内外部环境之间的关系。疲劳、睡眠方式都是这里需要考虑的案例。

（来源：ICAO《安全管理手册》，2009年第2版，第2章）

6.4 5-M模型

人、机器、媒介、任务和管理因素组成了一个模型，对检验事故性质很有价值（见表6-7）。换言之，如果想寻找起因或者进行预防或补救行动，交织的圆形图解将是调查和分析的有用图表，这个图表可以确保所有的因素都考虑在内。

尽管管理起到了最主要的作用，但五个因素是紧密交织不可分开的。任务位于5环中间，这是为了强调在专业的系统安全工作中要有效地完成任务。

6.4.1 当代商业航空电子设备

从1970年至1990年，宽体客机第三代开始出现。第一代在1970年左右引入，它是一种宽体远程飞机。例如，波音747、洛克希德1011和道格拉斯DC-10。这些宽体飞机安装了3—4个高旁通比的发动机，惯性导航系统INS和自动降落系统ALS。这些飞机的驾驶舱安装了许多电动机械仪器。这些飞机由两个飞行员和一个飞行工程师组成的飞行机组驾驶。

第二代在1980年左右引入，它是一种中远程宽体飞机，安装了一种新的航空电子设备系统。例如，空中巴士A310和波音公司B757、767。这些新的

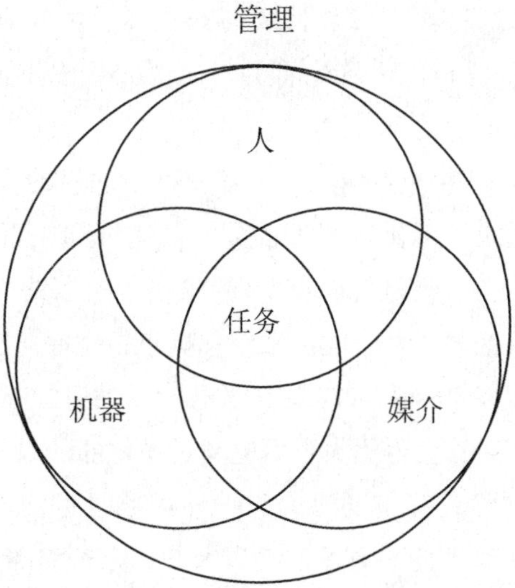

图6－7 5－M模型

宽体飞机安装了电子飞行信息系统（EFIS）、飞行管理系统（FMS）和飞行警告计算机系统（比如，波音的EICAS和空客的ECAM）。具体来说，电子飞行信息系统、飞行管理系统和飞行警报计算机系统具备以下作用：

- 电子飞行信息系统主飞行显示（PFD）在一个阴极射线管上展示了姿态、飞行指引、仪表降落系统（ILS）偏差、飞行模式显示以及速度和海拔信息，因此降低了扫描周期。
- 电子飞行信息系统多功能显示MFD或导航显示ND提供综合地图、水平飞行路线、气象雷达、航向和风量信息，大大地减少了导航任务（和飞行管理系统结合），改善了飞行员的定位意识。
- 飞行管理系统提供航行和燃油管理的综合信息，以及许多性能和导航信息，大大地增加了飞行员的飞行管理和导航能力。
- EICAS和ECAM向机组提供了发动机和其他系统仪器和警告信息，需要采取纠正行动。

“玻璃”驾驶舱为电子飞行信息系统和飞行警告计算机系统安装了六个彩色阴极射线管图形显示器，为飞行管理系统安装了两个字母数字单色控制显示设备CDU；除了阴极射线管以外，很多电动机械仪器仍然被使用，在所有阴极射线管都出现故障时可以保证持续的安全飞行。电子飞行信息系统、飞行管理系统、EICAS 和 ECAM 系统的引入使驾驶舱中不再需要飞行工程师，这种飞机也大大地降低了运营费用。

第三代飞机在 1990 年左右引入，它是一种中远程的飞机，安装了一种创新的数字飞行控制系统，不再使用飞行员的控制杆和飞行控制面的液压执行装置之间的机械连接。这种电传操控 FBW 的技术考虑到了新的飞行控制观念和外包线保护系统。这些新型的电传操控飞机包括空客 A320/330/340 和波音 B777。新一代的飞机发动机由全权限数字电子发动机控制系统 FADEC 操控。在驾驶舱中，阴极射线管变得更大，而电动机械仪器的数量则大幅减少。

现代执行定期航班的航空发展成为一种可靠且经济的全天候运输系统。随着航空动力学和发动机技术不断改善以及 20 世纪 70 年代以来轻型复合材料使用不断增加，每旅客—英里的燃油消耗量降低了 30% 多。无线电导航和进近系统、惯性导航系统、气象雷达和航空交通管制以及不断改善的培训和规范化程序保证了安全飞行，甚至在可见性较低的情况下也能安全飞行。但是，在仪表气象条件下，由于外部可视姿势、导航、天气和地形信息无法获知，所以飞行员的情况意识相对较差。

既然现在的事故发生率令人难以接受，考虑到在相同的有限空域飞行和地面建筑活动不断增加，那么我们期望未来怎样呢?

我们看到迄今为止取得的成就备受鼓舞。新一代的飞机，如 B757、B767、A310 和 A320，事故发生率要比早期设计的飞机显著改善。目前的新机型如 B777、B787、A350 和 A380，由于使用日益复杂的设计和应用技术，将会越来越安全，这样的想法是合情合理的。

总之，飞行机组人员和管制员将会在未来 10 年利用新技术：

- 更好的天气监测系统为航空公司签派员和飞行员提供气象信息，保证途中和接近机场时的飞行更有效、更安全。
- 目前全球定位系统 GPS 正在应用，它将成为航行和监控信息的主要来源，代替了地面视线限制甚高频全向信标航行设备和雷达设备。全球定位系统也会成为指引美国机场在下一代航空 NextGen 理念下准确降落和起飞的主要方式。
- 改善的空中交通控制工具已经安装在联邦航空局的设备上，为管制员提供更可靠、更有效的方式，使他们能在自己的控制下观察以及与飞机沟通。改进后的防撞技术将通过广播式自动相关监视 ADS – B 系统提供。

- 数据链传输能够快速、准确地以数字形式将间隔、天气、交通信息传递到驾驶舱。数据链传输的一个最大优点是可以消除飞行员和管制员之间的“回读”差错。
- 驾驶舱继续得到改善，增加的冗余和综合的航空电子设备为飞行员提供了更多的选择，更佳的情景意识。
- 从一开始设计飞机，人为因素就是主要的考虑因素，从而确保飞机可以在人类限制范围内进行操作和维护。

中国的航空系统在过去几十年间不断发展，对经济和生活方式产生了重大影响。这个系统非常复杂，建立在国际标准的机场上，从驾驶舱到维修飞机库再到空中交通管制设施，各个领域的质量控制非常严格。

6.4.2 人

尽管很多人认为飞行员是系统中唯一一个“人”，其他人包括所有直接参与到飞机运行的人员，如飞行人员、地面工作人员、航空交通管制人员、气象学家等。从广义上来讲，这个概念应该包括所有参与到航空活动的人，如参与到设计、建设、维修、运行和管理的人员。后者是后面讨论所指的含义，因为事故预防必须针对所有的危险因素，不管它们是因什么而引起的。

随着过去几年这种情况的改进，因机器导致的事故数量不断减少，而人为因素导致的事故数量成比例的增加。因为人类和机器关系的巨大转变，现在人们一致认为事故预防活动应该主要针对人，特别是使用 SMS 理念的组织。

人们会因为各种原因拒绝承认他们的缺陷，如害怕在朋友面前丢脸、自我牵累、害怕被炒鱿鱼、害怕受责备和承担责任。所以，事故或者事件的人为因素方面的信息不是唾手可得的，这种现象并不稀奇。但是这却是不幸的，因为这些因素是解释个人作为或者不作为“原因”的关键。

在过去，飞行员的差错常被用作解释事故的原因，其他人为相关的原因则被排除在外。结果，调查中发现的其他危险因素经常得不到重视。进一步说，这个术语只描述发生了什么事情而不是发生的原因，因此对采取预防措施的利用价值比较有限。幸运的是，这个术语现在很少被调查当局使用。

飞行员通常被作为是避免事故的最后一道防线。实际上，在过去几年中，当飞机或者系统出现故障或者周围环境带来威胁时，飞行员的技能和表现避免了很多事故的发生。这种类似的事件不像事故本身那样容易受到关注和宣传，有时还会导致对飞行员技能和表现的误解。

6.4.3 机器

尽管机器（航空科技）取得了重大的进步，仍然会发现飞机的设计、生产或者维修中存在危险因素的情况。事实上，很多事故可以追溯到飞机概念性、设计和开发阶段的失误。因此，现代飞机设计尝试将任何一种危险因素的影响最小化。例如，好的设计不仅要避免系统故障，而且要确保如果发生故障，一个故障也不会导致事故的发生。所谓自动防故障设置的特点以及重要部件或者系统的冗余，通常可以实现这个目标。设计师必须努力降低人员使用或者操作设备时出现失误或者犯错的可能性，这不可避免地体现出墨菲法则“只要会出错的，终将出错”的论断。为了实现这个目标，在开发新机型过程中经常采用某种系统安全计划。现代设计必须将人类的固有弱点考虑在内。因此，它应包括一些系统将人类的工作化繁为简，避免犯错或者出现失误。近地警告系统（GPWS）就是这样的系统，它大大减少了事故发生的数量，在这些事故中适航飞机在飞行员的操作下与地面碰撞或者坠入水中。

飞机及其设备的安全水平首先是由设计和建造参考的适航性标准决定的。维修需要确保飞机在使用期间达到可接受的安全水平。生产、维修和修理差错是对设计安全性能的否定，使不会立即出现的危险因素显现出来。

随着特定机型的服务经验不断增加，需要对维修项目进行监管，在必须保持安全要求水平的情况下，扩充和更新项目的内容。某种形式的报告系统必须确保及时地评估和纠正零部件或者系统故障和缺陷。

零部件的可靠性是在规定条件下和要求时限内执行特定性能的可能性的一种表现。可靠性的表现方法有很多种。电子元件一种最常用的方法是平均故障间隔时间（MTBF），而飞机发动机装置的可靠性通常是通过每 10 万个运行小时出现停摆次数来表现的。

通常来说，故障出现在零部件使用寿命的三个不同阶段。最初的故障是设计或者生产不合理导致的，通常出现在使用寿命的早期。在主要或者有用的使用寿命期间，修改零部件或者其用途通常会将故障降低到最小值。零部件使用寿命将至时由于磨损会使故障次数增加。这种故障模式的图示法表现出了特有的“浴缸形”曲线（见图6－8）。

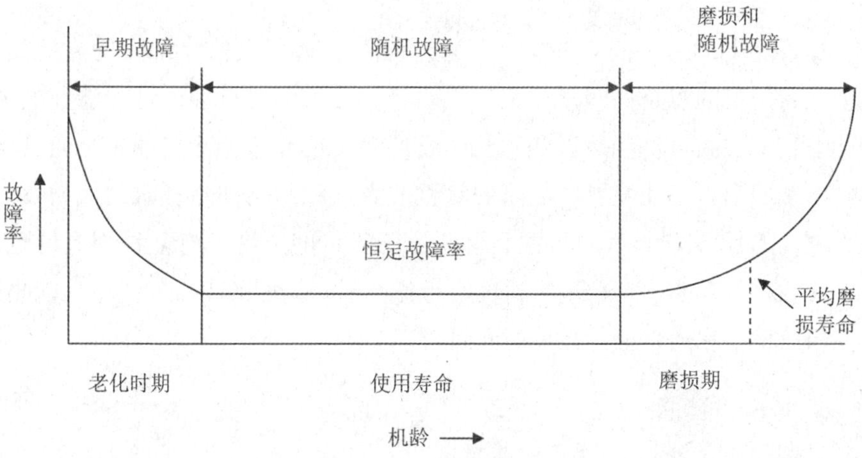

图6－8 飞机系统故障模式

6.4.4 媒介

飞机运行、设备使用和人员工作的媒介（环境）直接影响着安全。从预防事故的角度来看，可以认为环境由两部分组成——自然环境和人造环境。

天气、地形和其他自然现象都属于自然环境。它们的表现形式，如温度、刮风、下雨、冰冻、闪电、山地和火山喷发，都不受人类的控制。这些表现形式可能构成危险，由于无法消除，必须尽量避免这些因素或允许一定额度。

人造的环境可以进一步划分为物理环境和非物理环境。人造物理环境包括人造的物体，它们构成了航空环境的一部分。空中运输管制、机场、导航设施、降落设施和机场照明都是人造物理环境的例子。人造非物理环境有时也被称为系统软件，包括那些程序组件，它们决定系统应该如何运营。环境的这一构成部分包括国家和联邦的立法，相关的法令和法规，标准的运营程序、培训大纲等。

由于负责人不想被牵扯进来，不想做出任何变动，想不到去做些什么或者缺乏动力未采取必要的行动，因此环境中会一直存在很多危险因素。航跑道附近的障碍、机场设备失灵或者缺失、航图出现差错或者漏洞、程序有瑕疵等都是人造环境危险因素，它们对航空安全有直接的影响。

6.4.5 任务

尽管提出了人—机器—媒介理论，很多安全专家始终认为任务的类型，或者运行的目的也是同等重要的。很明显，各种不同类型的运行涉及的风险变化非常大。新英格兰地区冬季几个月通勤飞机在很多小机场中运营，与从广阔的水面上方飞往发展中国家的货机或者从纽约飞往洛杉矶的大型飞机相比，它们的任务完全不同。每个运行（任务）的类型都有某种固有的危险，我们必须接受现实。这个事实通过运行各种不同类型的事故发生率反映出来，也是事故发生率通常分开计算的原因。

6.4.6 管理

安全责任以及所有组织的事故预防最终都取决于管理人员，因为只有管理人员可以控制资源配置。例如，航空公司的管理人员选择需要购买的飞机类型、驾驶和维护飞机的工作人员、飞机的飞行路线以及培训和使用的操作程序。联邦官员颁布适航性标准和人员许可标准，并提供空中交通管制和其他服务。生产商负责设计和生产飞机、零部件、发动机装置以及管理它们的适航性。

“安全人人有责”这句口号的意思是所有人员都应该意识到他们的差错造成的后果并努力避免错误。不幸的是，并不是所有人都能意识到这一点，即使大多数人员想要安全地干好一份工作。因此，管理人员负责培养这种基本的动力，这样每个员工都具备安全意识。为了达到这个目的，管理人员必须提供良好的工作环境、充分的培训和监督以及恰当的设施和设备。

管理人员的参与和配置的资源对组织的事故预防计划有着深远的影响。有时候由于资金不足，管理人员不愿意投资改善安全。但是，通常的情况是事故预防活动不仅成本效益好，而且还可以改善人员的表现，减少浪费，提高组织的总体效率。

管理人员负责安全的责任超越了财务上的规定。对于事故预防项目的鼓励和积极的支持必须清楚地展现给所有的工作人员，如果这些项目确实有效。例如，除了确定谁负责事故或者事件，管理人员的调查应该深入地研究导致人为差错潜在的因素。这种调查可以很好地显示管理人员决策和程序上的缺陷。

如果长期没有发生事故或者严重事故征候，应避免滋生在安全方面的自满或者错觉。保持良好安全记录的组织不一定就是一个安全的组织。表面上的安全运营有时是运气好的结果，而不是管理方法好。

整体上来说，管理人员的态度和行为对工作人员有着深远的影响。例如，如果管理人员乐意接受较低标准的维修，那么较低标准很容易就成为准则。或者，如果公司处于严重的财务困境，工作人员可能会被诱使或者迫使降低他们的安全边际，这样做也许是通过“抄近路”表达对公司的忠诚或者为了一己之私保留他们的工作。这样做的后果通常会导致危险因素的引入。一个组织的士气也会影响安全，人气低可能是很多原因造成的，通常会导致员工在工作时没有自豪感，侵蚀自律并产生其他危险因素条件。

6.5　结束语

尽管人、机器、媒介、任务和管理都是危险因素的一个广义的分类，但是一个流行的理论认为大多数事故或者事件可以追溯到人为失效，当然不一定是直接涉及该事件中的人或物。例如，机器由人类设计、生产和操作，因此，机器的故障实际上也就是人类的故障。同样，人类不能避免或者消除已知的环境危险因素，或者他们还会创造额外的危险因素。因此，这些都可以认为是人类而不是环境导致的。所以，这种理解也就解释了为什么各个不同的报告渠道将事故归因为人为失效的比例差异非常大。一般情况下，为50%—90%。

本章所讨论的三个模型清楚表明许多航空危险是由于技术、人和组织因素之间的界面发生问题所导致的。因为人的因素永远涉及其中，至关重要的是我们必须理解这个关键领域的原则。第七章我们会讨论航空安全中人为因素这个主题。

关键术语

建模　　Reason 的瑞士奶酪模型

潜在和显性失效
SHELL 模型
5M 模型
ICAO《安全管理手册》(SMM)
人—机器—媒介—任务—管理因素
惯性导航系统(INSs)
自动降落系统(ALS)
电子飞行仪表系统(EFIS)
飞行主显示屏(PFD)
多功能显示器(MFD)
飞行管理系统(FMS)
发动机指示警告系统(EICAS)
电子一体化飞机监控器(ECAM)
电传操纵(FBW)
仪表气象条件(IMC)
全权限数字电子发动机控制(FADEC)
全球定位系统(GPS)
下一代空管(NextGen)
广播式自动相关监视系统(ADS-B)
近地警告系统(GPWS)
平均故障间隔时间(MTBF)

思考题

1. 为什么要为事故建模?
2. 解释 Reason 的瑞士奶酪模型，包括显性和潜在失效的概念。
3. 讨论 SHELL 模型，为什么“人件”永远是核心?
4. 为什么说管理在检验五个因素的模型中起到了主要的作用?
5. 为什么在过去几年因“机器”导致事故发生的数量减少了，而人导致事故发生的数量增加了?
6. 媒介或者环境包括两个部分——自然环境和人造环境，比较并对比两者。
7. 举例说明管理人员如何影响安全项目。有效的安全项目是如何影响效率和成本效益的?
8. 概述如今飞机玻璃驾驶舱的当代航空电子设备。
9. 电子飞行信息系统 EFIS 的作用是什么?
10. 解释组织事故的概念。

参考文献

1. International Civil Aviation Organization. 2009. Safety Management Manual, 2nd ed. (Doc 9859AN/474), www. icao. int .

2. Reason, J. 1990. Human error, 1st ed. Cambridge University Press, UK.

3. Reason, J. 1997. Managing the Risks of Organizational Accidents. Aldershot, U. K.: Ashgate.

4. Salas, E. and Maurino, D. 2010. Human Factorsin Aviation, 2nd ed. Burlington, MA; Elsevier Academic Press.

5. Stolzer, A. J. , Halford, C. D. and Goglia, J. J. 2008. Safety Management Systems in Aviation, Aldershot, U. K. ; Ashgate.

6. Taylor, Laurie. 1997. Air Travel: How Safe Is It? 2nd ed. London: Blackwell Science, Ltd.

第七章

航空安全中的人为因素

概述

人为因素

- 人的表现

人为因素分析与分类系统(HFACS)

人为差错管理

- 机组资源管理(CRM)
- 航线运行安全审计(LOSA)
- 威胁与差错管理(TEM)

威胁与差错管理的控制策略

- 空客与波音的设计策略
- 驾驶舱标准化
- 驾驶舱自动化与精确导航
- 通信
- 航空专业化
- 严肃的驾驶舱规则(FAR 121.542)

结束语

关键术语

思考题

参考文献

学习目标

学习完本章以后，你应该掌握以下知识：

- 讨论人的差错在重大航空事故中的重要性。
- 列举和解释影响人为表现的因素，并分别举例。
- 定义人为差错，并阐述划分人为差错的方法 HFACS。
- 解释人为差错管理的意义。
- 讨论机组资源管理、航线运行安全审计以及威胁与差错管理在现代商业航空中的概念与意义。
- 解释常见的威胁与差错管理控制策略在人为差错管理中的应用，如驾驶舱标准化、驾驶舱自动化、警告与报警系统、飞行管理系统、空地通信等。
- 列举 NTSB 在航空会议给出的航空专业化方面的重要结论。

7.1 概述

支撑美国航空系统的运行人员对系统的安全性起着决定性作用；每天，机组人员、空中交通管制员以及机械师的智慧和技能均可以帮助阻止不计次数灾难的发生。尽管拥有良好的安全记录，然而很多研究仍将至少三分之二的商业航空事故归因于人为差错。Wiegmann 指出（Wiegmann&Shappel，2003，2009）：首席人为因素专家以及现代研究人员相信 70%—80% 的空难与事故链中某环节的人为因素相关。因此，目前航空安全关注的重点在于努力理解人的决策过程、人在运行条件下是如何反应的以及人与航空新技术和系统改进之间的相互作用。管理方式影响着人的态度，态度又影响他们在关键任务中的表现，而他们的表现影响着运行效率和经济效益。在危急的情况下，为促使工作人员做出高水平准确无误的判断并给予适当的反应，了解人是如何被管理的非常重要；同时，这也能够为他们提供一个令人满意的工作环境。

在关键飞行阶段（即滑行、起飞、进近和着陆），回顾事故的舱音记录，可以清楚地看到飞行员的分心必须要最小化，同时他们也必须时刻遵守枯燥的驾驶舱规则。

尽管人们通常强调飞行员的责任，但是他们并不是唯一的威胁。尽管如此，他们却是事故链的最后一环，并且拥有最后的机会来负责识别和纠正可能导致事故和事件的差错。

从根本上讲，这是一个糟糕的人的决策问题。导致人们做出这种糟糕决策的原因主要有三个：拥有的信息不全面；采用的信息不精确或不相关；处理信息的能力差。心理学家们用米勒法则（Miller's Law）给出了人的信息处理能力是有限的这一传统解释。米勒法则指出，人可以保存在工作记忆中事物的平均数目是7（2个上下浮动）。由于在人脑中信息处理的渠道不同，当飞行员同时运用视觉和听觉的时候，这个神奇的数字7会增加。现代研究已经指出大多数的事故是发生在工作强度高、任务饱和时期，因为这个时期飞行员处理信息的渠道总是有一个或多个处于超负荷状态。

为了降低在关键任务饱和时期的工作负荷，新飞行员都要学习一种任务解脱策略以在驾驶舱中集中精力完成最重要的任务，即驾驶飞机。简单表示：

当有所怀疑时，处置优先级为：

驾驶飞机

导航

通信

图7-1 飞行员紧急情况应对策略

这种策略是说在紧急情况下，驾驶飞机是首要的任务；如果情况允许，那么要对飞机进行导航；如果其他两个任务能够完成，最后要与空管进行通信（如图7-1所示）。

事故调查通常会揭露事故发生的详情。根据机械失效，事故数据分析通常可以推断出事故发生的合理原因。然而，确定人为差错的准确原因就相对困难得多。如果不能正确理解人的行为在系统运行中的作用，事先采取预防或纠正措施就不可能实现。

因为人要经常地与复杂的机械系统进行交互，而且由人为差错所引起的事故通常是灾难性的，所以理解人为因素对系统尤为重要。然而，在商业航空中人为因素并没有同技术问题一样受到同等的对待。航空器设计、监管、制造以及运行的技术决策都基于“硬”科学，如空气动力学、航空宇航推进、结构力学等。由于人的能力本身不容易被连续、准确的测量，人为因素研究往往需要比大多数其他航空领域的研究花费更多的时间与协作。人的行为与可靠性方面的数据被许多技术专家视为“软”数据，在某些航空系统设计、测试和认证中都基本上得不到重视。因此，本章将探讨人为因素起到特别重要作用的航空领域。

7.2　人为因素

人为因素是一门学科交叉的科学，它试图将人、机器、方法和程序之间的相互作用最优化，并在特定的系统环境中互相结合以实现一系列系统的目标。人为因素涵盖了多个领域的研究，包括但不限于工程学、心理学、生理学、人体测量学、生物机械学、生物学以及医学的某些领域。人为因素这门学科集中研究人在系统中的能力与局限，目的是使用这些知识来设计系统，而这些系统旨在降低人的需要与人的能力之间的不协调。如果这些不协调能够最大限度地降低，那么差错（可能会导致事故）将被最小化，而同时人的表现将被最大化。人的表现表明人在多大程度上完成了一项指定的、目的明确的任务或是任务的一部分（任务元素）。因此人的表现是人行为的衡量方式，它是速度和准确性的函数。本章将着眼于人的表现当中准确性的部分。如果一项任务不能按照要求被“准确地”完成，那么差错就会出现。在下一节，我们将展开讨论人为差错。

事故的发生很少是由于故意忽视程序引起的。它们通常是由于人的能力不够或者在危急的情况下不知所措而引起的。人要面对很多不同的情况和情形，而并不是所有的这些状况都能够被预见到。因此，我们应该慎重地考虑所有的会影响参与人员的因素。换句话说，我们不仅要考虑人为差错（未能按要求完成任务），还要考虑到差错出现的原因。

人的表现

影响人的表现的因素可以分为身体因素、生理因素、心理因素、社会心理因素、硬件因素、任务因素、环境因素7大类。下面将简单介绍这些因素。

1. 身体因素包括身体高矮胖瘦（人体的量度）、年龄、力量、有氧能量、运动技巧和身体感官，如视觉、听觉、嗅觉和前庭觉。

2. 生理因素包括总体健康情况、心理和身体情况，如低血糖、心律不齐、失能、错觉、受伤历史、残疾或者疾病等。人的生活方式也包括在这个范畴当中，如毒品、酒精或者其他药物的使用；营养；锻炼；运动；休闲活动；兴趣爱好；身体压力和疲劳。

3. 心理因素包括精神和情绪的状态，处理信息的心智能力和性格类型（内向和外向）。人的性格特征包括以下几个方面：

个性特点列表：

- 动机是一个人要完成手头任务的欲望。动机影响一个人的能力，它能使人集中所有必要的才能来完成任务。
- 记忆力可以让我们从经验中受益。它是一种能够让我们制订计划并按照计划实施的心智能力。我们可以通过联想、形象化、排练、激发、助记术、启发法和链接等过程提高记忆力。考虑到时间和临界性，记忆力管理是通过结构化的程序整理记忆技巧来实现的。提高记忆力的准确性和完整性是一个按部就班的过程。
- 自满会降低危险意识。现代飞机的高度自动化、高可靠性以及日常运行过程中的规则都是可能导致自满的因素。
- 注意力（或注意力不足）决定了当前你所感知的世界。有意识地控制注意力需要平衡环境对注意力的吸引。注意力的危险状态可以用内省事故预防方法描述为注意力分散、全神贯注、专心致志和注意力管理不善，即不能完成那些需要灵活地关注和专心地跟踪以及操纵的任务。不能集中注意力会导致缺乏（情境的）意识，而缺乏意识被认为是很多事故和事件的一个致因。
- 态度强烈影响着注意力和记忆力的功能，而态度的构建来源于思维方式。针对机组成员态度的内省法就是要努力确定那些危险思维方式间的理想范围，如大男子主义的 & 懦弱无能的，冲动的 & 优柔寡断的，无懈可击的 & 偏执的，认命的 & 强制的，以及反权威的 & 被洗脑的。
- 认知可能是错误的。我们所理解的并不总是我们所见的或者所闻的。

初始认知和单纯基于有意的行为之上的认知都特别容易受差错的影响。内省法让自我检验变得更加有效和可靠。

- 自律是有组织的活动一个非常重要的元素。缺少自律也就助长了粗心大意和表现不佳。
- 承担风险被一些人认为是人的行为的一个根本特性。因为风险存在于大多数的日常活动中，所以它不同程度地存在于我们每个人身上。只要飞机在飞行，那么就会存在风险，相应地对差错的处罚力度也非常大。承担风险需要小心地权衡可知的利益。
- 判断和决策是人类特有的能力。这些能力使我们凭借所受的教育和过去的经验评估来自不同渠道的数据，并做出结论。正确的判断对飞机的安全运行非常重要。在一个人对外界刺激有所响应之前，他或她必须做出判断。通常情况下，正确的判断和合理的决策是培训、经验和正确认知的结果。但是，判断也许会受心理压力（或者负担）或者其他人类特性，如性格、情感、自负和性情的严重影响。
    - 航空决策。FAA 将航空决策描述为一个用于心理过程的系统化方法，这个方法被飞行员所采纳，在给定的一系列环境条件下一致决定最佳行动方案（FAA 咨询通告 60－22）。FAA 的飞行员航空知识手册推荐了“DECIDE”模型，目的是为飞行员提供一种合理的决策方法。“DECIDE”模型的具体含义是发现（Detect）、评估（Estimate）、选择（Choose）行动方案、确定（Identify）解决方案、采取（Do）必要行动，以及评价（Evaluation）行动效果（见图 7－2）。

航空决策的“DECIDE”模型

1. **发现**。决策者要发现“变化已经发生了的事实”
2. **评估**。决策者要判断“应对变化的需求”
3. **选择**。决策者要为飞行选择一个令人满意的结果
4. **确定**。决策者要确定能成功应对变化的行动方案
5. **采取**。决策者要采取必要的行动
6. **评价**。决策者评价他/她所采取的应对变化的行动方案效果

图 7－2　DECIDE 已经在全球范围内被认为是一种有效的持续的决策过程循环

4. 社会心理因素包括因家人死亡或者个人财务状况而产生的心理和情感

的状态、情绪波动，以及由于家人、朋友、同事和工作环境产生的压力。导致压力的一些因素还包括休息不足、驾驶舱中太多的认知活动、噪声、振动和眩光、担心天气和交通情况、愤怒、沮丧以及其他情感。压力导致疲劳并降低行为和决策能力，而多重压力的总体效果是累积形成的。与同事的沟通过程中受两个重要变数的影响，即同伴压力和自负。

- 同伴压力可以在竞争环境中发展到相当危险的程度，如航空业中个人的自我形象建立在同伴高水平表现的基础之上。这样的压力施加在有能力和自律者身上是有益的，但是施加到技能较差、知识匮乏和判断力低下的人身上则比较危险。例如，一个年轻无经验的飞行员觉得有必要证明自己，他会尝试接受超过自己能力范围的任务。人有很多冲突的“需求”，亟须用那些证明自己不仅仅是青年人或经验不足的人。一些人由于培训和背景的原因而担心别人认为他们缺乏勇气或者能力。对于这些人来说，安全的行动方案可能就包含在那些让他们感到“丢脸”的行为当中。
- 自负与一个人的感觉或者自尊有关。适量的自负对激励和行为表现有积极的作用。强烈的自负通常与飞扬跋扈的性格联系到一起。对于责任机长来说，这个特质在紧急情况下可能会产生很好的领导效果，但是也可能会导致糟糕的机组和资源管理。飞扬跋扈的个性可能会拒绝采纳别人提出的意见或者对既定的程序、以前的培训或者良好的飞行术置之不顾。在飞行过程中，过于自负或者自豪是非常危险的。尽管通常在事故报告中没有具体指出来，但这些特质通常隐藏在这些陈述背后，如“超过最低下降高度”“未能备降”“尝试超过经验或者能力水平的操作”“在已知的恶劣天气中继续飞行”等。

5. 硬件因素包括设备设计、显示、控制、软件和系统中的人机交互界面。

6. 任务因素包括执行任务（与整个运行任务相关的警觉和监察任务）的性质、工作量（工作强度、多重任务和时间限制）以及培训水平。

7. 环境因素包括噪声、温度、湿度、部分氧气、振动、运动或者加速度。

需要注意的是，以上讨论的因素可以单独、两个或者两个以上因素共同产生作用来降低工作环境中的人的表现。这些因素对人的表现可以产生协同效应。例如，管制员在进行抗过敏药物治疗时，在空中交通容量极低的条件下监管交通运输，或者质量控制检验员在治疗感冒期间监管低缺陷率的产品。

7.3 人为因素分析与分类系统（HFACS）

近年来，基于在关键领域的前期研究，人为因素研究已经开发出了有前景的工具和分类系统。"瑞士奶酪"模型之父 James Reason 博士，在讨论人为因素研究的重要性时用了一个非常有趣的类比，他将"人为差错"比喻为蚊子。尽管这些蚊子可以一个接一个被拍打，但是它们仍然接连不断地出现。面对这种情况，最有效的方法就是采取更有效的阻断措施将人为差错扼杀在摇篮里（Reason，2005，第769页）。着眼于"瑞士奶酪"模型，并建立在其潜在条件和显性失效框架之上，Douglas Wiegmann 和 Scott Shapell 博士为美国海军开发了 HFACS 模型，目的是应对高发的人为差错以及高事故率。HFACS 是基于航空事故和事故征候调查、分析、人为差错分类的理论模型，它被发生在 13 年间的 1020 份全面的 NTSB 事故调查所证实。HFACS 采用了一个系统的理念，据此，人为差错不是致因而是组织中出现了更大的问题的结果。第六章中的"瑞士奶酪"模型（见图 6－3 和图 6－4）有助于阐明组织为了阻断"致因链"中人为差错所采取的阻断措施（屏障或壁垒）。HFACS 采用了与 Reason 博士相同的四层阻断措施来预防事故的发生：

· 组织影响
· 不安全的监督
· 不安全行为的前提条件
· 不安全行为（显性失效）

HFACS 框架图（如图 7－3 所示，来源于 Shappell 等，2003）将这四级阻断措施更加细化。在下一节中，我们将讨论显性失效这一层级（不安全行为本身）来决定什么样的控制措施可能会有效对抗不可避免的人为差错困境。

不安全行为——差错还是违规？既然人为差错仍然是商业航空事故最大的致因，那么紧接下来的问题就是这些差错是什么以及我们应该如何来预防。"瑞士奶酪"模型和 HFACS 都将人为差错或"不安全行为"分成两大类。

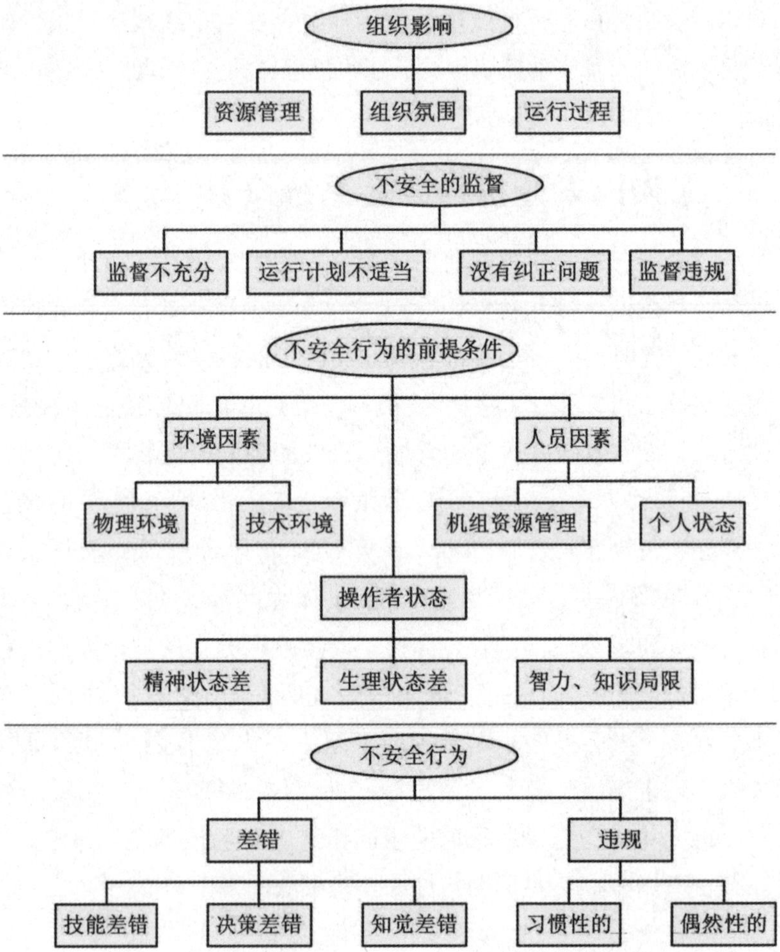

图7－3　HFACS 框架下的四个层次（Wiegmann 和 Shappell，2003，71 页）

正如 Shappell 和 Wiegmann在他们最新的有关 HFACS 的文章《一种针对航空人为差错评价的方法（2009)》所指出的那样，差错可能完全是一种无心之过，也可能是一种违规，即故意的忽视安全规则和规章。HFACS将无心之过进一步分为三种类型（决策、技术、认知差错），而将违规进一步细化为两种类型（日常的和异常的违规）。当然，两者的主要差异就是意图。违规可以是日常的、习惯的和组织上可以接受的，也可能是异常或者极端的情况，如故意的 FAR 违规。

我们可以通过一个著名的简单的事故案例来学习 HFACS 这个过程。这个案例就是发生在 2006 年 8 月 27 日的肯塔基州列克星敦的“Comair 5191 航班试图从错误的跑道起飞”（NTSB 事故调查报告 AAR-07/05）。报告给出了一架庞巴迪支线商务机在起飞过程中失事的原因。按照空管的分配，机组人员应该从 22 号长跑道起飞，而不是从 26 号短跑道起飞，结果飞机冲出跑道并且坠毁，造成 49 人死亡。下面是 NTSB 给出的事故原因：

> NTSB 指出事故发生的可能原因是飞行机组人员没能够利用有效的线索和帮助来确定飞机在滑行过程中在机场上的位置，而且他们在交叉检查中也没有能够正确确认飞机在起飞前是否在正确的位置。事故的主要原因就是机组人员在滑行过程中进行无关的对话，结果使机组人员丧失了对位置的意识，并且同时指出 FAA 并没有强制要求所有的跑道交叉道口必须由特定的空管许可来授权。

运用倒推的方法，简单的 HFACS 分析将会给安全分析人员得到如下结论：

1. 组织影响

· FAA 没有强制要求所有的跑道交叉道口只能由特定的空管指令来授权。

2. 不安全的监督

· 机长与管制员未能改正问题并从错误的跑道起飞。

3. 不安全行为的前提条件

· 人员因素——机组与管制员之间不当的机组资源管理。

4. 不安全行为（显性失效层面）

· 差错——认知差错，副驾驶未能利用有效的地点线索以及交叉检查跑道号。

· 违规——习惯性违规，违反严格的驾驶舱规则，机组在飞机滑行时进行无关的对话，结果导致位置丧失。

从图 7-3 和图 7-4 对 HFACS 框架的描述中，我们可以看到在显性失效层面预防不安全行为通常是非常复杂的任务。组织的终极目标就是尽可能早地预防事故的发生，通过在“组织影响”“不安全的监督”以及“不安全行为的前提条件”等层面设置屏障来实现。最近，HFACS 团队又开发

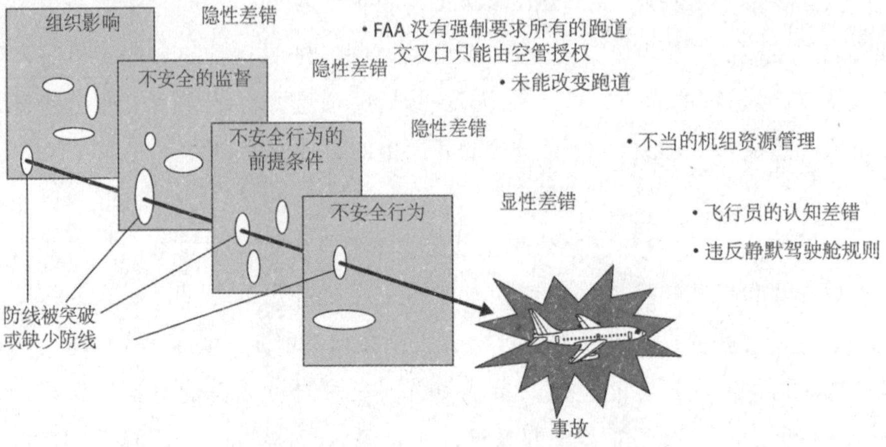

图 7-4　HFACS 如何用来进行 Comair 航空公司错误跑道起飞事故分析

来源：Wiegmann 和 Shappell，2003

了一种名为人为因素干预矩阵（HFIX）的事故后工具，目的是解决人为差错问题。

一旦事故或者事故征候发生了，适当地运用 HFACS 允许安全分析员识别出在组织各个层级出现的人为差错的类别。再次重申，事故调查的目的针对的是发生了“什么”，特别是“为什么”会发生。这个复杂分析过程的下一步就是要在多个层级框架中检查那些可能是事故潜在致因的因素。在 2009 年的文章当中，Shappell 和 Wiegmann 提出了 5 种控制人为差错的干预政策，它们是：

· 组织/管理
· 人/机组
· 技术/工程
· 任务/使命
· 运行/物理环境

当要解决前述的不安全行为时，这种关系就成了人为因素干预矩阵。

HFACS 分类方法和 HFIX 干预矩阵法都是现代的人为因素工具，它们是为那些具有高质量的数据以及拥有懂得人为因素知识的员工的复杂组织而设计的。它们给航空事故调查人员提供了非常有用的框架工具来研究组织及其在事故致因当中的作用。进一步的信息可参见 www. hfacs. com。

7.4　人为差错管理

通过前面对 SHELL 模型、Reason 的瑞士奶酪模型和 HFACS 的讨论，我们可以清楚地看到在现代商业航空中人为差错总是伴随我们左右。因此，人为差错管理策略在控制事故率和事故征候率方面起到非常关键的作用。经过多年的发展，三种策略已经发展了起来。这些策略是构建在合理的现代人为因素模型和研究的基础上的，它们分别是机组资源管理（CRM）、航线运行安全审计（LOSA），以及威胁差错管理（TEM）。

7.4.1　机组资源管理（CRM）

20 世纪 70 年代的一系列事故表明，人为差错是重大空难的主要致因。在 1979 年，NASA 为航空业召集了一个研讨会，主题就是“驾驶舱的资源管理”，这次研讨会开启了美国的 CRM 运动。正如文章“商业航空中的机组资源管理革命”（Helmerich，Merritt&Wilhelm，1999）指出的那样，美国联合航空公司率先在 1981 年实施了全面的 CRM 培训项目，随后达美航空公司以及大部分按照美国 FAR 121 部审定的航空公司都实施了该项目。关于成功运用 CRM 并起到积极作用的鲜活的例子是：1989 年，在艾奥瓦州苏城，美国联合航空公司一个飞机型号为 DC－10 的 232 航班，在液压系统全面失效的情况下成功降落。DC－10 的机长有效使用包括机组、空管、地面保障在内的所有可用资源，完成了 232 号航班不可思议的降落，挽救了 185 条生命。

1991 年，FAA 签署了一项启动高级资格项目 AQP 咨询的通告。这是一项自愿项目，目的是允许航空公司开展创新的人为因素培训，以满足每个航空公司自身的需求。至此，CRM 运动进入了快速发展时期，并且航空公司通过在检查单中加入特殊的程序开始建立 CRM 制度。这些程序包括针对所有机组成员的面向航线的飞行训练（LOFT），而LOFT则考虑了世界不同区域的文化差异。

现代 CRM 理论承认人为差错是不可避免的。因此，CRM 实践应该从三个不同的阻断角度来采取对策：

- 首先，尽可能避免差错
- 其次，在差错发生之前进行捕获
- 最后，减小没有被捕获且已经发生的人为差错所带来的后果（Helmreich 等，1999）

7.4.2 航线运行安全审计（LOSA）

与 CRM 紧密相关，1999 年 LOSA 被 ICAO 认可，并被视为一种对抗人为差错的主要工具。LOSA 过程会采用一名航线观察员（通常是指飞行员）来收集飞行机组行为的数据。这些数据的收集往往发生在日常的飞行中，主要是通过观察机组在管理威胁、差错和不良的航空器状态时的机组策略来获取的。执行这些观察的前提是保密性，也就是任何一个组织都不能因在飞行中的不当行为而对所涉及的机组采取措施。如今，LOSA 已经被 FAA（咨询通告 120－90）和 ICAO（LOSA 手册 9803）所认可，并被认为是驾驶舱中预防人为差错的最佳实践。

7.4.3 威胁与差错管理（TEM）

继 LOSA 之后，人们自然会对威胁与差错管理这一范畴的概念感兴趣，它主要是关注人的日常工作及其所处的环境（Merritt&Klinect，2006）。首先，我们将定义威胁、差错、不良的航空器状态三个术语；接下来，我们将讨论管理那些“不良的航空器状态”的控制策略。

- 威胁——飞行员必须要管理出现在日常运行环境中的威胁。威胁可以被认为是事件或差错，具体如下：
  - 非机组原因引起的。
  - 增加飞行运行的复杂程度。
  - 如果需要维持现有的安全边界，需要机组花费精力并进行差错管理。
- 差错——人为差错来源于机组，而这些差错很可能是由于无知或非故意的因素造成的。差错可以定义为机组的作为或不作为，包括：
  - 导致机组或组织意愿或期望的背离。

◊减小安全边界。

◊增加地面或飞行不利运行事件的概率。

· 不良的航空器状态——一种差错如果没有被很好地管理，就可能导致影响安全的事件。不良的航空器状态可能与航空器的位置、速度、高度或构型相关，它们：

◊由机组差错、作为或不作为所引起的。

◊明显能减小安全边界。

（来源：Merritt&Klinect，得克萨斯大学人为因素项目，2006）

7.5　威胁与差错管理的控制策略

有效的控制策略可以是工程为基础的航空器工具，如驾驶舱自动化、仪器显示设备或者告警设备。近地警告系统（GPWS）就是所谓“硬”防护机制的一个例子，它通过视觉的或声音的警告来让飞行员“拉起飞机”，以防止可控飞行撞地。抖杆或失速警告是另外一个工程控制策略以警告飞行员空速低以及可能的失速状态。

除了上述的工程控制策略，还有更易于管理的控制策略，这就是所谓的“软”防护机制，如检查单、条例和规章、标准运行程序等。这些“软”防护机制用于指导机组成员在特定的环境下采取适当的行为。通过 CRM、LOSA 和 TEM 培训，现代机组都被授予最新的技术和沟通技能，目的是完全避免人为差错，防止人为差错进一步传播到不可收拾的地步，或者最终通过预防、差错识别和恢复措施来缓解差错所造成的后果。

7.5.1　空客和波音的设计策略

在过去 30 年中，微处理技术的迅速发展，诱使一些设计者根据系统可以自动运行的基本原理建立非常复杂的系统。这个论证存在两个错误。第一，飞机上几乎没有任何主要系统可以真正完全自动化运行。系统必须由人类启动或建立，由人类决定运行状态，然后由人类监管系统，这是显而易见的道理。第二，如果出现自动化故障，就要由人类负责运行系统。人类无法避免或者摆脱这个责任。如果系统过于复杂，那么工作人员就不能有效地履行职责或者当设备出现故障时接管系统。

作为回应，考虑到人为因素的复杂性时，很多设计师都意识到可以用简单化替代自动化。如果系统可以简化，就没有必要进行复杂的自动化，而且在有潜在危险的环境下不使用人工就可以达到同样的目标。例如，配备多台发动机的飞机上的燃料系统就是这样的简化系统。只要管理是自动实现的，那么建立在油箱对油箱和油箱对发动机的复杂关系上的自动化就不会发生任何问题。例如，如果造成了燃料的不平衡，自动化设备会检测到这种不平衡，确定解决方法，打开必需的输送阀，打开适当的油泵从而恢复平衡。这个过程不需要任何人类的干预。

这个例子正好体现了两个主要的飞机生产制造商——空客和波音公司的理念差异。空客的方法将飞行员从运行循环中去除，并将一些特定的功能移交给复杂的自动化系统来实现。补偿是自动的，系统不会征求运行人员的同意。波音公司的方法是从不绕开机组：复杂的设备将需求告知机组，在一些情况下是逐步进行的程序；但是最后，这些程序必须是由机组授权并执行。波音公司是简单化的强烈倡导者，然后才是自动化。它们的设计师希望建立一种不太复杂的关系。例如，发动机所需的油箱越来越少，油箱对油箱和油箱对发动机的需求就越来越少，机组的管理就越少，人为差错的概率也就越来越小。

高度自动化系统面临的一个潜在问题是机载计算机对机组人员来说是陌生的，它会自动地补偿反常事件。有效的自动补偿反常事件和状况听起来非常有吸引力，但是系统补偿能力通常是有限的。如果自动化补偿一些恶劣的状况时缺少机组的知识，那么就可能导致这样一种情况，机组人员就无法及时操控系统进而避免灾难的发生。

7.5.2 驾驶舱标准化

不同机队间的硬件标准化可以认为是令人满意的，这可以降低培训和维修的费用，同时也能够预防飞行员从一个机型转换到另一种机型所产生的人为差错。在机队规模（包括飞机数量和飞行员数目）快速壮大期间，由于飞行员更愿意执行有利可图的任务，更愿意驾驶现代化的飞机，因此飞行员频繁地更换机型。一些合同会限制飞行员更换新职位的速度；其他合同则没有要求。

大多数驾驶舱硬件是机型所特有的。但是，一些驾驶舱硬件是通用的，可以适用于航空公司经营的大部分或全部机型，如无线电、飞行指引仪、一些显示器、区域导航设备和气象雷达等。另外，还有一些在原始制造厂商提供的基础设备上增加的设备（例如，TCAS 和 ACARS）。当航空公司有机会购买这些新增加的设备时，人们更可能选择上述的通用设备。

当机队之间已经存在差异时，航空公司可能会通过整个航空公司的标准化进行干预。例如，一些航空公司对整个公司的通用飞行指引类型进行投资。

如果涉及改型而不是购买新设备，那么机队间的标准化将极其昂贵，与机组内规范相比，其安全效益则比较适度。尽管如此，当飞行员迅速地从不同机型或者在等待分配到一架新飞机期间，完成一种机型的培训后又返回到另一种机型，那么机组间的驾驶舱硬件标准化理应加入干涉策略的列表中。

机队内的标准化更重要。早在 1978 年航空放松管制法案颁布之前，航空公司就彼此购买飞机，因此机队内的配置容易混淆。随着放松管制的到来，兼并和收购以及使用设备的购买和租赁的速度加快，生产了传统的机队，如 B727、B737 和 DC－9，这三者在驾驶舱配置上有很大的不同。这些差异包括不同的显示器（例如，各种飞行指引仪）、警报和警告系统（例如，具备多个触发点的各种高度警报系统）、每个可能的发动机配置、不同位置的控制、多方向移动开关和各种运行限制等。一家航空公司多次兼并和收购其他 DC－9 经营者，具有 8 种不同模式或者位置的高度报警器。为解决这个问题，后来它投了巨资来实现 DC－9 机队的驾驶舱标准化。机队内的标准化受到飞行员和他们的安全管委会的高度重视。只拥有波音 B737 机队的西南航空公司，在驾驶舱标准化方面做得非常成功，是驾驶舱标准化方面的楷模。

7.5.3　驾驶舱自动化与精确导航

在现代商业运输飞机当中，计算机技术以及“可视化的驾驶舱”已经成为主流。现代导航是通过电子导航地图来完成的，目的是通过采用最新的技术来加强飞行员的情景意识。尽管如此，正如我们已经了解到的，人为差错这一基本要素通常是存在的并且需要机组对其进行主动监视。例如，一架准备由亚特兰大飞往迈阿密的 B767 航班就有可能会出现人为差错。在放行许可当中包括一个航路点 TEPEE（注意拼写），而后者出现在控制显示单元（CDU）的航线记录页上面。因为在得克萨斯州维科附近有一个名字极其相似的航路点TEEPE，所以 CDU 尽责地接受了这个错误的拼写并且将 TEEPE 作为亚特兰大到迈阿密航路上的一个航路点。这样一来，航线就由南向的 TEPEE 转到西南偏西方向的 TEEPE，而这种突然的转变也立即呈现在机组眼前。安装了相同 CDU - FMS（如 B737 - 300 的某些型号）但未安装电子飞行仪表系统（non - EFIS）的飞机就不会提供这种纠错功能，机组不得不通过其他的途径来进行差错检查。

一旦飞机系统能够正确显示异常情况，我们就必须采用有效的手段来消除这种异常并且允许系统能够恢复正常。系统要杜绝不可消除的差错的存在。对于传统的飞机来说，通常不会有这种问题。与相对简单的系统交互，飞行员与机器紧密地联系在一起；一旦差错被发现，它能够很容易消除。高度复杂的自动化系统的出现带来了如何摆脱差错以及恢复系统的问题。一般情况下，问题的关键不是差错的不可消除，而是因为复杂的恢复过程难以实现，费时，甚至可能引起次生差错。

现代飞行管理系统（FMS）在预防人为差错方面显示出了新的特点，它能够存储和处理大量的包含在手册、检查单、性能曲线、飞行计划、天气报告以及各种其他文件当中的信息。机组可以通过显示在 CDU 记录页、可视的仪表面板以及其他任何可能的地方来获取以文字、数字和图的形式记录的这些信息。有些信息是自动显示的，不需要机组的任何请求（例如，导航显示上的风矢量）；其他的 FMS 信息则需要飞行员通过选择合适的 CDU 记录页来获取。某些有用信息的显示是通过开关来选择的，如适当的紧急降落地点。最后，如果 FMS 监测到异常的计算机环境，飞行员就会受到警告，并且从其他两个显示器上发现 FMS 消息在等待的信息，如会出现一个航路点不在数据库中的字样。

B767/757 和可视化驾驶舱飞机都沿用了以计算机为基础的差错消除和预防的基本形式。1988 年开始使用的 A320 飞机在差错预防方面又迈出了一大步。电传操作的特点给机动飞行提供了机会，如遇到风切变时能够以最大的安全迎角脱离，并且不会面临失速的危险。计算机智能停止增加飞机俯仰，计算其安全迎角。如果飞行员继续拉起飞机，那么飞机将不会继续上仰。智能计算机在飞行员控制和飞机控制之间插入了一条电子防线。而且，这样的系统有能力控制和纠正差错，这被称为差错拒绝或差错容忍系统。

其他电子飞行仪表系统的飞机，如波音 B757 和 B767，在高度指示器上以目标线的形式显示最优抬头俯仰。与A320机型采取的方法不同，波音飞机的飞行员始终处于决策圈内。飞行员控制俯仰角；计算机只计算并显示要求的仰角。

这两种方法强调的不仅仅是驾驶舱设计的不同角度，而且也包括基本设计思想的差异：A320飞行员从始至终将控制杆拉回，让计算机找到最大的迎角以避免失速。其他电子飞行仪表系统的飞机依靠飞行员遵循风切变的脱离指南。我们不可能表示哪一种方式更有效，只有时间、经验和多年事故调查数据才能解决这个问题。

7.5.4　通信

言语通信在现代航空系统中仍然是最弱的环节；航空安全报告系统中有超过70%的报告与航空器运行中的口头通信相关。1977年，两架B747飞机在特纳利夫岛发生地面相撞，造成了航空事故史上死亡人数最多的空难，而事故发生的原因就是通信差错。多年来，诸如机场目视导航灯或数据链等技术的应用已经成功地规避了言语信息交流引起的存在于ATC系统中的固有问题。

ATC数据链中存在的一个可能问题是“合用线”效果的损失（将指令给其他飞行员），这将会造成飞行员失去有关ATC环境的重要信息。然而，合用线也是飞行员的一种差错来源，这些可能是执行给其他飞机指令的飞行员或者是误解飞行指令的飞行员。某些情况下，在“听”和“看”之间转换ATC通信将会增加飞行员的工作负担。所以，有必要对如何定义可视和声音通信间的人为因素做进一步的研究。

通信这个词通常包括信息传递的所有方面。它是团队合作的一个关键部分，而语言清晰度是通信环节的重点。充分的沟通要求接受者收到、理解并能按照获得的信息采取行动。例如，无线电通信是航空业的几个领域之一，完全冗余是不包括在内的。因此我们需要特别关注确保接受者接收并完全理解无线电通信。

沟通不仅需要清晰而简明扼要的语言。例如，理解并遵循指示和指令要求首先明白这些指示的必要性。

信任和自信是良好沟通不可缺少的因素。例如，经验表明只有报告人相信在他报告一个失误后不会遭受报复，才有可能在事故或者危险报告中发现危险因素。

驾驶舱内的通信可能受心理学家所谓驾驶舱权威梯度 TAG 的影响，该梯度表示相关性格的相对强势和效力。对于安全运营来说，机长和其他飞行员间的梯度既不能太陡也不能太缓，这样就鼓励了飞行员间的自由沟通，进而改善飞机运营的监控。例如，当坡度太陡了，副驾驶员就会害怕发言，从而不能发挥监管机长行为的作用。如果坡度太缓，机长就不能充分地执行他的权力。

一直以来，全体机组人员和航空交通管制员之间沟通有误被认为是人为失误的主要原因。解决这一问题很有可能采取干预措施。例如，词汇受限或人为创造词汇（例如，再说一遍这个词组来源于军事通信，该领域强制性要求不能使用容易混淆的两个词——重复和撤退，这两个音很近）；音标字母（alpha，bravo，等等）和仿效发音（例如，为了避免九和五两个词的混淆，创造了 niner 这个词）。

1977 年，两架 B747 飞机在特纳利夫岛发生地面碰撞事故，主要原因是塔台和两架飞机间的沟通失误，此后联邦航空局鼓励管制员限制在两种情况下使用已准许（cleared）——已准许可以起飞和已准许可以降落，但是其他词汇的使用没有限制。在过去，飞行员也许已准许启动发动机，已准许推出，或者已准许横跨跑道。现在管制员只说“穿越 27 号跑道”“批准推出”，“cleared”这个词只能用在大多数飞行过程中的关键时刻。

语言干预的需求永远没有终止，正如麻烦会在没有可能出现的地点出现。例如，飞行员复述测高仪调定经常采取缩略形式，气压英寸数的第一个数字经常省略。例如，29. 97（英寸汞柱）复述时念作“九九七”。既然世界上很多地区测高仪设定都是以毫巴为计算单位的，并在标准值 1013 上下浮动，复述“九九七”可以被合理地解释但不能正确地理解，通常人们会理解为 997 毫巴。很显然，应该采取纠正措施，要求在计算英寸时复述所有的四位数字。

长期的干预和促进安全就要接受更为常见的（航空业）英制量系统，永远不再使用公尺、公里和毫巴这些计量单位。当然英制和公制是否能同时用于航空业是备受争议的，这引起了敏感的文化问题。2008 年 1 月 1 日起，英语作为 ICAO 强制要求的国际性语言，这也就意味着英制系统获胜。

7.5.5　航空专业化

在过去10年里，发生了一系列的事故及事故征候，因此NTSB在2010年5月举行了为期3天的公共论坛，将飞行员与管制员的专业化作为一个安全考量予以重点关注。讨论的事故与事故征候主要有：

- 空美5191航班，肯塔基州列克星敦市，从错误（短的）跑道起飞。(2006年8月)
- 克尔根航空公司3407航班，纽约州水牛城，飞机失速并在机场坠毁。(2009年2月)
- 一架航空游览直升机与一架固定翼通航飞机在哈得孙河上空相撞。当时管制员正在忙于个人事务。(2009年8月)
- 西北航空公司188航班飞过目的地（明尼阿波利斯市），原因是飞行员在用他的个人电脑而注意力被分散。(2009年10月)

7.5.6　严肃的驾驶舱规则（FAR 121.542）

在NTSB论坛上讨论的几起事故及事故征候，飞行员出现了违规的情况，而这些枯燥的驾驶舱规则会限制飞行员在关键的飞行阶段（滑行、起飞、着陆以及除了巡航阶段外所有其他在10000英尺下的飞行）进行随意的、无关的交谈。这些机组交谈是通过舱音记录器获得的，而缺乏专业化以及注意力分散在近年来的NTSB的事故调查中被视为因果因素。

在论坛上讨论的其他要点还有：

- 结构化发展和培训专业飞行员。
- 通过改善筛选、选择和培训来开发优秀专业的管制员。
- 保证有效的飞行员—管制员间的通信。
- 机长的作用就是要保证专业化。

过去10年当中，NTSB举办的所有的公共论坛和专题讨论会可以在其官方网站上找到：www.ntsb.gov。

7.6 结束语

航空安全以人为本。尽管人类应该为商业航空的良好安全记录承担主要责任，但是人为差错还是引起或导致大多数事故的主要原因。而且，飞行员差错的事故率没有任何缓和的迹象，而因天气导致的坠毁事件不断减少，飞机零部件故障也很少成为严重事故的唯一原因。进一步说，事故和事故征候数据的分析表明，只要解决一部分人为差错的问题，就可以大大地降低事故风险。

飞行员和人为表现专家关心的另一个问题是，驾驶舱自动化水平的不断提高也许会创造新一代的飞行员，他们基本的飞行技能（操纵杆和方向舵）由于缺少实践日益退化。如果由于自动化出现故障或退化或者自动化不能解决不常见的飞机姿势和情况，则需要手工飞行技能，那么飞行员可能无法应对这个挑战。手动飞行技能可能因为自动飞行系统的（过度）使用或者缺乏相关演练和技能的培训与实践而渐渐退化。

驾驶舱的人为失误永远不能完全消除。但是，通过审慎的设计，不断对事故、事故征候和内部报告进行监督，大范围使用报告系统，如国家航空航天局 NASA 的航空安全报告系统，可以找到纠正措施。空中运输目前有良好的安全记录，主要是因为系统所有部分都不曾停止运转。

缺乏情景意识一直被认为是很多事故和事故征候的一个致因因素。现代航空培训工具能够极大地提升飞行员的专业化，这是通过加强航空决策、对诸如 HFACS 模型等人为因素原则的深刻理解，以及结合 LOFT、LOSA 和 TEM 等来实现的，其作用是能够极大地减少商业航空的事故和事故征候。进一步来说，在全球范围内实行 ICAO 安全管理体系（SMS）将会在未来几年内使航空组织大大地改善安全文化。有关 SMS 过程的更多细节详见第十三章。

关键术语

人为因素	记忆
人的行为	自满
情感	注意力
意识	态度
动机	认知

判断
决策模型
航空决策（ADM）
人为因素分析与分类系统（HFACS）
人为因素干预矩阵（HFIX）
社会心理因素
驾驶舱权力等级（TAG）
同事的压力
自负与骄傲
硬件因素
任务因素
环境因素
电传操作技术
高级认证项目（AQP）
驾驶舱资源管理（CRM）
面向航线的飞行训练（LOFT）
航线运行安全审计（LOSA）
威胁与差错管理（TEM）
自动化
电子飞行仪表系统（EFIS）
惯性导航系统（IRS）
飞行管理系统（FMS）
控制显示单元（CDU）
近地警告系统（GPWS）
严肃的驾驶舱规则

思考题

1. 讨论人为差错在大型飞机事故中的作用。
2. 影响人为表现的 7 个主要方面是什么？请分别举例。
3. 阐释人为差错的定义，并使用 HFACS 解释划分人为差错的方法。
4. 解释人为差错管理的含义。
5. 讨论 CRM、LOSA 和 TEM 在现代商业航空中的含义。
6. 讨论以下系统在人为差错管理中起到的作用：
   - 驾驶舱标准化
   - 驾驶舱自动化
   - 警报和警告系统
   - 飞行管理系统
   - 空对地通信
7. 解释空客与波音公司在飞机设计策略上的差异。
8. 讨论通信在空地语音传输中的重要性。
9. NTSB 在 2010 年 5 月举行的航空专业化会议的目的是什么？

参考文献

1. Alkov, Robert A. 1997. Aviation Safety—The Human Factor. Casper, Wyo.: Endeavor

Books.

2. Duke Thomas A. 1991. “Just What Arc Flight Crew Errors?” Flight Safety Digest. Arlington, Va. : Flight Safety Foundation, July 1 – 15.

3. Garland, Daniel J. , John A. Wise, and V. David Hopkin. 1999. Handbook of Aviation Human Factors. Mahwah, N. J, Laurence Erlbaum Associates, Publishers.

4. Green, G. G. , H. Muir, and James M. Gradwell. 1991. Human Factors for Pilots. Aldershot, U. K. : Gower Publishing Co. , Ltd.

5. Helmreich, R. L. , Merritt, A. C. , and Wilhelm J. A. 1999. The Evolution of Crew Resource Management in Commercial Aviation. International Journal of Aviation Psychology, 9(1), 19 – 32.

6. Hunt, Graham J. F. , ed. 1997. Designing Instruction for Human Factors Training in Aviation. Brookfield, Vt. : Ashgate Publishing Co.

7. ICAO. 2009, Safety Management Manual (SMM) Doc 9859 AN/474, www. icao. int.

8. Jensen, A, D. , and J. C. Chilberg. 1991 Small Group Communication: Theory and Application. Belmont, Calif. : Wadsworth Publishing Co.

9. Lintern G. , S. N. Roscoe, and J. Sivier 1990. “Display Principles, Control Dynamics, and Environmental Factors in Pilot Performance and Transfer of Training. ” Human Factors. 32: 299—317.

10. Maurino, Daniel E. 1990. “Education Is Key to ICAO's Human Factor Program. ” ICAO Journal. Montreal. October, pp. 16 – 17.

11. Merritt, A. , and Klinect, J. 2006. Defensive Flying for Pilots: An Introduction to Threat and Error Management. The University of Texas Human Factors Research Project.

12. National Transportation Safety Board. 2010. “Professionalism in Aviation” www. NTSB. gov.

13. O'Hare, David and Stanley Roscoe. 1990, Flight Deck Performance: The Human Factor. Ames Iowa: State University Press.

14. Orlady, Harry W. , and Linda M. Orlady. 1999. Human Factors in Multi – Crew Flight Operations. Brookfield, VT Ashgate Publishing Co.

15. Reason, J. 1990. Human Error. New York: Cambridge University Press.

16. Salas, E. , and Maurino, D. 2010. Human Factors in Aviation, Second Edition. Burlington, MA: Academic Press.

17. Shappell, S. and Wiegmann, D. 2009, A Methodology for Accessing Safety Programs Targeting Human Error m Aviation, The International Journal of Aviation Psychology, 19(3), 252 – 269.

18. Shappell, S. , Detwiler, C. t Holcomb, K. , Hackworth, C. , Boquet, A. , and Weigmann, D. 2007. Human Error and Commercial Aviation Accidents: An Analysis Using the Human Factors Analysis and Classification System Factors, Vol 49, No 2 April 2007, pp. 227 –242.

19. Villaire, N. E. 2009. Aviation Safety: More than Common Sense, 2nd edition Casper, Wyo. : Endeavor Books.

20. Weigmann, D. A. , and Shappell S. A. 2003. A Human Error Approach to Aviation Accident Analysis. Burlington, VT. ;Ashgate Publishing Company.

第八章

空中运输安全系统

简介
- 空中交通管制(ATC)历史中的主要里程碑

空中交通管制(ATC)系统基本组件
- 空域分类
- 空管服务
- 区域导航(RNAV)设备
- GPS 增强
- 卫星导航的优势
- 天气自动化系统

营运规划改进
- 自动飞行服务站(AFSSs)
- 机场场面探测设备，X 模式(ASDE-X)
- 离港和进港
- 航路中和位于海洋上方的运行

下一代航空运输系统(NextGen)
- 下一代空中运输系统转型项目
- 实施下一代空中运输系统面临的挑战

关键术语

思考题

参考文献

学习目标

学习完本章后，你应该掌握以下知识：

- 描述联邦航空局的使命以及讨论 ATC 发展史上的主要里程碑。
- 解释 ATC 系统和服务的基本组件。
- 讨论 GPS 和卫星导航的几个优势。
- 解释 WAAS 和 GBAS GPS 增强系统的目的。
- 讨论最近运营计划进行的一些改进项目。
- 描述 NextGen 航空运输系统的特点。
- 识别出关键的 NextGen 转型方案。
- 讨论 NextGen 实施挑战。

8.1　简介

空中交通管制（ATC）系统的使命是促进飞机通过国家空域过程中的安全、有序和顺畅流动。今天的美国国家空域系统（NAS）历经几十年演变，建成了完善的基础设施，使用了数千名员工和纳税人数十亿美元进行管理。美国空中交通管制系统的历史简介有助于了解其当前状态。

空中交通管制（ATC）历史中的主要里程碑

- 1956 年 6 月——在亚利桑那州大峡谷上空的撞机事故导致两架飞机上 128 人死亡。TWA 超级星座飞机和联合航空的 DC-7 相撞，事故发生在按照目视飞行规则（VFR）运行的天气晴朗不受限空域。当时在大峡谷上空这种观光偏航飞行是常见的做法。
- 1960 年 12 月——联邦航空局成立第二年，在纽约城又发生灾难性空中碰撞。TWA 超级星座飞机与联合航空 DC-8 按照仪表飞行规则

(IFR) 在等待航路上相撞，机上所有人员死亡。联合航空的飞机导航有问题、速度过快，纽约空中交通管制塔台缺乏适当的监测雷达设备进行监测。

· 1981 年 8 月——超过 12000 名美国空中交通管制员（ATC）罢工抗议劳动条件，美国联邦航空局解雇了他们，并花了将近 10 年时间才使交通管制人员总体水平恢复正常。

· 1982 年 1 月——美国联邦航空局发布了第一个年度 NAS 计划，一个全面的 20 年蓝图，使美国空中交通管制和空中导航系统现代化。

· 2000 年 4 月——建立美国联邦航空局空中交通组织（ATO），以绩效为基础的部门侧重于有效运作 ATC 系统。这是一次重大改组，由美国联邦航空局 ATO 首席运营官领导。

· 2001 年 9 月 11 日——两名恐怖分子劫持航空公司飞机攻击了在纽约城的世界贸易中心，此外，有飞机被劫持攻击华盛顿特区五角大楼，并有第四架飞机坠毁在宾夕法尼亚州，美国联邦航空局停止了所有的航空交通。紧接着运输安全局（TSA）和国土安全部成立，航空公司运输量连续两年下降，但最终得以恢复。

· 2003 年 12 月——下一代航空运输系统（NextGen）的概念获得授权；这是新的、雄心勃勃的、跨部门的努力发展面向 21 世纪的现代航空运输系统。这系统面临重大的挑战，从基于雷达的 ATC 更改为基于卫星的导航和通信系统。

下面一节将讨论美国空中交通管制系统的基本组件。对此问题的详细讨论将需要许多章节，以至于超出了这本教科书的范围。该领域有种优秀的信息资源，是由 Michael S. Nolan 撰写的《空中交通管制基本原则》第 5 版（2011 年）。

8.2 空中交通管制（ATC）系统基本组件

8.2.1 空域分类

在美国，FAA 指定四个类别的空域，如下所示：

· 积极控制空域——是联邦航空局负责所有飞机间隔的地区，无论是否根据目视飞行规则（看见和避免）或仪表飞行规则。积极控制领域的例子是高密度机场和平均海拔 18000 英尺的高度。
· 受控空域——ATC 间隔 IFR 交通的领域，但若天气许可，由 VFR 目视飞行员提供他们自己的间隔。
· 未受控空域——飞行员自己提供所有飞机的间隔；美国联邦航空局不提供空中交通管制服务。
· 特别用途空域——可能会禁止或限制的领域，如在华盛顿特区白宫附近空域空中交通有特殊规则。

空域分类和通信要求在基本飞行训练中培训，因此，超出了这本教科书的范围。图 8 - 1 说明美国空域分类、通信要求和天气最小值。

8.2.2　空管服务

基本航空通信导航辅助（NAVAIDS）自 20 世纪 70 年代以来改变很少，航空交通管制员主要通过三种类型的设施运作，见图 8 - 2，这是美国空域常见的如何进行管理的图。这些基本的航空交通管制设施如下：

· 机场交通管制塔台（ATCTs）
· 终端雷达进近控制（TRACON）设施
· 航路控制中心（ARTCCs）

在此系统中使用的基本的 NAVAID 和雷达监视设备内容如下：

· 甚高频全向信标（VOR）和距离测量设备（DME）站，沿“航路”传输信号，这是天空中的高速公路。
· 仪表着陆系统（ILS），这是一种精密进近和着陆辅助，通常由定位器、下滑道、信标和进近灯光系统组成。
· 机场监视雷达（ASR），与应答机雷达信标设备结合使用，这是进近控制雷达系统，用于在机场内间隔飞机，它一般会有最大 60 海里的范围。

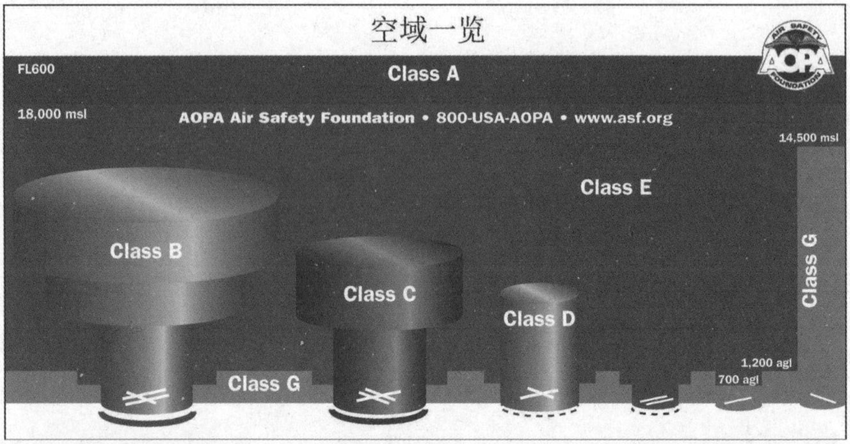

通信要求和天气条件

	Class A	Class B	Class C	Class D	Class E	Class G
飞行员最低资格	仪表等级	学员	学员	学员	学员	学员
进入要求	IFR：ATC 放行 VFR：运行限制	ATC 放行	IFR：ATC 放行 VFR：双向通讯 w/ATC	IFR：ATC 放行 VFR：双向通讯 w/ATC	IFR：ATC 放行 VFR：无	无
VFR 能见度 低于 10000msl	N/A	3 海里	3 海里	3 海里	3 海里	白天：1 海里； 晚上：3 海里
VFR 云高 低于 10000msl	N/A	无云	500 之下 1000 之上 2000 水平	500 之下 1000 之上 2000 水平	500 之下 1000 之上 2000 水平	500 之下 1000 之上 2000 水平
VFR 能见度 10000msl 和之上	N/A	3 海里	3 海里	3 海里	5 海里	5 海里
VFR 云高 10000msl 和之上	N/A	无云	500 之下 1000 之上 2000 水平	500 之下 1000 之上 2000 水平	1000 之下 1000 之上 1 海里水平	1000 之下 1000 之上 1 海里水平

在 B、C 或 D 空域运行（或在 E 类空域有塔台），学员、运动和休闲活动飞行员必须满足适用的 FAR61 部训练和认可要求。单个学员、运动和休闲活动飞行员运行在 FAR91 部附录 D 第四部分对在这些机场运行是禁止的。
学员在白天至少需要 3 海里的能见度；在晚上需要 5 海里。
G 类 VFR 云高是 1200agl 和之下（白天）。

图 8－1　空域一览

来源：www. aopa. org

8.2.3　区域导航（RNAV）设备

区域导航是一个集体术语，允许在特定导航信号覆盖范围内任何所需的航路上的飞机导航。RNAV 可能包括站对站导航，或它可能取决于使用的设备类型在公布的航路上随机偏移航路点。RNAV 设备的主要类型如下所示：

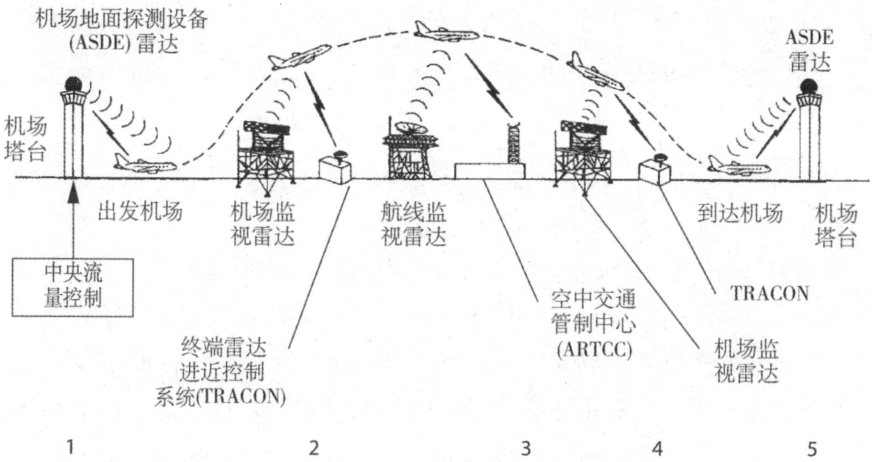

要点：

1. 机场塔台控制地面上的飞机从起飞前到塔台5英里处，然后塔台将飞机控制转移到终端雷达进近管制设施(TRACON)。机场塔台中的管制员要么通过技术手段关注飞机要么使用雷达——机场场面探测设备针对机坪上的飞机，以及机场监视雷达针对空中的那些飞机。如果需求超过了抵达机场的能力，中央流控制中CENTRAL FLOW CONTROL(华盛顿特区)可以要求塔台将航班控制在地面上。
2. TRACON，可能位于机场塔台同一建筑物内，控制离机场15英里到30英里的飞机，使用飞机监视雷达来定位飞机的位置信息。TRACON然后将控制转移到航路交通控制中心(ARTCC)。
3. ARTCC控制航路途中出发和到达机场之间的飞机。每个ARTCC控制空域的特定区域，当跨越边界的时候从一个ARTCC移交到另一个。航路上检测到飞机的位置并转到ARTCC。
4. TRACON控制抵港飞机，直到抵达机场塔台约5英里范围内时，然后控制将转到塔台。
5. 机场塔台控制飞机最终进近的部分，以及在地面上的时候。

图8－2　空域是如何构建和控制图

- VORTAC（VOR和TACAN共同位于一个站）系统，涵盖RNAV使用单位的最大数目。TACAN（战术空中导航）系统是VOR设备的军用版本，提供对军用飞机的方位、距离信息。
- 惯性导航系统（INS）完全是大型飞机上所载，不需要从外部获得进行导航的信息。它们提供飞机的位置和导航数据，响应于INS系统内组件的惯性效果。
- LORAN－C是一种远距离无线电导航系统，使用地面波传递低频，为飞行范围上至1200海里的飞机提供位置信息。
- 全球定位系统（GPS）是以空间为基础的导航系统，在连续的全球基站上提供非常准确的位置、速度和精确的时间信息。GPS系统不受天气影响，提供全球导航服务。

8.2.4 GPS增强

目前的航空导航系统由4300多个地面系统组成，它们发出的信号被飞机航空电子设备用于指引航途中导航和降落。尽管地面系统的数量很多，导航信号并没有包含所有的机场和空域。在未来几年，导航系统将使用GPS卫星在整个国家空域系统内提供导航信号，卫星数量将随着地面监督站的增加而不断增加。随着卫星导航也可以提供同等水平或者更好的服务，人们对地面导航设备的依赖性就降低了。

卫星导航的转换大大地扩展了导航和降落的能力，提高了空域使用的安全性和效率。另外，它将降低联邦航空局替换很多陈旧地面系统的需求，减少飞机安装航空电子设备的需求数量，简化导航和降落的程序。卫星导航的转换包括以下几个方面：

· 使用全球定位系统进行航途中、终端导航和非精确（仪表）进近着陆(倘若飞机上安装了另一个导航系统)。自从50年前引入无线电设备以来，全球定位系统被认为是航空业取得的最大成就，而且计划彻底改革目前的空中运输系统。全球定位系统是一种无线电导航系统，由24个轨道卫星组成，它们可以提供极为精确的三维位置、速率、轨道和时间，费用非常低，甚至通用航空飞机也可以使用。通过从4个或以上卫星收集信号，地面或者飞机上的全球定位系统接收器可以确定大约15米精确位置的地点。通过在飞机上增加数据链，卫星可以传递位置、速率和轨道信息，从而将这些数据传输给全球的地面控制设备。现在海洋上空的监控已经非常常见了，它可以提供额外的飞行航道，减少间隔提高空域使用的效用。现在所有的交通都可以准确地判断，每架飞机的位置可以向上传输或者直接链接到飞机上，从而显示那些极为贴近和有可能发生碰撞的飞机。我们不仅有通信、导航和监控技术，而且可以在所有航空公司能够承受的代价下避免碰撞发生。单独一个全球定位系统不能满足飞机安全所需要的准确、实用和完整性。大多数着陆的操作都需要信号增强。

· 采用广域增强系统（WAAS）提供航途中或终端导航和类别Ⅰ的精密进近着陆。使用WAAS，在美国糟糕的天气情况下按照Ⅰ类标准（200英尺），飞机现在能够精密进近超过2300条跑道。广域增强系统加强全球定位系统的信号，从而提供精确度大约3米的更为准确的位置信息。广域增强系统用于全美国广泛区域的参考站，反复核对全球定位系统的信号，然后通过对地同步通信卫星传递完整准确的信息。广域增强系统使用这些卫星提供类似全球定位系统的导航信号，从而增强其实用性（见图8－3）。

· 使用地面为基础的增强系统GBAS为类别Ⅰ、Ⅱ和Ⅲ精密进近着陆增加全球定位系统。GBAS为机载和地面接收器提供精准的数据，离机场20—30英里半径范围都能提供精确的导航，误差不超过1米（见图8－4）。

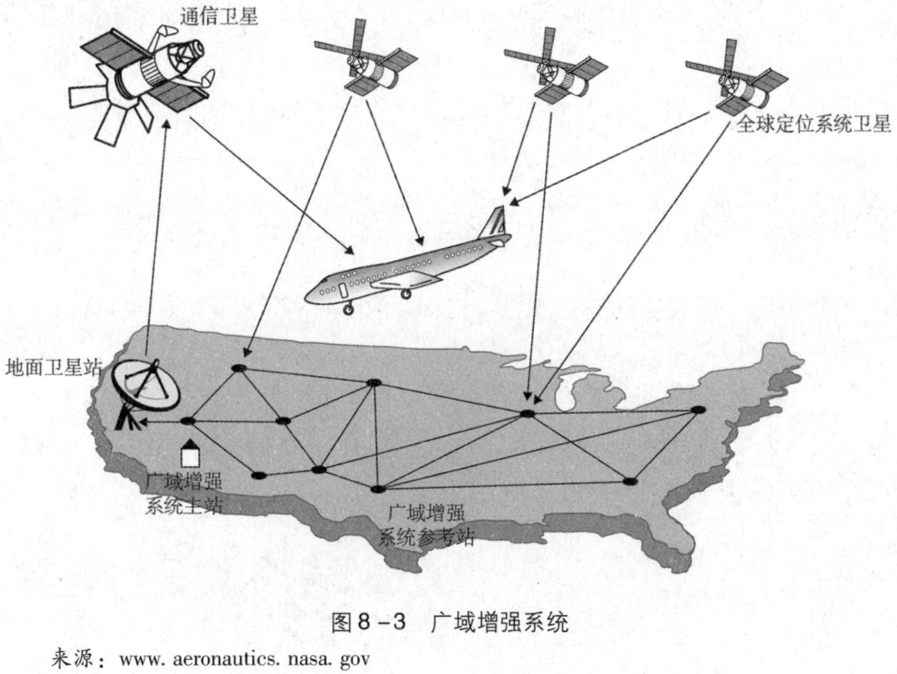

图8－3 广域增强系统

来源：www. aeronautics. nasa. gov

根据决断高度（云高）和最低能见度对精密进近着陆进行分类，以下内容是联邦航空局的定义和对仪表进近着陆的要求：

· 非精密进近（NPA）。这是一种仪表进近着陆程序，基于水平而没有垂直引导。

· 精密进近（PA）。这是一种仪表进近程序，基于水平和垂直引导。

· 类别Ⅰ。类别Ⅰ的运行是一种精密仪表进近着陆，决断高度不低于200英尺（60米），能见度不少于1/2法定英里（800米），或者跑道视程不少于1800英尺（550米）。

· 类别Ⅱ。类别Ⅱ操作是精密仪表进近着陆，决断高度位于100英尺（30米）至200英尺（60米）之间，跑道视程不少于1200英尺（350米）。

· 类别Ⅲ。类别Ⅲ操作是精密仪表进近着陆，决断高度低于100英尺（30米）或者没有决断高度，跑道视程少于1200英尺（350米）。

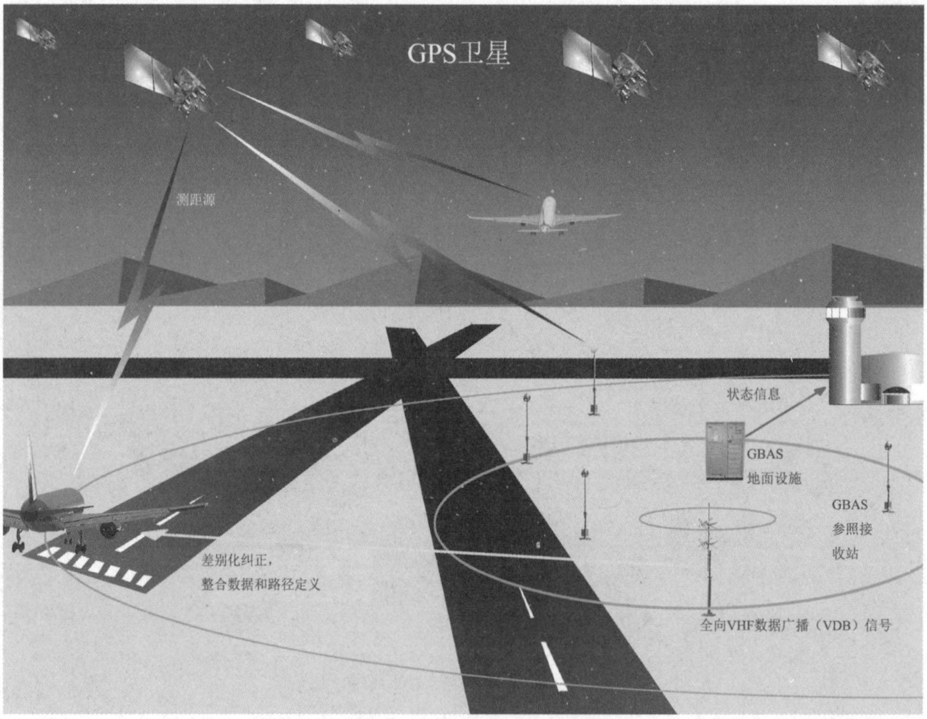

图8－4 地基增强系统

来源：www. faa. gov

8.2.5 卫星导航的优势

卫星导航可以带来很大的运行和安全效益。它满足了日益增长的运行需求，因为飞行员能够在国家空域系统内任何地方驾驶，包括目前缺少导航和降落信号的机场。卫星导航支持直达线路。

在卫星导航下，公布的精密进近的数量将大幅增加。FAA 每年正在增加 500 个新的 WAAS 进近，目前的数量将近 2400 个，超过了美国传统 ILS 仪表着陆系统的数量。另外，将全球定位系统与驾驶舱电子地形图和近地警报系统结合起来有助于飞行员避免可控飞行撞地。

卫星导航还减少了地面导航系统的数量，因此降低了基础设施的成本。对于目前的精密进近，每个跑道端都需要一个专用的仪表指示降落系统。广域增强系统可以为国家空域系统内大多数跑道提供精密进近着陆的指引。GBAS 可以为机场的所有跑道提供类别Ⅱ和Ⅲ精密进近着陆的指引，从而降低了维护和后勤的成本。

8.2.6 天气自动化系统

天气状况干扰飞行运行，比其他任何因素都更容易导致航空事故。鉴于这些重大的影响，国家空域系统现代化方案包含了一些改进措施，在飞行计划和飞行过程中向用户和服务提供商收集、加工、传输和显示天气情况。

降低天气所造成事故的关键是通过不断交流实时信息提高飞行员的决策水平。服务提供商和用户将收到危险天气的报告，同时提高常见的情景意识。

航空天气计划将从如今独立运行的系统发展为完全与国家空域系统结合的天气系统。重点将放在这两个主要性能上：

- 处理和显示不断改善，主要系统与综合终端气象系统（ITWS）以及天气和雷达处理器（WARP）结合在一起。综合终端气象系统是一种自动化的天气系统，可以预测短期内（0—30 分钟）大型终端位置的终端区域的天气情况。该系统将来自雷达、传感器、国家气象局模型和自动飞机报告中收集的数据结合起来。它产生的结果包括风切变和微暴流的预测、雷暴云的危险、闪电情况和终端区域的大风。雷达处理器是一个综合系统，它从各种来源中获得并加工实时天气数据，提供天气情况给航路管制中心和空中交通管制系统指挥中心（ATCSCC），用于为航途中的环境提供支持。它还从国家气象局那里收集网格预测数据，并将这些信息提供给其他国家空域系统的自动系统。雷达处理器与下一代天气雷达（NEXRAD）有直接和间接的联系，为管制员的显示器准备国家和区域的气象图。

- 传感器和数据来源不断改善，主要表现为下一代天气雷达、终端多普勒气象雷达和地面与飞机传感器。下一代天气雷达使多普勒气象雷达的国家网络，可以监测、处理、分配和显示恶劣的天气信息，为航空安全和燃料功率提供更加准确的数据。这种雷达的量程为 250 英里，其网络覆盖了全国航途中空域的大部分地区。这种天气监测系统提供发生降水、对流、龙卷风、冰雹和乱流区域的风速和风向情况。终端多普勒气象雷达监测重点位置直接终端区域内局部性的微暴流、阵风锋面、风变和降水。雷达为终端区域提供恶劣天气状况的警报，并提前通知不断变化的风况，从而及时地改变现用跑道。

联邦航空局正进行研究以改进预报天气危害和将这些信息传递给国家空域系统用户的能力。新的风、温度、结冰和天气危害模型将被用于帮助减少天气导致的延迟，并提高安全性。

航空气象研究集中在以下区域：飞行中的结冰、航空网格预报系统、地面除冰运行、对流天气、短期上升限度和能见度预测、乱流和尾流等。

8.3 营运规划改进

为了改善飞行计划，国家空域系统的现代化方案包含交通流量管理 TFM 和飞行服务领域的新型和改进的信息服务，这些服务使协同服务的提供者和使用者分享信息，共同协商寻找满足运行需要的最好办法。

交通流量管理的能力集中在空中交通管制系统指挥中心。一些功能分配给位于航路管制中心、终端雷达进近控制系统设备和最活跃的机场管制塔台中的交通管理设备。

整个国家空域系统的信息服务实现用户和联邦航空局之间的数据交流，促进人们对国家空域系统不断变化的情况做出协作反应，而不是根据不完整的数据提出局部的解决方法。这就为用户和服务提供者提供了国家空域系统的一个普遍观点，在飞行所有阶段包括飞行规划阶段提高决策水平。

另外，飞行规划将被飞行目标所替代，飞行目标用于动态的更新，法定的国家空域系统服务提供者和用户可以了解飞行目标，共同管理飞行运行。飞行目标包括额外的数据，如用户的航线和高度喜好，飞机的重量，登机门分配、离港和进港跑道的喜好以及飞行时的位置。

运行规划改善的目标是结合运行和经营的决策，在飞行运行中实现高效、可预见性和灵活性。每天大约有 10 万架飞机使用国家空域系统，这需要制定很多决策以管理所有的交通。TFM 项目为用户和服务提供者提供了一个工具帮助他们做出协作决策，区分航班的优先次序和安排航班，更好地从区域和国家范围内组织空中运输。

在飞行规划过程中，改进的工具将用于预测位置和规划航线沿线及目的地处的交通需求以及天气影响。随着航线的不断进步，天气、国家空域系统的状况和其他用户特有的数据更新将在合适的情况下提供给航空公司和其他运行中心。新工具最终将帮助规划直接的飞行跑道、为离港和进港排序，改变航线，在整个国家空域系统中保持容量和需求的平衡。

增强的交通管理系统（ETMS）将更新以替换硬件和软件。该系统是专家使用的现存交通流量管理计算机系统，它可以跟踪、预测和管理空中运输流量。该系统的更新将代替管制员的工作站、电脑、外围设备和专有软件，以保持现有的交通流量管理能力并满足不断改进协作的需求。

8.3.1　自动飞行服务站（AFSSs）

联邦航空局自动飞行服务站（AFSSs）为商业、通用航空和军用航空的飞行员提供飞行规划援助、航空天气和航空信息。2010 年 9 月，新的为期三年的 AFSS 协议开始实施。

自动飞行服务站的现代化方案取代了过时的功能有限的自动化系统，安装了一个新的运行和可支持性执行系统（OASIS）。该系统合并了直接用户访问终端服务和图像天气显示系统提供的功能。和直接用户访问终端服务一样，运行和可支持性执行系统可以使飞行员自己做简报并通过全球网络或电话将飞行计划归档。

8.3.2 机场场面探测设备，X模式（ASDE-X）

FAA和NTSB已经注意到，跑道入侵和滑行道相撞事件每年都在增加。为了应对这个问题，FAA已经在美国35座主要机场部署了ASDE-X，这套系统能够让管制员探测到潜在的跑道冲突，从场面雷达、飞机上的ADS-B感应器和飞机应答机以及其他设备获得详细的机场场面运行信息。这项技术在晚上或能见度很差的天气情况下对于管制员特别重要。

8.3.3 离港和进港

解决美国最繁忙的机场拥挤问题既需要现代科技，又要建设额外的跑道。联邦航空局与机场运营商合作，帮助规划和建设新的跑道以容纳不断增加的飞机运营和使用新的技术，同时可以满足环境保护的需求。

交通管制员在终端雷达进近控制系统中将到港和离港飞机在机场内和机场外按顺序排好。通过为管制员提供更准确的排序和间隔飞机的工具，保持飞机流的稳定，尤其是可以改善高峰时期的管理。目标是降低服务的可变性，优化空域和可用跑道的使用情况。

终端现代化方法具体包括安装新的标准终端自动化替换系统以及飞机排序工具。该系统是一种全数字的综合计算机系统，有现代化的彩色显示器和分散式处理网络。它很容易更新，支持目前和未来的监视技术、交通和天气信息以及排序和间隔工具。新的标准终端自动化替换系统工作站为管制员显示空中运输、天气覆盖层和交通流量管理信息。该系统将与高级通信、导航、监视和气象系统结合起来，它们为美国国家空域系统的现代化制定规划。它将替代阿拉斯加和海滨区域使用的航途中自动化雷达跟踪系统。

8.3.4 航路中和位于海洋上方的运行

NextGen环境飞行（在下一部分讨论）在航路中和位于海洋上方的计算机系统以及管制员的决策支持工具方面的变革需要不断改善。陈旧的自动化基础设施必须在提供新设备和服务改善之前替换。

目前，航路中和位于海洋上方的设备位于同一地点，但是不共用一个系统，主要是因为海洋上方缺少监督和直接的通信服务。增加海洋监督和实时直接通信使得海洋上的服务逐渐可以与航路中的服务达到同等水平，而且海洋和航路中的系统将不断发展为一种常见的硬件和软件环境。在大西洋和太平洋上的空域，FAA 管制员使用“先进技术和海洋程序”（ATOP）设备来监控飞机位置。

在美国的空域中，飞机由雷达监控，通常遵循航路的固定路线结构，使飞行员未能飞往最直达的线路或者利用有利的风向。

在海洋空域中，飞机按照每天与盛行风保持一致的航线飞行。由于缺少雷达监视和管制员与飞行员的直接通信，海洋间隔标准要比国内空域的间隔标准高 20 倍。因此，一些航班会被指派到一个不太适宜的高度飞行，而且没有充分的机会调整高度以减少燃油消耗。寻找最佳高度的航线可以大大地降低燃料的消耗和费用。当完全和 ADS - B 一体化后，ATOP 将所需的飞机间隔从 50 海里减到 30 海里，有可能最终调整到 10 海里。这将改善海洋上航线的效率，并减少管制员的工作负担。

8.4　下一代航空运输体系（NextGen）

FAA 所定义的 NextGen 的含义非常广泛，是正在进行和大范围国家航空系统（NAS）转型变革的总称。它代表一种进化，从基于地面的空中交通管制系统转型到基于卫星系统的空中交通管理（ATM）。NextGen 旨在减轻高密度机场的空域交通拥塞问题，尤其是美国联邦航空局认为的大都市机场，如拥有三个大型商业机场的纽约地区，国家空域系统目前每日处理大约 50000 次飞行、每年超过 7 亿人次乘客。新的技术如全球定位系统（GPS）和引进新的变革型网络项目应允许更多的直接航路，从而节省大量时间、燃油，也降低航空业和客户的成本。按原定计划，NextGen 将在 2025 年之前按多年期实施。

NextGen 2010 年实施计划重点是“中期”期间到 2018 年的运行改进。在图 8 -5，为了更容易理解这个概念，美国联邦航空局阐释 NextGen 使用例行飞行阶段所带来的最高级别优势。

整合飞行计划：运营商和交通经理可以通过单一数据源即刻进入同样的天气信息。

场面交通管理：自动化优化滑行线路。向飞行员和管制员提供机坪上飞机和车辆位置。实时场面交通图向航空公司、管制员和设备运行商提供可见性。场面移动管理链接始发和到达排队系统，ADS－B 和 ASDE－X 实现此功能。减少滑行时间和提升安全。

加强场面交通运行：飞行员和管制员很少通过无线电联络。数据通信加快飞机放行，减少通信差错。飞行员和管制员工作负担得以减轻。

简化始发管理：RNAV 和 RNP 允许每条跑道建立多重始发航径，提升了始发航班容量。

高效巡航：RNAV、RNP 和 RVSM 减少空域间隔从而提升了容量。飞机使用最佳航路，其中考虑到风、目的地、天气和交通流量等情况使用抛物线航迹。根据天气改变航路融入决策工具，按照每架飞机而量身定做。数据通信减少了频率拥挤和差错。ADS－B 支持装有该设备的飞机航路。

加强场面交通管理：在飞机进近之前，跑道退出点，指定的登机门和滑行线路通过数据通信传送给飞行员。飞行员和管制员工作负担减少了，提升了安全。

简化到达管理：到达排队提前计划。RNAV 和 RNP 允许每条跑道精密进近。飞机在几乎任何天气条件下可以以减推力从下降点到最后进近过程中实现精确水平和垂直航迹，节省了时间和燃油，减少了排放和等待。

8.4.1 下一代空中运输系统转型项目

在美国联邦航空局的网站上，美国联邦航空局详细阐述了 6 个 NextGen 项目，这些项目将现有 NAS 架构转型为基于卫星的未来系统。接下来将介绍每一个项目：

1. ADS－B（自动相关式监控广播），ADS－B 包含以下组件：

- 自动——定期传送信息，不需要飞行员或操作员输入。
- 相关式——根据全球定位系统 GPS 卫星网络获得飞机位置和速度信息。
- 监控——确定位置的新方法，不使用监控雷达。
- 广播——信息通过广播传送到任何一个具有相应 ADS－B 设备的人。

ADS－B 使用 GPS 信号以及飞机电子系统将飞机位置传送到地面接收站。地面接收站随后将信息传送到 ATC 管制员屏幕上，以及飞机驾驶舱显示屏上，

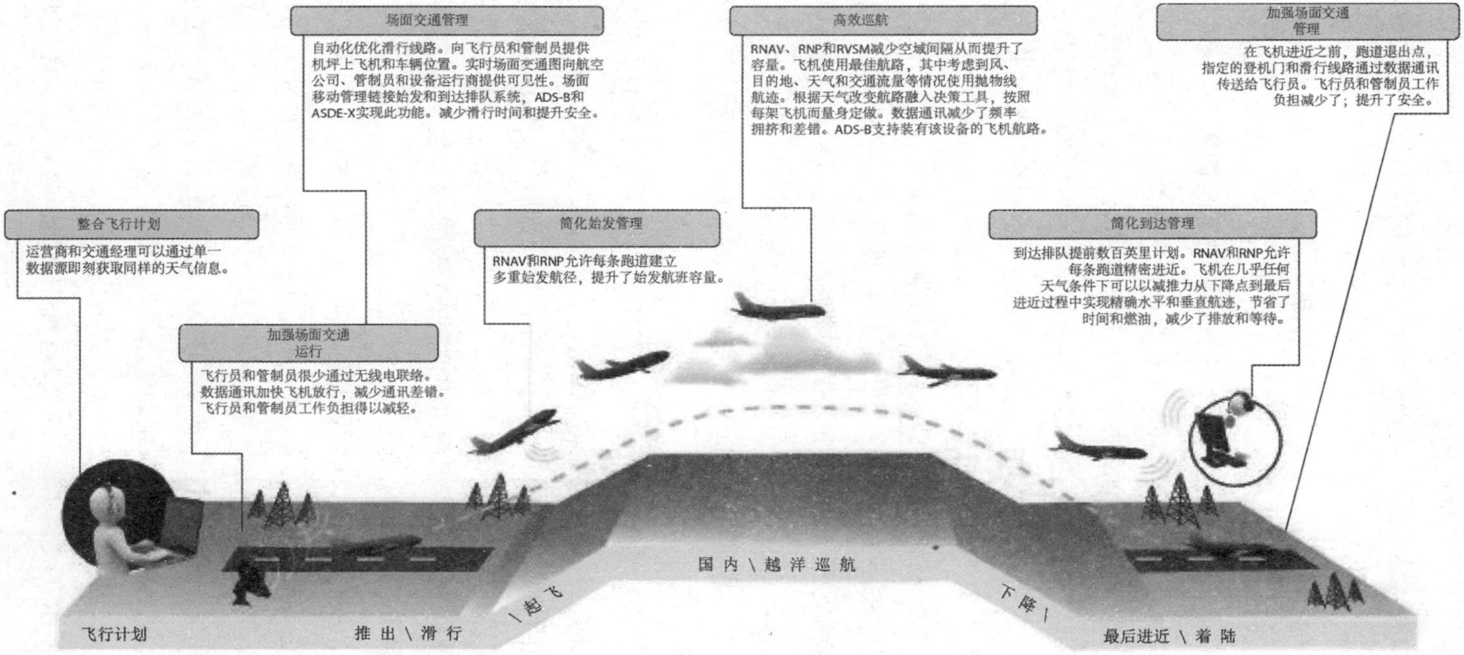

图8-5　FAA提议的NEXTGEN飞行阶段（2018年中期）

来源：www.faa.gov

从而使飞机能够“看见”彼此的相对位置。从改进后的卫星信号准确度和可靠性来看，比现有雷达监控站要先进，意味着美国联邦航空局管制员将能够安全地减少飞机之间命令式的 IFR 间隔。依靠于卫星信号，而不是地面导航设施，这也意味着飞机能够直接从 A 点飞往 B 点，节约时间和成本，并且减少燃油消耗。美国联邦包裹运输公司 UPS 给其 107 架货机安装了 ADS - B 设备，公司知道它很快就会从每天飞机进出公司的枢纽机场——路易斯维尔的飞行中收回投资成本。ADS - B 如今也覆盖了墨西哥湾，让新的空管监控服务覆盖低高度，即直升机飞往油井平台的高度，这是传统雷达无法覆盖的区域。美国联邦航空局计划 2013 年在全国范围内覆盖 ADS - B。

2. 协作式空管管理（CATM），这个项目旨在通过和 ATC 协作式合作容纳飞机飞行运行最大限度的偏好。CATM 支持改进飞行计划，以及具有更灵活性的 ATC 能够实施飞行中调整，以获得更佳航线和高度，从而节省时间和成本。CATM 实施中的一个重要核心项目是“航路中自动化现代化”（ERAM）项目，该项目规划取代美国联邦航空局的 20 个航路管制中心（ARTCC）已经使用 30 年的老化的 ATC 设备。不幸的是，ERAM 项目已经严重超资，在一些重要 ARTCC 地点出现软件问题以及安装延误，这将危及 CATM 项目的进展以及随后的 NextGen 项目。

3. 系统范围信息管理（SWIM）。SWIM 是网络中心型项目，从根本上提供 NAS 航空数据网络。SWIM 将管理监控、天气、飞行数据、航空信息、NAS 状态信息，无缝隙地提供给 ATC 客户，并且以一种简单、使用方便的模式提供。SWIM 将使用现成可用的硬件和软件来支持常见的情景意识，链接无数的 NAS 系统。在 2005 年，国际民航组织采用 SWIM 理念，如今这已经成为美国和欧洲开发项目中不可或缺的部分。

4. 数据通信项目（DATACOMM）。目前，飞机和地面管制员之间的大多数通信还是通过模拟式语音通信。使用这样的双向语音通信效率比较低，并且是劳动力密集型的业务，语音通信通常容易产生误解。一开始，新 DATACOMM 项目使用文本通信，这将成为 ATC 双向交流的替代方式，包括放行飞机、下达指令、飞行咨询以及机组的要求和报告。随着 DATACOMM 成为新的运行方式，空中和地面之间交流绝大多数将由电子化数据交换来完成，直接传递给机组或显示在飞机的飞行管理系统中FMS，整个过程将更加高效和安全。

5. NAS 语音交换（NVS）项目。这个项目取代 NAS 已经 20 多年的语音交换，采用新的交换系统，能够支持未来的 NextGen 需求。目前系统中有 13 个不同的 NAS 语音交换，每一个都需要实施不同的培训和后勤要求。NVS 的目标是能够让语音交换具有灵活性，让空域根据管制员工作负担进行动态调整，而无须重新安排 ATC 人员。这种通用性语音交换在未来将会简化系统，节约大量培训、后勤/支持的成本。

6. NextGen 网络驱动天气项目（NNEW）。这是美国联邦航空局最新推出的转型项目。不利的天气对飞行运行产生显著影响。NNEW 项目提供各种方式来获得现在的天气信息，以便于做出有关天气的协作性决策。这个项目的关键在于通过跨部门努力来开发"四维度天气数据"，全方位获取航空天气数据。这个项目的目的是提供更佳的天气信息，整合进入 ATC 决策支持工具，从而改进管制员决策质量，并且在不利天气状况下极大减轻管制员的工作负担。

8.4.2　实施下一代空中运输系统面临的挑战

按照美国联邦航空局的看法，NextGen 是美国政府迄今为止开发的最复杂的系统之一。所面临的许多显著的挑战就在眼前，这个自信且成本高昂的系统需要弥补差距。按照美国审计署和交通部总审计长办公室的观点，这些挑战如下：

- 美国联邦航空局建立 NextGen 稳健的技术要求，特别是转型研究和开发项目。
- 识别出关键路径决策，这是在空域开发以及在新系统中转变飞行员和管制员角色和责任所需的。
- 将老的 NAS 设备和新的 NextGen 系统和概念混合的过程中，要评估安全和人为因素风险，以及开发相应的缓解战略来消除这些风险。
- 将无人飞机系统引入 NAS 和 NextGen 系统中要解决技术问题。
- 在开发 NextGen 系统过程中管理成本和规划增长。一开始的成本估计到 2025 年为 400 亿美元，如果想要达到 NextGen 系统最佳表现水平最高可能需要 1600 亿美元成本。

联邦航空局依靠国会每年进行拨款。机构的预算申请作为交通部一揽子计划的一部分，包含在总统 1 月份提交的下一财年预算的申请中。机构的预算包括在总统申请之前，它已经经过了交通部和管理与预算办事处的审核。

总统提交申请后，机构的申请经过研究、听证会、提问和回复后被提交到国会委员会，最后送到参议院和众议院获得各个部门的批准。不幸的是，联邦航空局出现过申请失败的情况，而且国会一直都对这种尴尬事件耿耿于怀。另外一个因素是联邦航空局的预算要放在整个预算和国家优先考虑事项的背景下进行考虑，将这个机构与社会、空间与国防的地位进行比较。从一开始申请到最后批准大约需要两年，只有预算过程结束以后，这个机构才能开始采购和建设 NextGen 系统。

说到这一点有人会质疑，联邦航空局面对的这些至关重要的项目，在目前的技术和资金投入的挑战下，能够取得成功吗？

关键术语

国家空域系统（NAS）
下一代航空运输系统（NextGen）
导航设备（NAVAIDS）
甚高频全向信标（VOR）
测距装置（DME）
甚高频无线电导航和战术空中导航系统（VORTAC）
仪表着陆系统（ILS）
机场监控雷达（ASR）
区域导航（RNAV）
仪表飞行规则（IFR）
目视飞行规则（VFR）
机场管制塔台（ATCTs）
终端雷达进近控制系统（TRACON）
航线交通控制中心（ARTCCs）
全球定位系统（GPS）
广域增强系统（WAAS）
地基增强系统（GBAS）
协作式空中交通管理（CATM）
系统广域信息管理（SWIM）
数据通信（DATACOMM）
NAS 声音转化（NVS）
非精密进近（NPA）
精密进近（PA）
决断高度（DH）
跑道视程（RVR）
类别Ⅰ、Ⅱ和Ⅲ进近
广播式自动相关监视（ADS－B）
综合终端气象系统（ITWS）
天气和雷达处理器（WARP）
下一代天气雷达（NEXRAD）
终端多普勒气象雷达（TDWR）
机场场面探测设备（ASDE－X）
交通流量管理（TFM）
新一代网络天气（NNEW）
增强的交通管理系统（ETMS）

运行和可支持性执行系统（OASIS）　　　　标准终端自动化替换系统（STARS）

思考题

1. 描述如何控制空中交通。
2. 联邦航空局空中交通控制系统的使命是什么?
3. 识别空中交通控制系统发展历程中的主要里程碑。
4. 空中交通控制系统关键组件是什么?
5. 讨论 VFR 和 IFR 之间的根本区别是什么?
6. 终端雷达进近控制系统的目的是什么?
7. 全球定位系统如何运行?
8. 比较和对比广域增强系统与地基域增强系统。
9. 区分类别Ⅰ、Ⅱ和Ⅲ类这三种进近方法。
10. 卫星导航具备哪几个优势?
11. 什么是广播式自动相关监视? 区分 ADS－B 和 ASDE－X。
12. 航途中和海洋上方空中交通控制系统主要组成部分是什么?
13. 什么是 NextGen? 它的目标是什么?
14. 描述 NextGen 6 个转型项目。
15. 讨论实施规模宏大的 NextGen 所面临的挑战。

参考文献

1. FAA. 2010. Action: Timely Actions Needed to Advance the Next Generation Air Transportation System, FAA Report Number AV－2010－068. U. S. Department of Transportation Office of the Inspector General, Washington, D. C. June 16, 2010.

2. FAA. 2010 Delivering NextGen, Federal Aviation Administration, Washington D. C. www. faa. gov April 8, 2010.

3. FAA. 2011 FAA NextGen Implementation Plan 2011. Federal Aviation Administration, Washington, D. C. www. faa. gov/.

4. FAA. 2011 Fact Sheet－Automatic Dependent Surveillance－Broadcast (ADS－B), Federal Aviation Administration, Washington, D. C. www. faa. gov/ 2011.

5. ICAO. 2011 International Civil Aviation Organization, Montreal, Canada www. icao. int.

6. Nolan, M. S. 2011. Fundamentals of Air Traffic Control, 5th ed. Clifton Park, NY. Delmar Cengage Learning.

7. U. S, Congress, General Accounting Office, 1995. National Airspace System: Comprehensive FM Plan for Global Positioning System is Needed. Washington, D. C. : U. S. Government Printing Office, May.

8. USDOT. 2010 U. S. Department of Transportation, Office of Inspector General Testimony Number CC – 2011 – 001 dated December 21,2010; retrieved March 20 II, from www. oig. dot. gov.

9. U. S. Government Accountability Office, 2010 Integration of Current Implementation Efforts with Long – term Planning for the Next Generation Air Transportation System. Washington, D. C. November 22, 2010.

第九章

飞机安全系统

简介

喷气式发动机的发展

- 近期喷气式发动机设计的发展

远程商业喷气式飞机运输时代

- 增升系统
- 制动系统
- 飞行品质
- 结构完整性
- 客舱安全性

大气条件下的安全设计

- 紊流
- 风切变
- 火山灰
- 结冰和降水

驾驶舱人机界面

- 早期驾驶舱发展
- 驾驶舱——B757/767和B747-400
- 驾驶舱新改进
- 机组警报系统
- 飞机通信寻址和报告系统
- 飞行管理系统
- 多重飞行控制计算机
- 中央维护计算机系统

飞行程序—起飞、进近和降落

- 起飞
- 进近和降落

建模、设计和检验工具

- 计算流体动力学(CFD)
- 风洞
- 飞行模拟
- 结构试验
- 飞行试验
- 事故和事故征候调查

未来飞机技术

- 天气预测
- 通信和导航系统
- 显示器
- 平视显示仪(HUDs)
- 电子飞行包(EFBs)

下一代飞行运行

关键术语

思考题

参考文献

学习目标

学习完本章后，你应该掌握以下内容：

- 认识到喷气式发动机的发展和进步对解决燃料消耗、噪声问题、可靠性、耐用性、稳定性和推力等问题起到重要的作用。
- 描述 B－47 发展进化中技术上取得的几个突破性进展。
- 解释增升系统的改进如何提高飞机的安全性。
- 列举并简单描述五个制动系统取得的进展。
- 讨论与安全相关的稳定和控制特性的重要性，并举例说明动力控制和低速失速特性取得的发展。
- 理解在过去几年飞机设计所使用的标准和程序形成了使用期限长的抗损且安全记录良好的结构。
- 解释什么是自动防故障装置的设计。
- 列举和讨论界定飞机老化的参数。
- 描述解决风切变、火山灰、结冰和降水这几个问题的方法和采用的新技术。
- 总结对改善安全有过重大贡献的一些驾驶舱技术变革。
- 解释计算流体动力学如何促进机翼设计和发动机与机身结合的研究。
- 讨论以下技术对改善飞机发展和安全的重要性，这些技术包括风洞、飞行模拟器、结构试验、飞行试验、飞行记录器和驾驶舱语音记录器。

9.1 简介

技术的快速发展促进了极为复杂的尖端商业飞机的发展。以前要求高且需要手动操作的大部分任务现在都自动化了。例如，新的电传操纵的概念割断了飞行员和机翼及机尾的机械连接。电传操纵指采用从侧杆（或自动调控轮）到飞行控制计算机的飞行控制。系统的类型可以分为很多种形式。对于很多飞机来说，如空客 A320 安装了保护装置，可以避免飞行员超出特定的安全范围。

飞行员经常认为他们可以驾驶飞机靠近传统飞机的边缘，抓住最后一次表现的机会。实际上，反应过度和保持不可改出的姿势或者胆子太小不能达到要求的表现时最容易出现危险。例如，密集的交通需要快速输入俯仰和坡度数据，根本没有时间考虑限制因素。对于传统的飞机，电传操纵系统自动把侧向倾斜能限制到 67 度，它可在进近阶段出现风切变改出过程中防止产生过载 2. 5G 的影响。陈旧的传统飞机也许没有改出工具，除了目标俯仰姿态以外还要有另外的仰角才能启动抖杆发生器。其他飞机也许有更准确的飞行指挥仪确定俯仰目标，但是目前还没有对失速采取任何预防措施。给安装电传操纵的飞机加装上一个出色的具有飞行指引和失速防护的速度参考模式，即使杆全部伸开，也有明显的优势。能够让飞行员按照命令提示上仰，而且不用担心做过头，这个特性是难能可贵的。换句话说，传统的飞机可能通过接近飞机极限而获得额外理论上的边际性能，这其实并不重要，真正重要的是飞行员实际可拥有的性能水平。

飞行员很快又重拾自信，因为电传操纵不允许超过限制，这样促进了在安全飞行包线下的操纵，可能比没有安装电传操纵的飞机更敢接近这个包线。

飞机的很多技术都可以归因于工程师拥有的很多新改进的设计工具。风洞、仿真模拟以及模拟和数字电脑都对目前喷气式飞机大大地改善安全记录做出了贡献。莱特兄弟空气密度检验通过打造风洞的方法又取得了辉煌的成就。

本章的目的是讨论科技财富和设计工具的技术如何促进目前的喷气式运输机队取得优秀的安全记录。另外，后面还将讨论一些可以进一步改善未来飞机安全性和效率的新技术。

“二战”加速了很多技术的发展，喷气式发动机、雷达和掠翼是其中三大技术，它们直接被用于喷气式运输机的发展和使用。20 世纪 40 年代晚期，航空公司拥有的唯一一种飞机是由螺旋桨驱动，由大型的往复式发动机提供动力。不断增加它们的规模和性能需要以降低发动机的可靠性为代价。发动机失效成为很多事故的一个重要因素。

经过初步发展，人们意识到喷气式发动机的可靠性、安全性和性能都有所改善。喷气式发动机的最大挑战是它倾向于在高空高速运行。这就引发了掠翼的设计，它可以承受更高的机翼负载。以高速飞行到达高空接近飞机的临界马赫数时，包括晴空紊流和喷射流在内，都是对飞行员技术的挑战。这些因素的影响和目前提高喷气式飞机的安全性以及效率的技术解决方法确实非常有意思。

随着波音 B－47 的出现，喷气式运输时代开始到来。波音 Dash 80 原型出现 7 年以后才发明了波音 B－47。这些大型掠翼喷气式飞机存在很多飞行安全的问题。这一章将主要介绍这些对喷气式飞机的安全性起到关键作用的技术。

9.2 喷气式发动机的发展

喷气式发动机的发明主要归功于两个人，一位是来自英格兰的 Frank Whittle，另一位是来自德国的 Hans von Ohain，“二战”前和“二战”期间他们都进行各自的研究。经过 Hap Arnold 将军的努力，英国将 Frank Whittle 的产品推广到美国发动机公司。通用电气公司开始为美国空军提供喷气式发动机，西屋公司也开始为海军提供喷气式发动机。通用电气首先生产了轴流 J－47 发动机，然后被大量地用于 F－86 和 B－47 型号的飞机。普惠公司将 J－57 用于B－52 和 707 系列飞机。

经过发动机生产商多年的努力，在解决燃料消耗、噪声、可靠性、耐用性、稳定性和推力等方面取得了飞速的进步。喷气式发动机的性能和可靠性的改善，使其迅速地取代了活塞发动机，因为随着发动机形体不断增大出现的问题也越来越多。喷气式发动机日益简化且维修频率的减少降低了人为失误的可能性。控制的简化改善了驾驶舱的布局和显示环境，相应地降低了人为差错的概率，这些内容将在下文中探讨。

喷气式飞机的性能直接受推进效率影响，与飞机速度成正比。飞机速度增加后，螺旋桨效率降低，因而高速度飞行很不现实。可以说人们为改善喷气式发动机的性能做出了很多努力。飞机生产商要求生产不同推力水平的发动机以满足不断变化的业载航程的要求，这一方面已经取得了进步。

这些发动机不得不满足更加苛刻的噪声要求。随着每磅燃料的旅客英里不断增加，过去 40 年来大多数改进措施都是针对发动机和它的安装。当人们注意到这种性能的改善是得益于发动机可靠性与安全性的提高，这种喷气式飞机技术给人的印象就更深刻了。尽管空中停车（IFSD）率以及推力和系统同时出现故障只是安全考虑的一个问题，但是飞机设计时就应该考虑到预防这种事件的发生。另外一个问题是失效模式（被动失效或磁盘损坏），对待它要采取不同的措施。这是安装吊舱式发动机的主要原因。

近期喷气式发动机设计的发展

在21世纪第一个10年中，航空运输业由于通过计算机辅助设计和测试促成喷气式引擎取得了长足进展。新一代飞机最大限度地利用最新合成材料和设计过程，以降低重量、提高性能和降低维修费用。石墨、凯夫拉尔和玻璃纤维等轻质复合材料正在应用于整个飞机的主要结构和低工作温度的喷气发动机风扇叶片。波音757飞机复合材料的使用如图9－1所示。此外，最新的空客和波音飞机改善了燃油性能，减少燃油消耗，促成较小的碳足迹和较少的二氧化碳排放量总体水平。同样，通过现代喷气式发动机速度较慢的风扇速度和较低的引擎速度，发动机的噪声问题得以改善。

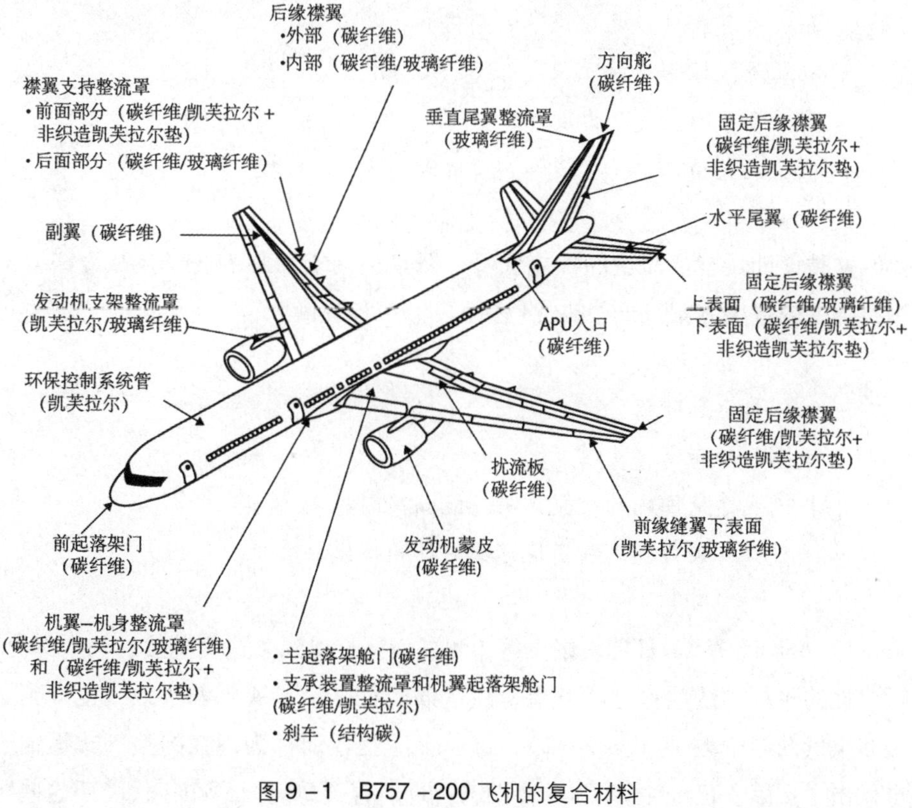

图9－1　B757－200飞机的复合材料

来源：波音公司

9.3 远程商业喷气式飞机运输时代

商业运输飞机跨越式的大发展从波音 B－47 开始，它是 1947 年 12 月 17 日在莱特兄弟首次试飞 44 周年上第一次亮相的军用喷气式轰炸机。一些设计师以这种方式使飞机适用于这种新型喷气式推进系统，从而充分利用喷气式飞机的性能特点。波音跨音速风洞是一个非常有价值的工具，它可以帮助成功地安装配置。以下列举的一些机身基础性差异体现了 XB－47 设计的特点：

- 大倾角的掠翼（35°）
- 高展弦比的规划模式（9.43）
- 非常宽泛的变速范围
- 存续时间长和高空的操作
- 高机翼负载（是之前设计的两倍）
- 机翼薄（12% 后弦比恒定）
- 非常干净的空气动力设计
- 吊舱式发动机

这种设计具有革命性的性能优势，但是也确实面临着安全挑战，需要采用技术上的解决方案。这些挑战包括：

- 如何起飞和降落
- 考虑制动距离
- 较大变速范围内的控制系统性能以及颤振
- 这种机翼设计模式和变速范围的结构整体性

1947 年 12 月 17 日首次试飞后，测试项目只遇到了这些挑战的一小部分。试验性的飞行测试项目已经开展，在这期间很多设计决定都生效，也学到了很多宝贵的经验教训（图 9－2）。每一个经验教训都为现在的喷气式运输安全做出了贡献。已经生产 2000 多架 B－47，直到 20 世纪 60 年代晚期这些飞机还在运行，这再次为现在的飞机安全做出了很大贡献。

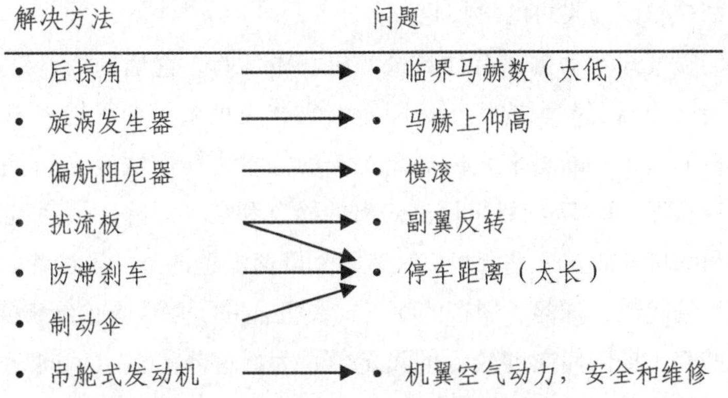

图9-2　从B-47发展中学习的经验

另外一次跨越式的大发展始于波音B-367-80原型。Dash 80充分吸取了B-47的经验教训。它与B-47的一个很大的区别是它重新使用前三点式起落架，这样它的增升系统就可以适合起飞和降落，并且在机轮上增加重量以提高制动性能。这些变化将与控制系统、结构和源于Dash 80原型的其他技术的改进一起讨论。

9.3.1　增升系统

增升系统的发展必须与活塞发动机到喷气式飞机的转变保持同步。早期喷气式轰炸机使用简单的后缘襟翼，开发但是并没有采用前缘缝翼。这些后缘襟翼为起飞急剧爬升的问题提供了一个低阻力的解决方法，但是却为进近降落制造了另一个问题。由于在进近时襟翼阻力非常小，发动机的功率设定也很低，使发动机快速地加速到复飞的功率非常难。由于这些低阻力襟翼，下滑道控制也非常困难。B-47已经设置好着陆状态，发动机大概需要13秒就能加速到60%的转速。部分解决方法是合并多元有槽的后缘襟翼，它可以提供所需的更高阻力和功率设定，剩下的办法就是减少发动机的加速时间。

由于起飞和降落长度性能的改善和失速裕量的增加，合并前缘襟翼可以保证更安全。一些早期的喷气式交通工具合并前缘襟翼主要原因在于，喷气式飞机和活塞发动的飞机有不同的起飞特性。螺旋桨飞机的机翼清洗是低速飞行安全的内在因素，使飞机可以在低于失速速度的空速继续爬升。喷气式飞机的前缘缝翼将安全的范围延伸到更低的速度，允许起飞和急剧爬升的边际接近那些螺旋桨飞机。早期喷气式飞机未安装前缘缝翼所造成的一些冲出跑道事故都被归因为飞机的早抬轮。

早期的喷气式发动机在有限数量的机场中运行，它们的增升系统适合这些遇到的高度和温度范围的机场。随着喷气式飞机旅行变得越来越经济，使用这些飞机的机场不断增多，而襟翼系统的技术也转而适应它们。为了使用较短的跑道长度，B727 项目采用高偏离的缝翼和三元后缘襟翼系统发明了一个高外倾角的机翼。这个系统可以在进近和降落低速的条件下操作，727 项目也能在较短的跑道上降落。现在的喷气式飞机合并了双位置前缘缝翼的缝翼，为低阻力的起飞提供偏向度较低的设定值，为低速降落提供偏向度较高的位置，从更低的驾驶舱角度提供更好的能见度。

良好的增升系统的另一个优点是在外翼上有一个更大的前缘缝翼设备的外倾角，从而在失速时更稳定，而且有更好的失速性能，安装到一个更宽大的飞机上提高安全性。为了提高安全性和改善失速性能的同时在起飞时维持小外倾角的前缘缝翼，B757 在它的配置上增加了自动前缘缝翼。这个特点在自动前缘缝翼达到迎角时提供失速的额外边际。这个特点还在发生风切变时提供了额外的机动边际。

9.3.2　制动系统

过去几年里，飞机制动系统有了一些改进，大大地提高了安全性。它们包括防滞装置、熔断丝塞、自动刹车、减速板和反推装置。

防滞装置。与螺旋桨飞机相比，喷气式飞机在起飞和降落时速度很高，需要采用更有效的制动设备。防滞系统被认为是喷气式时代早期的一个必需系统。大多数时候飞行员根本不需要任何防滞装置。跑道很干而且很长，不用急刹车就可以使轮胎减速。但是，当跑道太滑和太短的时候，防滞系统能使刹车效果最大化就非常重要了。

早期的防滞系统建立并成功地在大型螺旋桨飞机的双轮主起落架装置上进行了试验。但是，由于第一批喷气式飞机合并了多轮主起落架，防滞系统的设计很快遇到了一个新的技术难题，四轮主轮的早期防滞系统控制纵排的两对机轮。后来，单独控制每个机轮的技术合并，使防滞系统的效果得以最大化。包含微处理器的电子防滞系统提高了现在防滞系统的可靠性和效力。

工程材料拦阻系统（EMAS）。FAA 要求在 FAR139 部下运行的商业机场要尽可能在跑道端头设立 1000 英尺的跑道安全区。由于部分机场不太可能达到这一要求，可以在跑道端头安装EMAS以防止飞机冲出跑道。目前在美国35座机场安装了51套EMAS，已经成功阻止了部分飞机冲出，避免了人员受伤和飞机受损。

熔断丝塞。早期高速中断起飞的测试期间刹车后轮胎的气压逐渐增强导致轮胎爆炸，大块的橡胶打到机身上。机轮上低熔点的熔断丝塞使轮胎在严重受热和即将爆炸前放气。

自动刹车。自动刹车系统是目前提高安全性的系统。这个系统在降落和中断起飞期间可以实现自动刹车。降落自动刹车系统控制制动压力。倘若有足够的跑道摩擦力维持这个水平，使飞机减速维持在飞行员五个选定值之一。中断起飞自动刹车系统在超过固定速度（如85海里/小时）关断油门上使用全面制动。采用自动刹车可以让飞行员集中精力关注其他行为，如使用反推和指导飞机平稳和安全降落。

减速刹车。尽管使用主轮闸使飞机停止在跑道上是最主要的方法，辅助制动设备技术的发展与机轮刹车系统的发展已并驾齐驱。在机轮上施加卸负荷被认为是提高机轮刹车效力的必要条件。早期的喷气式飞机使用扰流板（减速刹车）来增加主轮的卸负荷。在后来的型号中这些设备使用的翼展百分比有所增长，同时也增强了使用效果。在后来的型号中使用自动展开的扰流板大大地提高了制动性能。着陆后，只有当所有的扰流板同时展开时，为沿翼展方向的扰流板排序可以取消上仰。

反推装置。进入支线机场的商业喷气式飞机不能没有反推装置。尽管联邦航空局的法规不要求安装反推装置，但是它们是大多数航空公司的必需装置。喷气式飞机能够在联邦航空法规要求的机场范围内在湿滑的跑道上降落。以前的经历告诉我们反推装置的一些类型在高速降落时失去了效力，因此要求机身生产商进行测验以核实早期反推的概念。

B737－100和B737－200的设计代表了波音公司的一个转变，由于发动机安装位置紧靠机翼底面和十分接近地面，最初的设计决策非常经济，它使用波音B727的整个电源组和吊舱。反向器配置部分地截留了位于后缘襟翼和前缘缝翼设备之间的反向器喷射气流，制造了一个空气的“气团”，飞机在地面效应下浮在“气团”上，大大地降低了制动效果。反向器彻头彻尾地重新设计包括延长吊舱一个目标反向器的后部，这使制动性能取得巨大的进步。实际上，B737－200具备一个有效的反向器，这样飞机只使用反推装置就可以在联邦航空法规规定的湿跑道距离之内停止。

9.3.3 飞行品质

在飞行之前，B－47 喷气式飞机的飞行品质明显受到掠翼、高速和高翼载的影响。一些技术进步提升了这种配置的操纵品质，目前波音 B757、767 和 777 以及空客 A320、330 和 340 的飞行品质是航空业的标准。

飞机的稳定性和控制特性对飞机的安全飞行有非常重要的影响。飞机对发动机停车、系统故障或者大气干扰的反应必须是经过训练的商业飞行员能够控制的。为了确保这种可控性，随着大气干扰建模的不断改善，为飞机动态响应建模的技术也在持续发展。然后这些模型将并入飞行模拟器，设计的飞行驾驶评估已经为最好的飞行品质和飞行员技术提供指导。除了这些模拟器以外，还开发了一种确定飞机配置的技术，包括为自动飞行控制和稳定增强系统制定的最佳控制规则。计算机和模拟器推动了这个进程并提高了飞机的安全性，这些内容将在下文讨论。

动力控制。在当时，B－47 所有控制面上的闭路液压位置伺服最为先进。每个轴都通过伺服系统的标号和平衡空气动力的空腔安装手动后备调节装置。液压动力的升降舵负荷感觉器是 Q 型弹簧提供的。它可以感知压力的增加，适应飞行员的负荷感觉器系统，以避免在机动飞行时疏忽大意超出飞机结构限制而损害飞机。通过提供更加可靠和多重的液压供应，喷气式飞机的应用技术顺利实现了从推动到手动控制的转变，大大地提高了液压系统和制动器的技术水准。它还可以避免出现堵塞控制故障模式。

在 B－47 液压控制系统变得完美之前，B－52 设计又出现了。B－52 所有的轴都是手动控制。升降舵和方向舵控制有 10% 的弦面，可变仰角水平稳定器被用于纵倾和控制。副翼控制由机翼扰流板控制执行，它在 B－47 上首次试飞。在商业设计中，方向舵和升降舵的尺寸不断增加从而提供更多的发动机停车控制和机动性能、稳定器配平失误以及纵轴的改出俯冲功能。

扰流板横向操纵面在 B－47 中经受试验，人们发现由于副翼产生的相反且比偏离的副翼量级更大的升力分量，造成机翼合成的弹性扭力，导致副翼控制在空速高时发生颠倒。

波音 Dash80 原型进一步将副翼和扰流板控制完美地结合到一起，这样基本上控制输入不会出现任何偏航或者俯仰的耦合。与横向操纵面输入相关的偏航正好被扰流板的偏航平衡。

B－47 还在高速飞行时遭遇激波相交。掠翼从很大程度上延迟了这种情况，但是当接近 1 马赫时它们就会出现。这个问题在飞行时被彻底地调查过。解决方法很简单，在机翼上安装被称为涡流发生器的小风向标，改变边界层的激波相交从而减少了上仰，增加了缓冲裕度，在空中也能进行更大的转弯。以后的运输机设计证明这些设备是有价值的。

在 B－47 飞机上发现的另一个飞行品质是掠翼的横滚特性有相当大的差异。对于直翼来说，它主要是机头震动，但是安装掠翼以后，它具有的大轨辊与偏航稍微有些不协调。它在飞行前进行计算，没有两面角的横滚模式可以完全衰减，但是飞行测试表明情况并不是这样。此外，电动偏航阻尼器的发明解决了这个问题，技术也迅速发展。它可以感知在这个模式下的偏航动作并向相反的方向掌舵，由此减轻了飞行员额外的工作量并降低了飞机在紊流中翻倒的可能性。电动偏航阻尼器被证明是一种使用期限长的解决方法。电子偏航阻尼器用于所有当今的商业喷气式飞机上。

低速失速的特征。增升系统的设计面临着一个挑战，因为这些系统必须在任何地点和任何情况下为商业喷气式飞机提供安全的起飞和降落包线边际。该系统还必须在完全没有可能发生失速的情况下展示符合要求的飞行品质。

早期掠翼的设计展示了落后的失速特性，因为翼尖首先停止转动。剩下的内侧机翼升力位于重心的前面，使飞机处于一种不可接受的上仰倾向。机翼技术包括选择翼面和机翼扭曲度，最初前缘缝翼和后缘襟翼的阻力通过使用风洞不断前进，然后通过飞行测验。后来，通过运用流体动力学计算可以更好地理解这个问题。

两种技术，自动抖杆器和自动前缘缝翼间隙装置，在起飞和降落时提供良好的失速性能，具有非常好的效果。最好的设计理念是首先致力于避免出现失速。一些翼面和机翼的组合可以在达到失速迎角时出现抖振为飞行员提供充分的失速警报。高性能的机翼发明以后，这种抖杆边际还不够，还提供了自动抖杆器。这种系统的技术要寻找最好的传感器和位置揳入。当人们发现密封的前缘缝翼的特性改善了起飞的性能，在失速时飞行品质比较差，开始采用自动前缘缝翼。解决办法就是在即将失速时自动打开前缘缝翼的间隙。

使用模拟器可以大大地改善失速的安全性。在以前展示飞机失速和改出技术时，人们发现这个解决办法太无法宽恕了以至于学生采用了不合理的飞行技巧。现在可以在模拟器中安全地进行失速避免和改出。失速特性在飞行测试中受到充分的研究，在很多情况下测试包含 700 多个失速事件。设计师急切地想在失速速度尽量慢的情况下保证整体安全，同时降低结构重量。发现一个充分的稳定和控制配置很难实现，却很有必要。

9.3.4 结构完整性

结构完整性对商业飞机安全的重要性是显而易见的。不太明显的是遭遇的断裂力学问题，以及喷气式飞机的耐用性可以延长自己的使用寿命超过以往任何飞机。B－47 和哈维兰彗星型客机是第一批投入运营的大型飞机，它们都遇到了金属疲劳的问题。彗星型客机遭遇到机身外皮疲劳问题，结果导致了一系列事故的发生。随后对这些事故的调查和 B－47 疲劳问题推动了飞机结构设计技术的工艺水平的迅速发展。美国空军开始执行低级别的防撞雷达任务后，B－47和 B－52 疲劳问题才暴露出来。

商业飞机的真正挑战是它们要在较低的压力水平下经历更长的飞行时数。1 小时的低压飞行相当于 80 小时的巡航。学习到的这些经验可以与所有人分享，生产商也从飞机安全性改善过程中受益。

材料断裂力学的特性之一开始公布于众。实验室对比了三个不同铝合金的抗张强度数据，以及受裂缝长度的影响。以往在通常情况下，工程结构诸如飞机、登机桥、建筑和管道的设计要达到一个新的未裂开的强度，包括安全系数。这种安全系数目的是通过腐蚀、疲劳和损害等过程进行降解。现在人们很清楚地认识到，在经过疲劳、腐蚀后，工程结构应该还有足够的强度而且可以检查损害的程度。

很大一部分功绩应该属于电子显微镜。通过使用电子显微镜检验失效的构造破坏面，可以清楚地看到这个结构每次被加载后，就会出现裂纹增长。通过检查大多数安装的疲劳和腐蚀裂纹，人们也可以清楚地看到大多数飞机材料的疲劳和腐蚀裂纹始于材料的暴露面。

飞机设计师的注意力集中在裂纹增长率、裂纹结构的强度和这些系数在不同材料中有何差异。研究发现，裂纹增长率是加载的一个函数。后来人们又非常关注对载荷循环的理解，商业飞机在使用时会看到这些载荷循环。

结构安全。过去 30 年来，商业飞机设计中使用的标准和程序产生了使用期限长、抗损坏而且安全记录极佳的结构。这些成就都是通过费尽心血的关注详细的设计、生产、维修和检验程序实现的。结构安全是一个循序渐进的成果，关注细节是这个成果的关键。这些设计理念得到了测试的支持，该系统用于确保商业喷气式飞机的机队在整个使用期限内都能安全地飞行，这些理念非常有效。该系统有三个主要的参与者：

- 制造商，它负责设计、构建和支持服务中的飞机。
- 航空公司，它负责运营、检查和维护飞机。
- 适航当局，它负责制定法规条例，批准设计和提高航空公司的维修性能（图 9-3）。

飞机的结构安全取决于该系统中所有参与者的辛勤工作。安全的职责不能仅仅单独指定给任何一个参与者。

所有的喷气式飞机都设计成抗损坏的，这个理念是从以前自动防故障装置发展而来的。从整体上来讲，自动防故障装置设计的运行经验在成千上万次飞行中都表现良好，在飞行中疲劳和其他类型的损坏都已经检测出来并进行了维修。航空业专家正在争论的问题是随着这些飞机接近或者超过了原先的经济寿命的目标，现在使用 20 世纪 50 年代和 60 年代自动防故障装置设计原则是否还恰当。请注意抗损坏设计的飞机结构（见下一节飞机老化）的服务寿命是没有限制的，倘若实施了必要的检查、及时的修理和替换损坏的结构或者针对飞机可能超过经济设计寿命的目标采取预防性的修理，运营效率将受到相应费用和维修频率的影响。因此，耐用性限制了结构的使用年限。

飞机老化。目前联邦航空局和航空公司面临的一个主要问题是飞机老化。根据定义，老化的飞机是指现在正在运行但接近或者超过了它们原先计划的年限、飞行周期或飞行时数等设计目标的飞机。联邦航空法规没有直接对飞机使用年限等衡量标准直接做出任何规定，但是设计师们通常认为飞机的寿命为 20 年。对于第一代喷气式飞机，一些设计师认为它们在 20 年内工艺就会被废弃。根据这个衡量标准，很多早期的型号都属于这一类，包括目前仍在飞行的 DC-9s、B-737s、B-727s、B-747s 和 DC-10s。

另外两种衡量老化的标准是飞行周期数和服务中累积的飞行时数。

FAA 最近的监管变化已经澄清老旧飞机的监控要求。“二战”后美国设计和认证的商业飞机，只要进行合适的检查、维护和维修，机体的寿命可能是

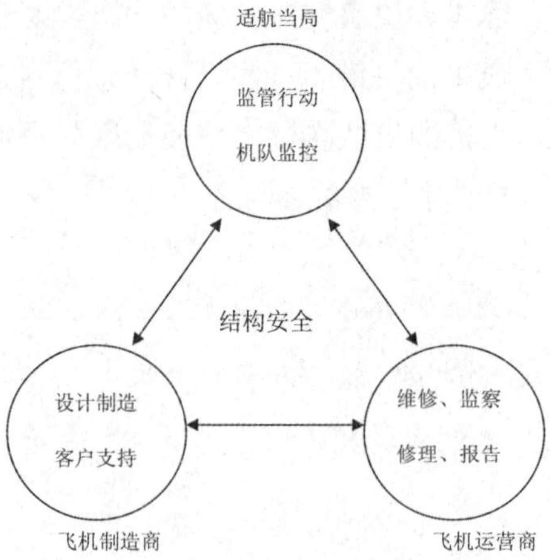

图 9－3　结构安全系统相互作用

无限的。这个假设的基础是FAA和整个行业在20世纪50年代采用自动防故障理念。这要求一个重要的结构元素出现完全故障或者明显的局部故障后仍能保持特定水平的剩余强度。美国早期的喷气式飞机和涡轮螺桨飞机设计、测试和经过联邦航空局证明都没有特定的寿命限制。截至20世纪70年代中后期，这个机队的服务经验总体上显示结构安全水平还比较满意，还提供了很多说明实例证明自动防故障装置的有效性。

然而，阿罗哈航空公司243航班不同寻常的情况极大加快了飞机老化的研究。1988年4月28日，B737－200经历了爆炸性释压，导致飞机需要紧急降落在夏威夷岛，NTSB调查报告得出的结论是：这次事故是由金属疲劳引起的。飞机的年龄成为关键因素（19年了），这架B737经历了大量起降循环89090次，这个起降循环次数在当时位居全球第二。图9－4显示了当时飞机降落后紧急撤离的情况。

1988年的阿罗哈航空公司紧急释压事件使公众和国会的注意力放在老龄飞机上。这次事故和其他结构失效促使对目前采取的解决老龄飞机结构完整性的方法进行复查。疲劳引起的损坏是老化飞机这一问题的主要原因。一方面，当合理地检查和维护飞机时，应该在达到设计寿命很久之前就能了解和监控腐蚀和意外损坏。另一方面，疲劳引起的损坏问题随着时间推移越来越严重，需要按照飞行时数或飞行周期或者两者衡量更加合理地使用。

机身的疲劳损坏主要是因为在每个航班中重复应用压力变换。机翼的疲

图9－4　阿罗哈航空公司243航班紧急撤离（美联社图片）

劳损坏是在每个航班中出现的空地循环以及飞行员进行的机动飞行和空气的紊流导致的。因此，飞行时数的设计寿命目标对于机翼来说比机身更重要。疲劳引起的损坏没有规律可循，在结构中任何一点发生疲劳损坏的可能性随着时间不断增加。由于检测损坏具有不确定性，维持适航性时抗损坏能否成功取决于损坏出现的低概率和检测的及时可靠。大型运输机是一个复合结构，结构中大量的点都有可能出现疲劳裂纹，这些裂纹会扩展到剩余强度小于抗损坏要求的临界点。结构中可能发生裂纹的点的数量随着结构的使用年限而增加。随着起始点的数量增加，在强度退化到最大限度时未能检测出至少一个点的可能性也会增加。换句话说，有时候结构中某一点未能具备限制复合的性能，对于机身来讲风险就更大以致不具备适航性。因此，甚至是抗损坏的机身也要在使用寿命年限内进行额外的检测、维护和修理才能维持适航性。机身常见的情况包括以下几个方面：

- 裂纹始于沿着拼接处面板中心扣孔的边缘。
- 经过重复的飞行周期，这些小裂纹连接起来形成一小块覆盖几个小洞的补丁。
- 补丁变得足够长以后，它就会迅速变大，在定期检查中可以检测到。

如果出现这种迅速变大就会被裂缝搭接片或者框架或者两处出现的裂缝

转弯处阻止，结果就会安全释压，飞行员就可以安全地使飞机着陆。尽管这种情况事实上出现过，但是这不是唯一可能出现的情况。我们可以想象到至少另外两种情况，裂纹也许不会被裂缝搭接片阻止（例如，如果裂缝搭接片的扣件孔已经有小的裂纹或者如果几个毗邻的凹进处也存在普遍的裂纹）。在这些情况下，裂纹会继续沿着拼接处迅速扩展，导致不受控制的释压，这样的话裂缝搭接片或者框架都不能履行原先自动防故障装置的职能。事实上，这就是阿罗哈航空公司事故中所发生的，不受控制的裂纹扩展导致很大一部分机身都丧失了其功能。之前提到的结构条件被称为多部位损伤（MSD），其中裂缝搭接片和毗邻凹进处的裂纹广泛存在。无疑，多部位损伤更有可能存在于使用强度高的飞机。维护老化飞机安全性的一个关键因素是确定多部位损伤开始时飞行周期或飞行时数或者两者的使用年限。

在分析这种现象时，人们设想机身按照预期进行设计和生产，这样老化与众所周知的浴缸曲线中磨损阶段有关系。由于设计和生产控制都不是完美的，设计目标寿命结束之前机身上就出现了裂纹。这不是一个老化问题，而应该看作设计或建造存在缺陷的全体地点。一些地点是飞机疲劳测试中显示出来的，另外一些地点是飞机早期使用经验中显示出来的。随着裂纹被检测出来并采取纠正措施，新的热点裂纹率随着时间的推移不断降低；最终结果是任何给定时间裂纹位置的总数都很少。经验表明，在使用期限阶段未检验出的裂纹风险可以通过合适的检验与维护计划控制到一个安全的水平。

总而言之，老龄的机队所面临的主要技术问题如下：

- 多部位损伤，它是结构广布的裂纹产生的一种不良反应，取消了系统可靠性和离散源的抗损坏性。多部位损伤开始后，保护飞机的结构安全不能依赖多路径负载或者商业运输机的裂纹阻止自动防故障的特点。
- 腐蚀，这是一个随时间变化的过程，减小了结构部件的尺寸，最终导致压力更大，结构边际更低。在导致结构出现裂纹的因素和没有完全量化以及结构抗损坏和自动防故障设计中并没有考虑到的因素之间，腐蚀还会造成不利的协同作用。
- 非破坏性的检查，它是评估老龄机队健康状况的关键。人们不能依赖它确保飞机持续保持适航性，它也许接近裂纹广布的开始，也就是说，多部位损伤的临界值根据年限、飞行周期或飞行时数测定。

- 结构维修，它在老龄的机队中更普遍，目的在于重获静止强度，也许不能完全满足抗损坏和自动防故障的要求。
- 终止动作——这是联邦航空局的用语，它意味着结构动作有必要消除多部位损伤，没有元件和全面试验的数据库，但是这个数据库可以与最初结构经过认证的数据库相比较。因此，在没有进一步的检测和分析的情况下，无论是终止动作的设计寿命还是持续适航性的检查间隔都不能确定。

幸运的是，美国联邦航空局在 Aloha 航空公司发生事故后所采取的行动已值得注意。1991 年，美国国会通过了老龄飞机安全法案，要求空运承运人证明维修老龄飞机上敏感部分已经“足够和及时，足以确保最大限度的安全”。这项立法由美国联邦航空局编纂作为老龄飞机安全规定（AASR），要求航空公司确保修理或对他们的飞机所作修改具有损伤容限功能。2005 年 1 月 25 日，美国联邦航空局发布最终 AASR 规定，要求每 7 年对所有 14 年以上的运输飞机进行重复检查和记录审查。2007 年 11 月，美国联邦航空局发出咨询通告 120 - 93，提供《修理和改装的损伤容限检查》详细的指导，3 年后，2010 年 11 月，美国联邦航空局发布最终规定，被认为是老龄飞机广泛疲劳问题的一个全面的解决方案。这一新规定旨在防止普遍疲劳损伤（YVFD），要求飞机制造商建立特定的飞行循环或飞机可以运行时间，并在没有额外的检查疲劳情况下免于 YVFD。至少 4000 架美国注册的飞机受这一新规定影响，如果全球范围内采用这一新规，受影响飞机的数量可能增加一倍以上。

9.3.5 客舱安全性

在飞机哪个位置坐着最安全？1985 年提出这个问题的那些人都意识到在飞机坠毁中存活是非常可能的。但是他们中很少人会明白存活和客舱安全性很大程度上不仅仅取决于座位的位置，更好的紧急操作步骤和设备，不同的客舱材料和更坚固的座位才能造就更高的存活率。1985 年，国家运输安全委员会阐述了客舱安全的几个方面。一项关于水上迫降中应急设备和应急程序的研究表明，设备和程序都存在不足或设计存在缺陷（这里的水上迫降的含义是应急当时，飞机损坏小，有时间做应急准备和执行应急程序，而不是短时间的坠毁或无警告的坠毁)。国家运输安全委员会建议在救生设备、旅客通知、应急滑梯、幼儿漂浮装置、机组坠机前生存训练等方面加以改进。

当年晚些时候，国家运输安全委员会对航空公司旅客安全演示进行了一次研究。过去国家运输安全委员会推断，“旅客的存活受到威胁”，因为他们对客舱安全性和撤离了解得并不多。该研究还发现了较大的差异，有时口头演示和座椅靠背上放置的安全指南卡说明不太准确。

飞机的有效撤离还取决于飞机上的空乘。1985 年 10 月，联邦航空局发布了一个规章制定通告，要求为飞机机组人员和空服人员提供防护性氧气设备。国家运输安全委员调查完 1983 年 6 月加拿大航空公司 DC－9 在辛辛那提国际机场发生的致命火灾后，提出供给氧气设备的建议。10 年前国家运输安全委员介入国外客舱发生火灾的调查后曾提出这个建议，这个建议重复了当时那个建议。国家运输安全委员相信如果没有防护性氧气设备，空服人员很容易被火苗和浓烟所伤，不能有效地使用灭火器，在撤离的过程中也就发挥不了作用。1985 年，国家运输安全委员还支持制定规章制度的请求，为空乘设定执勤的时间限制。

鉴于公众注意客舱安全问题，美国联邦航空局采取了许多规管行动，以增加航空事故中的乘客生存可能性。这些改进包括：

- 阻塞火的坐垫，防火或减轻其影响。美国联邦航空局咨询通告 120－80（1/8/2004)，提供了如何处理飞行中火灾的详细指导，强调机组立即主动采取行动的重要性。
- 紧急地板照明，疏散的机会和速度改进 20%，真正情况下客舱那里有大量的烟。改进的客运安全演示和客舱安全数据卡亦有积极的影响。
- 在 2009 年 10 月 27 日以后的飞机根据 121 部座椅必须能够承受 16 倍重力（16g)。使用测试假人，这些座位必须经过动态测试和评价，以确保它们在要求严苛的航空环境中是有效的。

9.4 大气条件下的安全设计

持续时间长、海拔高和高速的飞行在很大程度上受到很多不同的大气现象的影响。其中四个最重要的方面包括：

- 紊流
- 风切变
- 火山灰
- 结冰和降水

第一道防线是检测和避免这些危险因素。当这个策略不能实行时，万一遭遇到这些大气现象，解决方法就是进行安全操作和练习。两种方法目前都已经取得了很大的进步。

9.4.1　紊流

喷气式飞机在一段时期里开始在高海拔运行，很明显高海拔处大气湍流的构成不同于低海拔。起到帮助作用的一个进步是加速度—载荷（G 值），测高仪（VGH）。测试表明需要进一步研究，一个途径就是高空晴空紊流方案（HICAT）。在这个方案中搜集的数据明显地改变了商用和军用喷气式飞机的设计标准。

喷气式飞机时代早期，严重的空气湍流中多次出现“喷气干扰”。对这些现象的研究可以让我们更好地了解遇到类似情况时应该如何安全地驾驶喷气式飞机。研究结果表明，不能改变配平值，不能取消早期自动驾驶仪自动配平的特点和空速或马赫数保持方式，如果必要的话，保持飞行姿势并稍微改变空速和高度。

1983—1997 年，国家运输安全委员会调查了 99 起紊流事故和事故征候，其中涉及 2 例死亡，117 人重伤。其中很多伤员的脊柱、颅骨或四肢骨折，如果他们系上安全带，大多数伤害都可以避免。

自 1972 年以来，委员会向联邦航空局和国家气象局提出了几条安全建议，它还参与了无数次处理紊流的危险因素的调查。例如，1993 年 3 月，一架 B747 货机在飞离阿拉斯加州安克雷奇时，发动机在严重的紊流条件下脱离飞机。这项调查以后，委员会建议国家气象局使用多普勒气象（WSR－88D）雷达对紊流进行更详细的预测。国家气象局已经实施了这个建议。

委员会调查了美国联合航空公司 B747 飞机遭遇的另外一次严重的紊流天

气，这次紊流于1997年12月27日发生在太平洋西部。其中1人死亡，很多乘客和空乘受伤。委员会的调查集中在紊流预报、飞行机组人员培训、紊流信息的发布和预报将发生紊流地区的机组工作程序。

国家气象局航空气象中心在利用晴空紊流和地形波预测上也取得了进展。另外，联邦航空局航空气象研究计划建立了一个解决紊流问题的多学科团队，来自国家大气研究中心的研究人员正研究新的算法，使用国家气象局多普勒气象雷达获得的数据检测紊流。国家大气研究中心的研究人员还开发了一种软件，它可以将空运的商业飞机转变为一个实时性的感测紊流的平台。当飞机经过紊流时，该软件将采用机载传感器和计算机测量并分析紊流。这些数据将传递给国家气象局，用于构建一个准确、实时的紊流地图。

9.4.2 风切变

随着航班的频率增加，与风切变有关的起飞和降落事故也不断增加。风切变调查的第一步要分离出使飞机陷入困境的风剖面。试验飞机上改进的机载数据记录器表明这些剖面图比以往任何剖面图都严重。另外，调查还发现了与特定天气状况相关的下击暴流的现象（见图9－5）。随后，开启了以下三点内容方案：第一点是培训机组人员避免现象的发生；第二点是更好地检测出产生风切变的状况并向机组人员发出警报；第三点是如果机组人员疏忽大意遭遇风切变要操作飞机达到最大性能。

高保真的模拟器用于这项分析。通过提供一种评估方式帮助机组人员找到飞机的最大性能，我们可以使用先进的驾驶舱中包含的最新技术。由联邦航空局人员、飞机生产商和航空公司组成的一个强大的专业队伍，通过为机组人员提供预防风切变的培训设备和出现风切变时使飞机达到最大性能的程序，为飞机安全做出了巨大贡献。另外还发明了一种算法并修改了显示器，提供了指导和情景意识，从而提高了飞行机组人员的表现。

另外一个高空风的危险因素是地形波。一架B707在富士山附近坠毁就是地形波导致的。我们还要学习很多有关山地附近风的知识，超级计算机为这种现象建模的功能为进一步改善这种环境下飞机安全运行带来了希望。我们还需要进一步研究一些能够检测出这些逆风的传感器。

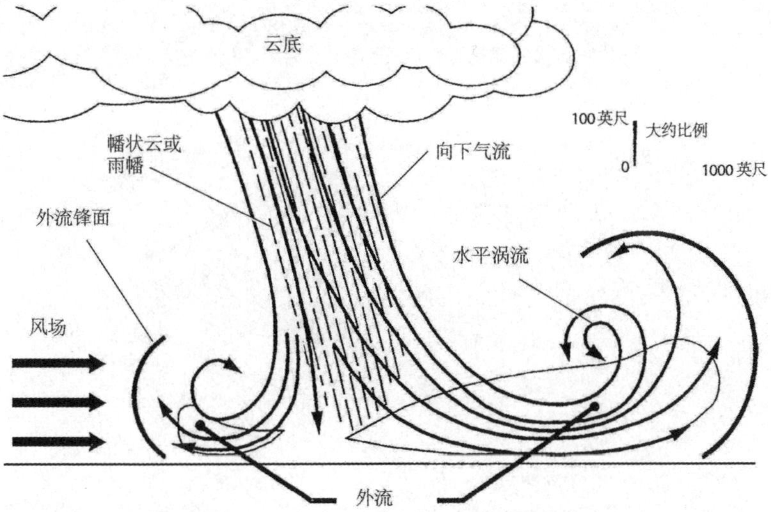

图9-5 微暴流的基本特点

9.4.3 火山灰

从人类早期开始全世界就不断出现火山活动。1944年3月22日发生了航空业有史以来第一次重大事故，当时维苏威火山对机场产生的损坏比任何敌对活动都要严重。36年后也就是1980年发生了第二次重大事故，当时一架民用洛克希德C-130大力神不小心误入来自华盛顿西部圣希伦斯山的浓灰云中，这是圣希伦斯山第二次大规模的喷发。飞机四个发动机中有两个都失去动力，但是机组人员返回并安全降落在了麦科德空军基地。从那以后，全世界一共发生了7次大规模火山爆发。

最近最严重的火山灰喷发是2010年4月14日，国际民航组织位于伦敦的机构发出警报，冰岛火山喷发的火山灰正在向西北欧移动。此次火山爆发导致欧洲空域大范围突然关闭，约1000万名乘客受影响，总经济损失近50亿美元。发动机熄火和严重损害的危险在2周内是显著的（见图9-6）。

火山灰，小颗粒或小岩石可能吸入喷气式发动机，阻塞机械系统。喷气式发动机能熔化火山灰颗粒，造成覆盖压缩机叶片和涡轮机。这将阻碍空气正常进入和造成停车。

在冰岛火山危机之后，国际民航组织目前正在与欧洲航空当局改善预测火山灰轨迹和发散的工作。不久将在冰岛部署移动雷达单位以改善未来任何火山灰，小颗粒或小岩石可能吸入喷气式发动机，阻塞机械系统。喷气式发动机能熔化火山灰颗粒，造成覆盖压缩机叶片和涡轮机。这将阻碍气流进入和造成停车。

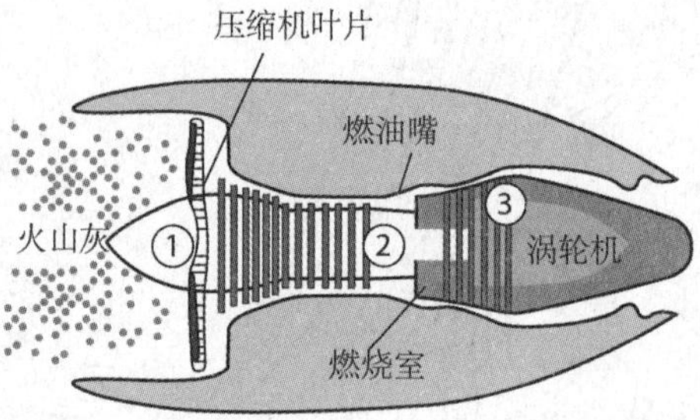

火山灰的影响：

① 阻塞叶片

② 阻塞燃油和空气流动

③ 熔化和覆盖涡轮机叶片

图 9-6　火山灰对喷气式发动机造成的损害

来源：今日美国报，www.usatoday.com

火山灰信息的准确度和发布速度。准确评估火山灰初始高度对于预测它今后移动和散布至关重要。欧洲采取协调一致的做法已经在 2011 年推行“单一欧洲天空”举措中实施了。

9.4.4　结冰和降水

结冰和降水从两方面影响飞机运行。一方面是对机身和发动机的影响，另一方面是对轮胎与地面接触产生的影响。和前面提到的大气现象不同，这些因素都是司空见惯的现象，取决于季节和地点。安全运行取决于航空公司维修人员、飞行机组人员和机场当局以及地面和空中运输控制的协调配合。可以起到援助作用的技术有很多，它们都取决于具体的结冰和降水情况。此外，程序也起到了重要的作用。飞行模拟器培训作为一个有效工具继续为妨碍飞机着陆的跑道建立正确的起飞和降落程序，使飞机安全地运行。

建立所有这些程序涉及大范围的风洞、环境试验室和飞行测试，从而充分地理解这些问题，在这些情况下展示飞机的性能。其中一些事故案例经验强调要了解飞机在恶劣天气状况下的限制因素。只有当各方面人员执行这些经测试确定的所有程序时，安全性才能提高。

飞行中结冰是联邦航空局气象研究的重点之一。改进后可运行的、高清晰度而且精确地预测大气结冰情况的系统是亟须的。国家运输安全委员会调查了 1994 年 10 月 31 日 ATR－72 在印第安纳州罗斯劳恩发生的事故以后，提出了几个处理飞行中结冰的安全建议。这些建议和调查结论为联邦航空局结冰研究提供了主要的动力支持。

1997 年 1 月 9 日 Comair 3272 航班的一架 Embraer120 飞机在密歇根的门罗附近坠毁，机上 29 名乘客全部遇难。事故发生当时该地区有很多关于中度结冰的报告。同年 5 月，委员会向联邦航空局提出 4 个有关结冰的紧急安全建议。基本上在同一时期，联邦航空局发布了规章制定通告，宣布修改结冰条件下的操作程序。Comair 根据联邦航空局提议的法规修改了操作程序，而且联邦航空局还公布了最终的法规。委员会还与国家大气研究中心和国家航空航天局路易斯研究中心一起合作研究气象问题，1998 年 1 月委员会工作人员前往飞机生产地巴西，审查有关结冰的所有相关测试数据，对工程模拟器进行研究。

这次事故中检查的问题包括飞行机组人员的培训、结冰条件下的操作和飞机性能。这次事故促使人们就结冰问题开展了几个重大的研究活动。这些活动包括由于机翼前缘的表面粗糙度较小和与气动除冰槽内部周期结冰相关的性能代价而导致性能降低的量化研究。

近年来，国家运输安全委员会和美国联邦航空局在冰检测和预防领域更为明确。2009 年 8 月 3 日，美国联邦航空局公布应用到新运输飞机设计的最后规则，并于 2009 年 9 月 2 日生效。虽然新的规则不能解决现有飞机的设计，但美国联邦航空局正考虑类似的适用于这些设计的规则制定。根据修订后的认证标准，新的运输飞机设计必须纳入三种方法之一，发现结冰，激活机体防冰保护系统：

- 冰检测系统，自动激活或通知飞行员打开防冰保护系统。
- 在指定的表面（如机翼）对目视冰堆积迹象进行定义，结合咨询系统来提醒飞行员可以激活防冰保护系统。
- 识别容易导致机身结冰的温度和水分条件，提醒飞行员可以激活防冰保护系统。

新的美国联邦航空局标准进一步要求在初始激活后，防冰保护系统必须连续运行，自动打开和关闭，或在应该重启系统时提醒飞行员。

9.5 驾驶舱人机界面

本节中讨论的技术话题主要是关于飞机的设计和飞机在大气环境中安全运行的能力。这一节将介绍人机界面设计技术。它包括飞行机组人员和一个或两个以上的参与方，如维修人员、地面操作人员、天气咨询人员、空中和地面交通控制人员以及其他人员。该技术将全部用于驾驶舱。一旦发生紧急事件，人机界面经常成为决定因素，正确及时的决策和执行决定了乘客的生死存亡。我们之前也探讨过，人为因素是处理人机界面的科学，它试图最大限度地保证安全有效地运行，同时消除人为差错导致的危险状况。这项技术只用于早期喷气式飞机的一些细节问题。随着飞机设计与人为因素的研究和相关知识不断发展，喷气式飞机的驾驶舱也在不断改进。

从航空业发展的早期开始，驾驶舱技术就不断改进。比较明显的进步是无线电通信、无线电和惯性导航以及进近系统。喷气式飞机从很大程度上简化了驾驶舱控制器和显示器。以下几个方面是驾驶舱技术的一些变化，它对改善航空安全做出了很大贡献：

- 机组人员警报和监控系统
- 单一系统设计
- 冗余系统
- 自动化系统（必要的时候）
- 移动地图显示
- 发动机指示和机组警报系统（EICAS）
- 色彩增强的玻璃驾驶舱显示器
- 近地警告系统（GPWS）
- 交通防撞系统（TCAS）
- 飞机通信寻址和报告系统（ACARS）
- 飞行管理系统（FMS）

9.5.1　早期驾驶舱发展

B707、B727、DC－8和早期的B747、DC－10及L－1011驾驶舱采用一个标准安排飞行员、副驾驶以及随机工程师。和以前的飞机非常相似，飞机系统为随机工程师设计成系统操作员。大型仪表板安装在两个驾驶员的后方和右侧。随机工程师应该监督和操作至关重要的液压、电力、燃料、空气调节以及无人监督的增压系统。短程B737飞机的设计彻底改变后，提供一个供两个飞行人员操作的驾驶舱。

首要简化飞机系统。例如，燃料系统有三个油箱，右翼油箱用于右面的发动机，左翼油箱用于左面的发动机，中间的油箱可用于这两个发动机。燃料推进泵的排量、管道尺寸和燃油接头使燃料从中间的油箱中流出来首先被使用，然后是机翼燃油，使用目前的检查单以后工作人员都不用任何操作。当中央油箱的燃料用尽时，黄灯就会提示工作人员应该关闭中央油箱泵。非正常的操作中还使用交叉供油系统。简化的系统除了可以降低工作人员的工作量还有其他的好处。

各种各样的动力或供给来源供应所有的系统，当一个或以上的组成部分出现故障后还能保证系统正常运转。另外还提供各种液压泵，它们以各种不同的方式驱动，从而提供了一个完全的冗余系统。

波音B727飞机的控制系统用于正常操作中使用控制杆到钢缆的液动装置。但是，如果两个液压系统都发生了故障，飞行控制钢缆系统就能提供一种手动的方法控制飞机。B757飞机是较新一代的飞机，它采用一种不同的方法产生冗余。它使用三个液压系统，发动机、电力泵和冲压空气涡轮机作为备用泵。这取代了直接的钢缆至控制杆的连接。B747飞机也与之类似，它具备四个液压系统，没有直接的钢缆至控制杆的连接。操作飞行控制杆必须使用至少一个液压系统和液压泵。空客A320也需要至少一个液压系统和液压泵才能操作飞行控制器。A320的冗余包括三个液压系统，两个发动机驱动的泵，两个电动泵，一个功率转换设备（使用一个液压系统为另一个液压系统增压），一个冲压空气涡轮机，最后这个设备在飞机电力丧失时使用。

特定设备出现故障的情况下一个系统自动化运行，避免机组人员在飞行的关键时刻介入。B737电力系统就是一个例子。假如，两个发电机非平行的电力系统中有一个发电机出现故障，剩下的那个发电机会提供必要的负荷，从而排除不必要的负荷。厨房动力和其他类似的负荷也会一样，剩下的那个发动机不需要机组人员的关注或者介入就可以提供所有必要的负荷。随后，当机组人员有时间修复另一个发动机时，排除的负荷就可以取消。同样的设计理念也适用于 B757、B767 和 B747 -400 飞机上其他两个机组工作人员的设计。

9.5.2 驾驶舱——B757/767 和 B747 -400

驾驶舱噪声已经降到了足够低的水平，可以创造一个真正的“耳机关闭”的环境。尽管前面的风挡玻璃是平的，具备最好的光学特性，但是侧面的窗户是弯曲的，可以避免扰动的空气流和降低相关的气动噪声。风洞研究显示前面平的窗户和平的第二个窗户之间剧烈的角度变化会产生空气动力的涡流，有助于降低巡航空速条件下驾驶舱的噪声水平。B757/767 驾驶舱中噪声的来源已经清除。空气调节系统通过进行管道改进和保持较低的气流速度进一步降低了驾驶舱的噪声水平。

B757/767 内部和外部的视觉特征都很好。透过风挡玻璃的视觉超过了汽车工程师学会 SAE 的建议，使其具有优越的避免碰撞的性能。通过改善下视能见度和维持进近时较低的驾驶舱角度，在恶劣的天气条件下降落时也可以达到额外的安全边际。

在这种“安静又黑暗”的驾驶舱中，很少使用绿色或蓝色的灯暗示正常的系统运行。发光的按钮开关将琥珀色故障灯与切断电源的开关结合在一起，用于减少机组人员出现错误行为的可能性。

B747 -400 上的综合显示系统（IDS）包括六个 8 平方英寸的屏幕。尽管所有的屏幕都是一样的，但是不同位置的屏幕有不同的功能。

- 主飞行显示（PFD）
- 导航显示（ND）
- 发动机指示和机组警告系统

两个外侧的阴极射线管位于飞行员的正前方，履行机长和副驾驶主飞行显示的功能。每个飞行员使用主飞行显示作为传统仪表面板上所有主飞行仪表的唯一来源。使用高度、空速和航向或航道指示的磁带格式主要有两个原因：第一，它们可以在不破坏“基本的T字形”仪表配置的前提下提供充分的显示分辨率；第二，磁带格式更能适应相关的补充信息。这类信息，如速度问题和趋势向量可以提高飞行员的情境意识。

9.5.3　驾驶舱新改进

波音公司在B777和其新B787梦幻飞机上也改善了驾驶舱人机界面，B777驾驶舱布局类似于B747－400，增强了以下功能：

- 玻璃驾驶舱，三轴数字线传操纵飞行控制系统，带有传统控制杆，而不是侧杆控制。
- 飞行、导航和引擎信息呈现在六个具有先进液晶显示（LCD）技术的大型显示屏幕上。
- 综合一体化飞机信息管理系统，提供飞行机组飞机、维修和关键运行功能总体状态有关的信息。
- 地面机动相机系统，机首和主起落架具有视频观察功能，协助飞行员在登机门区的地面操作。

B787梦幻客机保留与B777的操作相似性，包括电传操纵与控制杆，提供进一步的增强功能：

- 显示屏幕是B777两倍大，向飞行机组提供额外的情境意识。航空电子全双工交换式以太网用于驾驶舱和飞机系统之间传输数据。
- 新的双平视显示器（HUDs），能让飞行员在驾驶舱的风挡玻璃前的透明显示器上查看关键的飞行数据，而不是低头看仪表。
- 新的双电子飞行包（EFBs），相当于飞行员笨重的飞行包实现数字化。这包括所有的地图、图表手册和其他数据的“无纸化驾驶舱”。
- 新的电子结构，电动动力压缩机和泵以取代压缩空气和液压动力源，这种改善不但节省重量，而且提高了效率。

波音和空中客车公司之间对于新飞机订单的竞争仍然很激烈。A380驾驶舱使用类似其他空客飞机的驾驶舱布局，具有以下增强功能：

· 改进的玻璃驾驶舱和电传飞控以及侧杆，这与过去一样，改善了驾驶舱液晶显示。
· 两个主飞行显示（PFDs）专用于关键的飞行信息；两个多功能显示（MFDs），显示导航路线、移动地图、天气和其他信息。这些 MFDs 对于 A380 是新的，提供与飞行管理系统易于使用的界面。
· 类似于 B787，A380 使用综合模块化航空电子系统，全双工交换式以太网将数据传送到飞机系统。
· 电子飞行包无纸化驾驶舱被称为网络系统服务器，存储设备清单、导航图、性能计算和飞机航行日志等数据。

空中客机 A350 是欧洲 A380 发展之后最新的飞机，它的驾驶舱将包含以下改进：

· 大型液晶显示屏，带有两个中央显示，一个单一的主飞行和导航显示带有机载信息屏，再加上风挡玻璃前的平视显示器。
· A350 将改进 A380 综合模块化航空电子系统，额外管理许多关键的飞机功能，如起落架、燃油、刹车、气动装置、客舱加压和火灾检测系统。

9.5.4 机组警报系统

B737 飞机引入了一个非常简单但是优雅且有效的机组监督和警报系统。几乎所有的飞机系统控制器都安装在头顶上或者两个机组成员正常视线以外。当所有的系统都“打开”和正在运行时，人们不会注意到警示灯。万一设备出现故障，一个琥珀色灯会在头顶的面板上通告这一情况。每个机组成员前方遮光板上的主警示灯和遮光板上的小警示面板上也会警告故障情况。面板通告可以识别受影响的系统以及头顶上方系统控制器的位置。

由于这是认证时的一个新要求，它受到了认证当局和设计师的广泛关注。为了确保飞机系统运行对于飞行机组人员来说不是过度的负荷或者太大的工作量，模拟器和认证飞行测试过程中几个小时的飞行都用于测量飞机次系统运行所花费的时间。图9－7显示了机组人员用于各种功能的时间。机组人员从起飞到降落的时间中不足1%是用于系统运行，包括认证机构故意进行的设备故障模拟。这种对系统详细设计和监督性能的改进进行密切的关注，继B737飞机之后基本上用于所有喷气式飞机的型号。

近地警告系统。自从动力飞行出现以来，疏忽大意撞到地面或者水面已经成为一个世界性的问题。尽管以前进行了一些努力避免这类事故的发生，但是一直没有取得很大的进步，直到20世纪70年代引入了近地警告系统。尽管从那以后可控飞行撞地的事故明显减少了，但是仍然发生并导致了将近75%的全球商业运输死亡事故。对于航空公司的机队，主要原因是双重的：一方面可能是飞机并没有近地警告系统（或者是无效的），另一方面也可能是机组人员忽略了近地警告系统的警告。飞安基金会FSF和其他组织实行了大胆的计划，准备从根本上避免可控飞行撞地的事故。

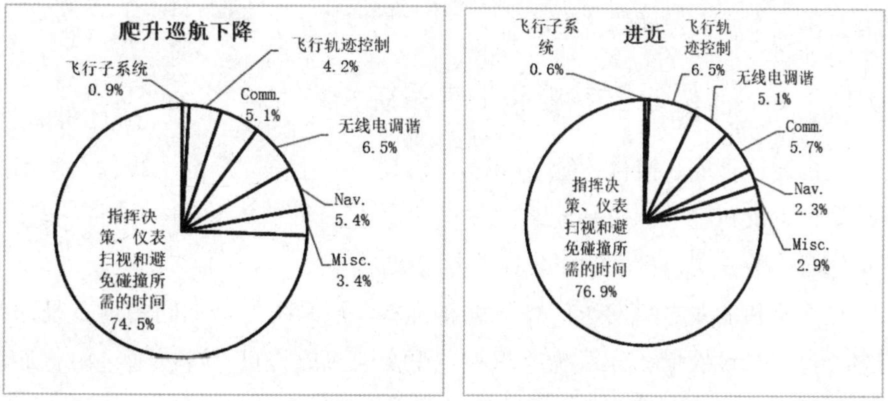

图9－7　典型的喷气式飞机工作负担分布

增强型近地警告系统（EGPWS）是一种先进的地形警告系统，目前用于绝大多数商业航空公司的机队中。EGPWS改进了情景意识，使用前视功能的地形数据库增加了报警时间。

交通防撞系统（TCAS）。这是一个电子飞机碰撞预警系统，以帮助防止危险空中碰撞事故，这通常涉及人命的巨大损失。通常情况下，TCAS需要相互S模式的应答机技术，独立于空中交通管制系统，自动询问其他飞机以在本飞机上显示其他装有此类装备飞机的相对位置。检测到入侵飞机时，TCAS发出交通咨询TA，或决议咨询RA，警告飞行组按要求爬升或下降，以避免碰撞其他飞机。该系统的最新版本是TCAS Ⅱ，7.1版本，得到了国际民航组织和几个主要监管机构认可。

发动机指示和机组警告系统。该系统是一个使用阴极射线管显示器的电子计算机系统（EICAS，在空客飞机上称为ECAM），为飞机的运行维护来监督和提示推力情况与飞机次系统信息。该系统和许多飞机的零部件和次系统相互作用。它还分级执行离散输入，各个级别可以反映运行和维护的要求：

- 飞行机组警告信息复制驾驶舱其他地方的专用次系统信息（通常是指示灯）。
- 状态和维护信息为许多次系统组件状况提供较低优先级的信息。

空客和波音公司新飞机型号已经改进了 EICAS/ECAM，增强功能和减少驾驶舱的多余显示。每一家制造商已经制定了发动机指示和机组告警的策略，所有都实施本质上一样的基本功能。

9.5.5 飞机通信寻址和报告系统

飞机通信寻址和报告系统（ACARS）是一个通信数据链系统，它使用数字技术在飞机和航空公司基地之间发送信息。该系统设备的运行特点和该系统提供服务的方式在各个航空公司差异很大。

在飞机和地面之间发送信息不是新鲜事。该系统与众不同的地方是这些信息，包括燃料数量、分系统故障和空中交通飞行许可，可以通过语音通信在很短时间内就发送出去，在很多情况下不用飞行机组人员操作。

飞机通信寻址和报告系统减轻了机组飞行人员负担，他们不用在飞行的特定时期向下传输预编排的信息来发送许多常规语音无线电信息。这些信息包括飞机离开机位的时间、起飞时间、着陆时间和到达机位的时间。另外，航空公司地面运行基地可以要求飞机通信寻址和报告系统从飞机系统中收集数据并将要求的信息向地面传输。

每个 ACARS 信息都要经过压缩，需要大约 1 秒的飞行时间发送信息。由于上面提到的自动化报告职能，安装 ACARS 系统的飞机上飞行机组人员必须改变无线电频率的次数。在该系统的网络上发送和接收数据降低了每个航班要求语音接触的次数，因此减少了通信负荷和费用。

关于事件时间、发动机信息、机组确认和乘客要求的准确报告可以更严密地控制任何一个特定的航班。飞机系统数据，如发动机性能报告，可以按照一个预编的时间表发送到地面，地面工作人员在飞行期间可能随时需要一些数据。这就使地面工作人员可以观察发动机和系统，警告他们调查一些问题。

ACARS 已经出现了称为 VHF 数据链（VDL）的技术改进。VDL 模式 2 已经在将近 2000 架飞机上实施，用于传送 ACARS 信息和空中交通管制员之间的通信，这被称为“管制员—飞行员数据链通信”（CPDLC）。语音通信很容易被误解，语音频率容易被覆盖。CPDLC 由 FAA 建议，作为新战略应对不断增加的空中管制需求，并且已经证明在繁忙的航线空域中很有效、很高效。

9.5.6　飞行管理系统

飞行管理系统（FMS）由四个主要系统构成，这些系统分别为飞行管理计算机系统（FMCS）、电子飞行控制系统（DFCS）、自动油门（A/T）和惯性导航系统（IRS）。飞行管理系统的基本职能包括：

- 自动飞行控制
- 性能管理
- 精确导航
- 系统监控

飞行管理系统使机组工作人员在飞行中任何时刻和任何飞行控制模式下全面达到其性能、导航和咨询数据计算能力。例如，当飞机处于自动控制时，飞行员可以选择从飞行管理计算机和适当的“漏洞”中获得飞行最优数据。

飞行管理计算机是飞行管理系统设计的一个主要发明。除了导航以外，它可以进行实时、完全自动的性能优化，通过飞行控制系统包括自动油门控制飞机。尽管机组飞行人员目前可以使用飞行操作指南和计算器确定最高效的速度和高度，但这种功能通常只能定期地使用。进一步说，由于它是一种数字系统，飞行管理系统的软件和可编程数据库可以提供目前和未来航空公司运营所需的适应性与发展数据，尤其是导航和空中运输控制系统也在不断发展。

9.5.7 多重飞行控制计算机

对于新一代的飞机，双升降舵和副翼两个计算机（ELACs）主要控制升降舵和副翼，为扰流板和偏航阻尼计算结果。ELAC有一个是工作的，另一个是备用的。

扰流板和升降舵计算机（SECs）主要控制扰流板。如果升降舵和副翼两个计算机都出现故障，那么扰流板和升降舵计算机通过扰流板和升降舵可以对侧摆和俯仰提供备份控制。

飞行增强计算机（FACs）为转弯协调和偏航阻尼控制方向舵。它们还为主飞行显示上的飞行包线、风切变和速度信息计算范围。

多重飞行控制计算机系统确保单个电力、液压或飞行控制组件出现故障不会降低操作性能。

9.5.8 中央维护计算机系统

中央维护计算机系统（CMCS）可以帮助维护复杂的系统。这个系统可以收集、显示和提供系统故障信息的报告并检测飞机系统。它为维护工作人员提供了进行测试和进入维护数据的一个集中地点。最终结果是相比上一代飞机，飞机经停时间有所减少，签派可靠性有所提高。

中央维护计算机系统用于监控和为 B747 -400 飞机上复杂的系统和集成系统排除故障。它还可以集地面检测、故障信息存储和实时数据监控于一体。对于上一代的飞机，测试、故障排除和故障分离只能局限于逐个系统的解决方法，影响多个系统的故障通常很难分离。由于 B747 -400 飞机上很多的系统都是相互依赖的，单个系统的故障可以对其他几个系统产生影响。自从中央维护计算机系统连接到所有的主要系统后，它可以为相关的系统提供同时的故障监控，使多个故障显示都与单个故障联系在一起。

上一代飞机的另一个主要问题是缺少常见的测试启动程序。当启动的测试用于隔离故障时，它们就不会得到利用。B747 -400 的 CMCS 为测试界面连接系统提供一种通用的设计。

空客最新的实时飞机维护系统被称为“AIRMAN”（飞机维护分析的缩写），这是一套智能软件系统，旨在优化维护和最小化飞机在地面的经停时间。

9.6　飞行程序——起飞、进近和降落

保证在所有情况下飞行机组人员都能获得飞机最佳的性能对实现安全飞行非常重要。分析和模拟的所有形式，从程序训练器到全重全功能的飞行模拟器，都用于保证更新的程序。所有状态、功能和例常或非例常起飞和降落情形都能被安全测试和不断完善。

9.6.1　起飞

目前人们对起飞、中断起飞和爬升的物理现象进行了大量的分析和研究。对于现代的喷气式飞机，起飞技巧包括正确地设定功率、在 V_r 速度（抬轮速度）时保持合理的速度以及达到和保持目标爬升的速度和姿势。正确的抬轮技巧和程序是飞行员培训中强调的内容，对获得一致的结果非常重要。

早期喷气式飞机遇到的另一个问题是中断起飞后冲出跑道，虽然这个问题已经有所改善，但还需要进一步的关注。当飞机的速度超过 V1（关键的发动机失效认可速度）决定中断飞行时，就可能冲出跑道。如果飞机接近其性能限制，一是中断动作必须在 V1 以下的速度进行，二是采取最大限度的刹车程序才能避免冲出跑道。这个程序要立即收回油门，全面制动，然后启动扰流板。据对 67 个中断起飞事故的分析发现，三分之二中断起飞的决定都是在 V1 速度以上做出的。在这种高速的情况下继续起飞能够成功地起飞和爬升。

过去几年通过大量的研究分析，人们更清楚地理解和规定起飞决断速度和如何正确地使用。人们通过召开会议和研讨会，发表众多的文章和在制造商的学校培训飞行员，收集信息并发布给航空公司和飞行员。

飞机和系统设计取得的许多改进，大大地改善了起飞时的安全性。上面提到的自动扰流板和自动刹车的增加为中断起飞时实现刹车性能提供了支持和援助。刹车和刹车防滞系统的设计在很大程度上改善了在湿滑和干燥的跑道表面的制动性能。对于很多后来出现的型号，在起飞抬轮和初期的爬升过程中抑制了非关键的警告和声音，从而让机组飞行人员注意起飞过程，降低了不必要的中断起飞的可能性。

9.6.2 进近和降落

对全球喷气式飞机的事故审查表明，飞行中的进近和降落阶段发生的事故在所有飞行事故中占了将近一半。其中大多数事故都是由于飞行机组人员未能在着陆前（至少在500英尺的高度）迅速稳定飞行速度和下降率。缺少稳定性的原因有：

- 入口处大大地超过进近高度
- 向跑道漂降
- 不正确的刹车技巧

生产商在设备培训出版物中一直强调“按照数字飞行”。这些数字包括进近速度、程序、进近路径控制、接地点和飞行技巧。飞机设计努力为进近速度的稳定性建立升力、阻力和速度之间的关系。通过发动机设计和发动机加速性能的改进，在降落过程中可以更好地控制飞行航迹，在复飞时发动机转速更快。

现在机场和飞机上使用了很多种新改进的系统，将下滑道控制到入口处，提供了一个统一的接地点，即跑道1000—1500英尺的地方。新型飞机装备了自动油门、自动降落系统、自动扰流板和自动刹车，这些设备使飞机迅速地接地并实现全面制动。另外，生产商的培训和教育强调在进近和降落程序中要保持一致性，从而将事故的风险最小化。比如，A350飞机安装了新的冲出跑道警告和保护系统，提醒机组在不同的跑道状况下具有特定的降落性能。

9.7 建模、设计和检验工具

如果没有计算性能的同步发展，人们就不会见证21世纪飞机设计和技术的进步。这不是一个巧合，很多情况下人们努力解决飞机技术的问题，这些问题也刺激人们寻找“最佳的方法”。计算机（以及所有的航空电子设备）的两个突破性进展是真空管和晶体管。莱特兄弟成功研制出飞机后，1906年德福雷斯特发明了三极真空管。这就为电子计算机的发明奠定了基础。

迄今为止，计算机的进步不仅开启了所有的机载和支持航空电子系统，还促进了所有这些系统的分析和测试。讨论所有的技术进步是不可能的，因为各个方面涉及的内容都很多。接纳任何技术最重要的是首先确保已经彻底地分析和检测这项技术。一些对飞行安全做出贡献的技术将在下文中讨论。

9.7.1 计算流体动力学（CFD）

计算流体动力学广泛用于所有新一代飞机的设计中。过去几年超级计算技术的进步使计算流体动力学解决了与飞机设计有更大关联的问题。通过使用这些方法，在发展阶段的早期使用更加全面的气体动力设计，更集中于运行和安全相关的特征。

机翼设计。计算流体动力学解决可逆问题（例如，鉴于预期的流动结果，表面几何学的形状是什么样的?）的能力已经改变了机翼设计的流程。从莱特兄弟开始，机翼设计已经成为一种“尝试法”操作，“尝试”通常出现在风洞和飞行过程中。非常有效的计算方法出现以后，一些尝试活动开始转变为计算机操作。但是“切割”仍然是设计师根据经验和直觉将机翼塑造成型。计算流体动力学还允许采用一种新的方法，设计工程师将机翼预期的气动压力输入电脑，计算流体动力学的代码计算产生压力的机翼表面的几何等高线。工程师承担所有的设计工作和使用计算流体动力学进行初期评估，然后选出最佳的候选对象，建立风洞模型，然后进行测验。

这些设计技巧在B777飞机发展过程中应用，它设立了未来飞机参考的新标准，达到了一种气体动力性能的水平，这在时间受限的发展计划中是不可能达到这种水平的。在这种应用中使用的计算流体动力学的方法基于非线性的潜在方程式以及边界层方程式来解释粘滞作用。使用计算流体动力学的关键是培养为相关物理现象建模的能力，从初期的几何学快速转变到全面的解决方案。最终的机翼设计比以前的机型要更厚但更轻。这些特性使机翼具有更大的跨度和更小的后掠角。这两个特征都有助于在低速时（降落和起飞）表现更好的性能，提高安全边际，减少噪声。

B757飞机的驾驶舱设计。按照最初的构想，B757与B727共享一个驾驶舱。在气体动力发展的晚期，当交付日期已经告知潜在顾客时，人们又下决心建立一个新式驾驶舱。这个决定有两个不同但具有说服力的原因。

在B727配置的基础上，B757驾驶视觉改进以后希望能改善安全性。安全改善来自附加的几列进近灯，驾驶员在能见度较低的情况下降落时可以看到这些灯。另外，人们希望将B757（标准的机身）和B767（较宽机身）建造成完全一致的驾驶舱，所有的仪器和控制器都放在同一个地方，这样获得一个普通型证书就切实可行了，任何一个给定的机组人员经过认证后都可以驾驶任何类型的飞机。B757 驾驶舱设计必须容纳头顶上宽阔的面板和驾驶舱仪器，这些设备都是以前为 B767 飞机设计的。设计中最根本的挑战是将这些较宽的组件包裹成较窄低阻力的气体动力形状，同时降低第一个窗框来提供更好的视觉效果。另外一个更大的挑战是要在很短的时间内完成这个设计。通过使用计算方法精心地设计 B757 驾驶舱，最终圆满成功。与之前的设计相比，在巡航时最终取消了驾驶舱中局部超音速流动的区域降低了气体动力的阻力和噪声。随后更小驾驶舱的设计促成更高效的飞机诞生。

如果没有安装现代、大直径的高涵道比的涡轮发动机，20 世纪 80 年代中期 B737 系列飞机就不能继续生产。安装完成过程中，干扰阻力、重量和费用没有出现大幅度的增长。需求、机遇和技术都为这个挑战提供了解决方法。最终的解决方法是在机翼的下方安装一个较大直径的发动机，而不增加主起落架的长度，这种方法可以通过计算流体动力学的技术实现。

尽管用于以上应用的线性方法可以使复杂配置变动，但是它们不能正确地显示非线性的跨音速流动，这些跨音速流动在飞机机翼附近安装更新型、更有效、直径更大的发动机时更普遍。在新型飞机的气体动力设计中，发动机排气导致的较大干扰阻力的风险在计算流体动力学分析中显示出来。无论是之前的线性计算流体动力学的方法还是传统的风洞检测技巧都不能检测出这个问题，因为它们都不能模仿排放。只有一种非常昂贵的吊舱为动力的测试技巧才能评估出这种干扰作用。

假如这个问题在飞机发展的晚期还没有检测出来，而这时功率测试已经完成，那么任何修理都会花费巨额的费用和很长的时间。可见，需求、机遇和技术可以解决这个难题。

这个应用取得成功的关键是培养为相关的物理现象建模的能力，迅速地提供解决方法支持发展的进程。计算流体动力学还能够在发展过程早期检测问题，这时候维修或者防患于未然是最经济的。

现在，计算流体动力学被用于在巡航、停车后第二次爬升和停车后双发飞机延程飞行（ETOPS）等以提出各种吊舱设计要求。吊舱设计最优化可以将巡航时的阻力最小化，为第二次爬升和双发飞机延程航空运行提供可接受的停车后阻力。停车后阻力不仅仅是品质的唯一标准。如果发生了气流外部分离，分离气流会侵犯其他飞机的组件，导致飞机抖震过早，也许暗示飞行员飞机正接近失速的条件。如果情况特别严重，飞行员会降低迎角，但是不建议在起飞和爬升时使用这个方法。计算流体动力学已经成为设计师的一个非常重要的工具，它可以提供额外的安全收益。

9.7.2　风洞

目前，风洞测试成为计算流体力学工具的补充，它集中研究配置选项的一个狭窄领域。在20世纪70年代B767飞机的发展过程中，波音公司对来自4个国家的15个风洞进行长达2万多个小时的测试，得出了10万个数据，每个数据都包含了飞机大约25个不同姿势中平均65个独立参数的记录。在B767飞机的计划中，选择了100多种机翼设计和无数种不同的机翼和前缘缝翼的位置进行测试。尽管大范围地使用了计算流体动力学，B777飞机的测试却包含了到首次试飞时总计约2万个小时的风洞测试。

风洞测试的价值超过了机翼设计和性能的最优化。保证安全需要确定结构设计、建立模拟器数据库和正常与出现故障时配置的稳定性与控制特性，并且飞机防冰控制从很大程度上得益于风洞测试的全套工具。推进系统有效和高效地与机身结合在某种程度上是通过动力模型实现的，这种模型可以为已安装的发动机的流场提供各种模拟。

9.7.3　飞行模拟

飞行模拟很早就被认为在改善飞机安全方面是一个很有价值的工具。这要归功于Ed Link开拓性的努力。在初期机组人员从螺旋桨飞机转移到喷气式飞机时，尤其在发动机停车培训的过程中，发生了大量的培训事故。它不仅威胁到飞机中的工作人员还威胁到地面的工作人员的安全。在地面模拟环境中进行这种危险培训的技术对改善飞行安全非常有益。

模拟机的发展采取两种平行的方式，一种是工程评价，另一种是飞行培训。这两种方式是互惠互利的。工程模拟使工程师和试飞员在设计过程中评估设计选项，确定最佳的操作程序。它还用于评估事故和事故征候数据，从而更好地了解哪里出现问题并寻找解决方法。

起初，模拟机非常粗糙。工程模拟器是模拟的，只能在初始化的飞行条件下凭借仪表导航才能飞行。后来，建造了一个模型板模拟巨大地域的鸟瞰场景，使用迷你的电视摄像机和闭路电视“飞行”在模型上方，提供驾驶舱窗外更加准确的视野。这明显地改善了评估结果，但是这种评估有其局限性。计算机影像显示的确是一个突破，它为天气和各种机场的评估提供了条件。这种技术将继续发展，越来越具有现实性。如今全自动模拟机具有三轴移动平台，以及360度外界视景投影。

9.7.4 结构试验

结构静态试验对飞行验证前检验飞机设计的结构的安全边际非常重要。150%极限载荷的静态试验是为了显示实际上达到了设计边际。这些试验在喷气式飞机时代到来之前就已经开始采用了。B－47的经验表明这些结构静态试验本身并不能确保完全的结构完整性。这个时候飞行疲劳载荷就需要试验。这个要求导致了一个更复杂和更棘手的试验，但是可以确保飞机更加安全。这些机翼循环疲劳试验被用于所有商业飞机上。

9.7.5 飞行试验

飞机提供服务之前的最终试验在它通过飞行试验并进入真实的世界环境时进行。飞行试验必须在四个领域不断改进，从而与喷气式飞机的高级性能、延伸的飞行包线以及并入飞机系统的先进技术保持同步，如自动着陆系统。这四个领域包括：

- 新的飞行试验技术
- 仪表装备的准确性不断提高
- 数据记录系统的改善
- 实时监控和数据分析

这些进步使更准确和更全面的试验成为可能，从而确保飞机已经准备好起飞。这类试验的特征是起飞时最大的离地速度为Vmu。这个试验表明起飞的性能边际存在于离地瞬间（起飞），这样可以保证飞机不遭遇危险情况，如失去控制或不能加速。这个关键的试验是为了确保维持发动机的推力以及控制与副翼系统发挥设计的功能，为飞机提供安全操作所需的低速、高迎角的可控性。这个试验也用于为起飞距离建立必需的运行参数。飞行试验对商业飞机的安全性做出了很大贡献。

9.7.6　事故和事故征候调查

航空业对这些技术做出了很大的努力，这些技术可以帮助找出事故征候和事故的原因。飞行记录器（FDR）和驾驶舱话音记录器（CVR）是执行这个任务不可缺少的工具。

1987 年国家运输安全委员会劝说联邦航空局在飞机上安装数量更多、质量更好的驾驶舱话音记录器和飞行记录器，并取得了实质进步。国家运输安全委员会为提升飞行记录器和驾驶舱话音记录器的需求所做出的努力符合时代的要求，未来的路还很长还会面临很多难题。在过去几年，尽管记录器作为事故调查中的一个重要工具被证明非常有价值，国家运输安全委员会仍很难劝说联邦航空局改善大型商业喷气式飞机的记录器，将它们扩展用于通勤飞机和一些公务机。

联邦航空局发布了一个通告规范记录器的更新要求，尽管国家运输安全委员会极力推动，但是两年多都没有付诸行动。终于，1987 年 3 月 25 日交通部长宣布一项规定，要求在新生产的涡轮螺旋桨发动机的通勤飞机上安装驾驶舱话音记录器，这类飞机可以容纳六个或以上的乘客，以及两个飞行员。交通部长还要求在旧的喷气式飞机上安装电子飞行记录器，取代了目前要求的箔材类型的飞行记录器。这个通告是在 3 月 4 日底特律 Metro 机场发生一起通勤飞机事故以后才宣布的，这次事故使国会和公众将注意力放在失速时飞行记录器的规章制定。这个事故发生后两个星期，国会专家小组就批准了报告，报告要求联邦航空局“根据国家运输安全委员会的建议立即采取措施在所有的通勤飞机上安装驾驶舱话音记录器和飞行记录器”。

飞行记录器的数据通道的数量和这些极其重要的记录器的适坠性大大地提高了。上一代飞行记录器只能记录时间、高度、空速、垂直加速度、航向和无线电标记器等信息。在新飞机上安装全数字的航空电子系统以后，参数数量有所增加，可以获得更详细的记录并储存更长的时间。这个领域也是数字航空电子设备对飞机安全做出的另一个贡献。

B787 将是第一个安装增强型机载飞行记录仪 EAFR 的飞机，这是舱音记录仪和飞行数据记录仪（CVR/FDR）的组合，并带有防坠机保护记忆棒，能够记录数据链信息和驾驶舱影像。2002 年，NTSB 在其航空业最想改进列表中增加了“防坠机保护影像记录仪”，需要 FAA 马上关注此问题。因此，开发驾驶舱影像记录仪将是事故调查领域未来的工作。

9.8 未来飞机技术

飞行安全技术可以像以前一样继续改进。分析工具、计算能力、模拟和测试能力都超过了过去的水平。新的技术继续向前发展。这些机遇同时对航空业所有人来说也是一种挑战。

虽然改善安全的所有技术可以使未来发展、系统容量和效力取得巨大的成果，但是电子设备的技术似乎可以产生最直接的效果。事故统计信息继续证明了这个事实，生产商需要帮助机组人员完成任务同时提高他们的能力。芯片级冗余与容错的设计结合在一起可以为重要和关键的功能提供更大的可靠性。飞机安全、性能和整个系统的容量与效力也将增强。

波音和空客公司在他们下一代飞机上正在使用大量的具有这些特征的技术。

9.8.1 天气监测

天气始终是飞机延误和事故的主要原因。提前获得实时、准确的天气信息是必要的。飞机必须拥有检测天气情况的能力，才能警告飞行机组人员避免危险状况，才能有效地处理紊流、降水和风切变等恶劣天气。

现在的机载天气雷达需要改进。在目前的航空公司机队中，我们受限于简单的视景，但是我们需要实时的一体化的“大图景”显示。未来机载天气雷达可能会取得进步，具备垂直和横断面视图。驾驶舱中地面和卫星天气监测的改进将继续促进飞行计划、性能与安全。

机载系统增强功能在出乎意料的风切变中可以帮助飞行员，它们正引入目前的新型飞机。这些风切变警告指引系统与机组人员培训和改善的地面警告、天气雷达系统结合在一起。人们强调检测和避免沿着飞行路径产生的危险因素。如果风切变不能避免，风切变系统可以迅速地向机组人员发出警告并提供俯仰姿势的指导。人们还计划对目前地面的低水平风切变警告系统做出改进。终端多普勒天气雷达将安装在关键的机场。关于天气自动化系统的详细信息在第八章空管系统技术中讲述过。

9.8.2　通信和导航系统

我们在第八章空管系统技术中详细地讨论过，航空正向一个新的通信、导航和监控或空中运输管理的环境过渡。这不可避免地改变着飞行员沟通和导航的方式。刚开始的时候，大多数空管信息通过数据链而不是语音往返于飞机之间；导航更多的基于卫星而不是地面导航设备；而在航空器上监控可以通过在所有飞机中交流信息实现。这些变化的好处，尤其对航空公司来说，可能非常大。全球导航和通信系统会考虑到更高密度的交通和改进的安全性，同时使飞机在最佳高度和最直接的航线上飞行。

正如人们预想的那样，从现在的空域环境中的过渡，其线路是地面管制员严格指定的，它首先转移到飞机产生飞行计划并经过地面管制员批准的系统，然后在 NextGen 系统中，到那时飞行计划的变化将立即在飞机中启动，只需要地面的监控。

但是这并不意味着传统的地面导航系统会立刻消失。在美国，联邦航空局计划保留甚高频全向无线电指向标和测距装置，至少要再运行 10 年。在这个时候，随着更多飞行操作使用卫星导航，飞行员对它们的依赖将逐渐降低。但是，大多数观察者都这样认为，全球定位系统对干扰的敏感性可能意味着甚高频全向无线电指向标将会长久存在。

未来驾驶舱将增强性能，包括安装数字通信以适应驾驶舱之间高速的数据、广域增强系统和地基增强系统进近和降落、全球定位系统的巡航中导航以及自动独立监控，这些都增加了飞行轨迹跟踪和空中防撞性能。也是在这段时期，甚高频语音通信将慢慢地被增强的数字通信所取代；而监控系统变得更复杂，从现在的模式 M 应答机、空中交通管制监控雷达和空中防撞系统中转移到广播式自动相关监视系统中。结果将获得更好的交通战略远景，将很少需要空中管制员对其他飞机进行语音呼叫。

人们迫切需要从地面上为驾驶舱提供数据。将来，数字通信有望淘汰目前的甚高频无线电，甚至是那些正在升级适应欧洲 8.33 千赫要求的通信方式。新的基础设施要求无线电设备可以通过语音和高速数字的方式传输信号。甚高频数据链模式 2 的系统已经在运行，而且联邦航空局已经证明，CPDLC 系统在高度密集的空管领域是高效的。发展中的广播式自动相关监视系统的航空电子设备，包括驾驶舱交通信息显示CDTI的特征，使飞行员可以采用电子设备“观察并避免”其他飞机。通过使用广播式自动相关监视系统，飞机发出信号将位置告诉区域中其他类似的飞机。这个信息还出现在飞机驾驶舱的显示器上，使飞行员极大增强了对其他安装该系统的飞机位置的注意，从而能够更安全地运行。UPS（美国联合包裹运输公司）在公司枢纽路易斯维尔高效使用 CDTI，已经证明通过使用广播式自动相关监视系统能够节省大量燃油。

通过降低对语音通信的依赖性，飞行员工作量可能将显著地减少。对于巡航中的应用，首先实施通过数据链的通信。但是，大多数观察者都同意数字通信广泛地用于终端区域还需要至少 10 年的时间。观察者认为从语音通信向数字通信过渡的发展过程非常慢，一部分原因是飞行员需要逐渐适应以这种方式发送和接收信息，还有一部分原因是成千上万架旧飞机需要安装新的航空电子设备来通过数字链接接收和发送数据。

航空电子设备的制造商必须发明出新的无线电设备，它可以通过软件更新而不是昂贵的硬件更新进行升级。如果我们从个人计算机行业学到一些知识，但是新技术不断发展将迅速地淘汰以前使用的设备。航空业的挑战在于，发明一种寿命长、用途广的航空电子设备，同时还要确保合理的成本。

导航和通信基础设施变革与创新的可能性是无止境的，当最后真正取得进步时，那时的驾驶舱将与现在完全不同。

9.8.3 显示器

大多数观察者不会想象到，液晶显示屏（LCD）在那么短的时间内就取代了阴极射线管。商业液晶显示屏取得的进步帮助降低了成本，而航空电子设备制造商促进了成品的销售。现在，喷气式飞机所有的新航空电子设备组合正在设计成大尺寸的液晶显示屏。显示器将变成多大尺寸，在很大程度上取决于商业液晶显示屏的市场变化。

彩色平板显示屏或三维全息显示屏通过为机组提供虚拟现实来消减飞行员的人为差错。大多数商业运输类飞机和几乎所有的通用航空飞机都是这样的情况，当在仪表气象条件下飞行时，飞行员必须使用脑力为其在宇宙空间中定位。显示器技术以及全球定位系统的准确度是所有空域用户在所有天气条件下改善安全所采取的措施。

航空电子设备的未来愿景是有一天将显示器扩展到整个驾驶舱。有些人看好一些新技术，例如等离子显示器或投射显示器，来达到这个目标。但就目前来说，液晶显示器是一种最经济的方式，它可以为未来驾驶舱的飞行环境提供所需的信息。

通过使用液晶显示器，航空电子设备制造商计划将地形、交通和天气信息结合在一起，并在图表和进近资料板上方显示这些信息，它们为信息提供一个可靠的渠道，这些信息分层显示，使飞行员可以更好地了解整个飞行状况。未来的驾驶舱将更多地依赖于复杂的计算机软件，这些软件可以大大地改善航空电子设备的性能，同时增加了系统的复杂性。为了帮助飞行员更好地管理技术，光标控制设备（类似于计算机的鼠标）将被采用，首先它在简单的菜单上滚动，然后计划整个飞行过程。

9.8.4 平视显示仪（HUDs）

专家认为平视显示仪将成为未来驾驶舱中一个越来越普遍的设备，尤其是如果生产商可以降低成本的情况下。很多平视显示仪的制造商改变了它们的设计重点，开始使用小型透镜和直投的平视显示仪，如军队在 C－17 中使用的平视显示仪。它使人们不再需要大型的光学投影机和现在使用的影像扫描仪，使系统更易于安装和维护。

平视显示仪将重要的飞机性能和导航信息展示在飞行员前面的视野区域。平视显示仪上的信息是瞄准的，这样看起来出现在人眼中的符号实际上在无穷远处，被覆盖在现实的外面场景上。使用平视显示仪受到航空界的广泛认可，飞行机组人员也意识到它对情景意识产生了极大的益处。

此外，使用新的增强飞行视觉系统（EFVS），允许飞行员观察低能见度天气的显示，可能成为未来驾驶舱司空见惯的设备。前视红外（FLIR）热成像摄像机已经开发，以向驾驶舱显示真实世界视觉图像，使飞行员在能见度很低的条件下能够“看见”。此外，还正在开发的 HUD 系统来显示新的合成视觉系统（SVS）图像。相比 EFVS，SVS 产生计算机生成人工图像，使用移动地图和地形数据库提供外部环境更为真实的视觉。最近，显示领域研究者甚至合并 EFVS 与 SVS 来改善视觉画面。将 EFVS FLIR 真实工作可靠性和 SVS 地形、情境意识相结合，可以大幅减少在将来与低能见度进近相关联的问题。

9.8.5 电子飞行包（EFBs）

在不久的将来，EFBs 将更频繁出现在驾驶舱内。大量的航空电子设备制造商已经引入或正在开发此类设备，飞行员可以用来查阅图表和进近图、进行重量和平衡的计算、计划航班以及其他功能。

最终，引入可以在 MFD 和 EFB 查看的图表数据库，纸张可能从驾驶舱消失。当然，从飞行员手里可拿纸质图表到电子格式的过渡将是缓慢的，尤其是缺乏财力或技术的第三世界国家的航空公司。

9.9 下一代飞行运行

正如第八章空管系统技术中所讨论的那样，在 NextGen 的环境下，飞行员可以摆脱死板的要求，不用死板地保持顺序的时间间隔，沿着不太适宜的航线飞行，或者经常处于效率低下的高度。发展到最终的应用后，NextGen 将保护飞机的整个运行，从始发机场的起飞、沿着直达非偏离的航线飞行到终点的停止运行，它使用从机身制造商操作手册中直接获得的性能指标。

为了进入这个新时期，运营商需要安装新的航空电子设备，这是基于广播式自动相关监视系统的最关键的设备。目前的模式 S 应答机最终起到了一个更加复杂的作用，正如广播式自动相关监视系统履行的职能。NextGen 的另一个条件是数据链无线电设备，它们可以通过管制员—飞行员数据链传递更多的信息。语音模式对于紧急事件和其他非标准的通信来说仍然很重要，但是大多数情况下，未来的天空会更宁静。

一旦开始向 NextGen 交通方式过渡，观察者相信航空公司会迅速地升级目前的机队。我们所面临的技术性挑战非常大，但也不是不可能克服，也就是说未来实现 NextGen 比我们想象的要容易。从人为因素的观点看，NextGen 驾驶舱的主要变革为今后人为差错和培训挑战提供了新的机会。

关键术语

电传操纵

双发延程飞行（ETOPS）

增升系统

防滞系统

工程材料拦阻系统（EMAS）

老化飞机安全规定（AASR）

广泛疲劳损伤（WFD）
主飞行显示（PFD）
多功能显示（MFD）
液晶显示器（LCD）
电子飞行包（EFB）
VHF 数据链（VDL）
管制员—飞行员数据链通信（CPDLC）
驾驶舱交通信息显示 CDTI
交通防撞系统（TCAS）
扰流板（减速刹车）
反推装置
自动防故障装置或抗损坏设计
多部位损伤（MSD）
高空晴空紊流（HICAT）
风切变
近地警告系统（GPWS）
发动机指示和机组警告系统（EICAS）
飞机通信寻址和报告系统（ACARS）
飞行管理系统（FMS）
中央维修计算机系统（CMCS）
计算流体动力学（CFD）
风洞测试
飞行模拟机
飞机维修分析（AIRMAN）
增强机载飞行记录仪（EAFR）
增强飞行视觉系统（EFVS）
合成视觉系统（SVS）
平视显示（HUD）
飞行记录器（FDR）
驾驶舱语音记录器（CVR）

思考题

1. 讨论波音 B－47 和 Dash 80 飞机使用的喷气式发动机技术的早期发展。
2. 安装吊舱式发动机的主要原因是什么?
3. 这些机身设计，如高掠翼、机翼高负荷、增速以及海拔高持续时间长的飞行会对安全产生哪些威胁?
4. 描述以下制动系统取得的一些技术上的改进。
   a. 防滞系统
   b. 机轮上的熔断丝塞
   c. 工程材料拦阻系统 EMAS
   d. 扰流板
   e. 反推装置
5. 什么是自动防故障装置?
6. 列举并讨论决定飞机年限的参数。
7. 哪些技术进步促进了当代飞机的飞行操作性能?
8. 结构安全过程中的三个主要参与者分别是什么? 描述它们各自的作用。
9. 针对紊流、风切变、结冰和降水以及火山灰问题，进近过程中解决方案有哪些?

10. 结冰和降水如何影响飞机的运行? 描述解决这个问题的几种技术。

11. 列举并简述对改善安全做出贡献的至少五种驾驶舱技术的变革。

12. GPWS、TCAS、EICAS 的目的是什么?

13. 飞行管理系统的基本功能是什么?

14. 什么是计算流体动力学?

15. 工程模拟的目的是什么?

16. 飞行记录器和驾驶舱话音记录器中记录了哪些数据?

17. 描述现在存在哪些问题和改进措施，从而收集更加准确的天气信息?

18. 描述未来驾驶舱可能出现的至少三个主要特征?

19. 讨论通信、导航和显示器取得的几个技术进步? 包括 HUD 和 EFB。

20. 讨论 EFVS 和 SVS 的功能。

参考文献

1. Boeing Airliner Magazine. Various dates. Selected articles. Published bimonthly. Seattle, Wash.

2. Curtic, Michael T., Jentsch, Florian, and Wise, John A 2010. Aviation Displays article in Human Factors in Aviation, 2nd ed., pp. 439 – 478.

3. Hall, John, and Ulf G. Goranson. 1992. "Structural Damage Tolerance of Commercial Jet Transports." FSF 45th IASS and IFA 22d International Conference. Long Beach, Calif.

4. Hennigs, N. E. 1990. "Aging Airplanes." Boeing Airliner. July/September: 17 – 20.

5. Henzler, K. O. 1991. "Aging Airplanes." Boeing Airliner, January/March: 21 – 24.

6. Krois, Paul; Piccione Dino; and McCloy, Tom 2010. Commentary on NextGen and Aviation Human Factors article in Human Factors inAviation, 2nd ed., pp. 701 – 710.

7. Mosier, Kathleen L. 2010. The Human in Flight: From Kinesthetic Sense to Cognitive Sensibility in Human Factors in Aviation, 2nd ed:, pp. 147 – 173.

8. Norris, Guy. 1996. Boeing 777. Osceola, Wis.: Motor Books.

9. Salas, Eduardo and Maurino Dan 2010. Human Factors in Aviation, Second Edition Burlington Mass. Academic Press.

10. Schairer, George. 1992. "The Engineering Revolution Leading to the Boeing 707." FSF 45th IASS and IFA 22d International Conference. Long Beach, Calif.

11. Shaw, Robbie. 1996. Boeing jetliners. Osceola, Wis: Motor Books.

12. Soekkha, Hans M. (ed.). 1997. "Aviation Safety." Selected papers on flight operations.

proceedimgs of the ZASC－97. Rotterdam, The Netherlands: VSP BV.

13. Taylor, Laurie. 1997. Air Travel—How Safe Is It? 2d ed. London England. Blackwell Science, Ltd.

网络参考

www. airbus. com

www. boeing. com

www. geaviation. com

www. faa. gov/news

www. flightglobal. com

www. flightsafety. org

www. usatoday. com

第十章

机场安全

简介

机场认证

- 机场认证分类
- 《机场认证手册》
- 机场监察和遵守 FAR139 部

运行安全

- 候机楼
- 机库和维修保养车间
- 机坪运行
- 专业化服务

跑道侵入

- 背景
- 定义
- 机场地面环境
- 控制策略和未来举措

结束语

关键术语

思考题

参考文献

学习目标

结束本章之后，你应该掌握以下知识：

- 探讨机场认证监管年表。
- 识别并区分四类机场认证类型。
- 探讨机场认证流程。
- 识别并区分两种不同的机场认证。
- 解释什么是《机场认证手册》并探讨其意义。
- 识别机场认证手册构成元素。
- 讨论机场监察和符合139部（Part 139）规章。
- 列出并解释机场应急计划所需要素。
- 识别安全危险源以及管理以下各方面的适用规章制度：
  - 候机楼
  - 飞机库和维修车间
  - 停机坪作业
  - 航空燃油处理
  - 飞机救援和灭火（ARFF）
  - 除冰
- 描述机场场面作业环境。
- 列出机场地面作业涉及的各组人员。
- 定义并讨论下面与跑道相关的术语：跑道侵入、运行差错、飞行员偏差及车辆/地面人员偏差。
- 探讨跑道侵入、趋势以及比率和严重性的数据统计。
- 列出并讨论所提议的跑道侵入最小化策略和举措。

10.1 简介

根据定义，商用机场指一片土地（或水域），为飞机降落、起飞、存放、补给及维修提供设施，且有客运航站楼。这就集合了各种复杂作业，每种作业都有自己的一系列安全问题。本章综述认证流程、认证手册和机场安全问题。就燃油处理和跑道侵入等一些危险作业进行了广泛探讨，还综述了139部重点问题和其他相关规章制度。

10.2 机场认证

1958年颁布的《联邦航空法》在1970年又得到扩展，授权联邦航空局局长向某类为航空公司飞机提供服务的机场发放运营许可。1970年《机场和航线发展法》（*Airport and Airway Development Act*）在1985年修订案中增加了新的部分（612），使这一授权得以成立。1970年法案还在1958年法案中新增一项条款，如果机场未取得必需的许可证，或者机场违反了发放的许可证规定，任何人不得运营该机场，任何航空公司不得在该机场运营。认证的目的在于建立最低机场运营安全标准，以确保旅客的安全。为了取得联邦航空管理局的许可，机场必须满足一些条件，涉及机场设计、施工、维护和运营，以及消防及救护设备、跑道和计程车道跑道和滑行道导向标志、车辆控制、野生动物危害管理和数据记录各方面。联邦航空管理局通过定期磋商和现场检查，帮助得到许可的机场达到这些标准。

2004年，美国联邦航空局发布最终规则，提出对有关机场认证规章作出重大修订。在14 CFR第139部中可以查到，这些规章对服务超过九个乘客座位的定期空中承运人业务的机场建立新的认证要求。此外，根据已更改的认证过程，机场现在基于航空承运人运行业务的类型重新分类，划为四个新类。

10.2.1 机场认证分类

· 第Ⅰ类——这些机场必须遵守139部所有要求，在FAR139部下可服务任何航空承运人业务。关于这些较大机场的一些新规定如下：

 - 新人员培训和危险物质（HAZMAT）响应标准。
 - 机场应急计划保留每三年一度的演练要求，新的要求是需要计划燃油存储火灾、HAZMAT和安保事件，使用水救援情况。
 - 新的野生动物危害管理计划标准。

- 第Ⅱ类——这些机场服务定期小型航空承运人飞机（10—30 个座位）和大型航空承运人飞机（30 个座位以上）非定期运行。Ⅱ类机场不允许服务定期大型空运承运人业务。关于这些机场的一些新规定如下：
    - ◇文档记录、人员培训和危险品响应标准和Ⅰ类机场类似。
    - ◇对雪和冰控制计划、自行检查标准、保护 NAVAIDS，以及野生动物危害管理有新要求。
    - ◇机场应急计划有新的要求但没有三年期演练的要求。
- 第Ⅲ类——这些机场只服务定期小飞机承运人（10—30 个座位），但不适用于某些在阿拉斯加州的机场。这些机场的一些规则如下：
    - ◇要求类似于Ⅱ类机场。
    - ◇飞机救援和消防（ARFF），允许对Ⅰ类或Ⅱ严格标准有一些替代符合性措施。
    - ◇机场应急计划——无三年期演练所需的要求。
- 第Ⅳ类——这些机场只服务非定期大型航空承运人飞机（30 个座位以上）运行。承运人业务在这类机场是很少的，美国联邦航空局以前只要求他们遵守 139 部某些要求。根据新的规章包括以下内容：
    - ◇新的记录保存和人员培训标准，与Ⅰ、Ⅱ和Ⅲ类相似。
    - ◇机场障碍物标志和灯光有新要求。
    - ◇机场应急计划新的要求没有所需的三年期演练。

在美国，截至 2011 年 3 月约有 551 座 139 部认证的机场，细分如下：

- Ⅰ类 381 座机场；
- Ⅱ类 49 座机场；
- Ⅲ类 35 座机场；
- Ⅳ类 86 座机场。

满足 139 部标准的机场获得机场运营证书（AOC）。要获得证书，机场必须保持刚才所阐述的类别下运行和安全标准。美国联邦航空局提供通过咨询通告（ACs）方式指引机场通过 139 部认证。美国联邦航空局也可能通过机场安全和标准办公室下的机场安全和运行司发出认证警告（CertAlerts），快速向公众和美国联邦航空局工作人员提供认证相关的重要指导。

全面认证的机场必须维护机场认证手册（ACM），里面具有运行程序、设施、设备和下面列出的其他详细信息。

10.2.2 《机场认证手册》

每个服务于航空公司且得到认证的机场都必须依据139部制定《机场认证手册》。ACM作为工作文件，概括了满足139部要求需要的方式和流程。每个机场有各自的特性和作业要求，其《机场认证手册》会涵盖同样的基本要素，包括以下内容：

1. 机场运行责任。
2. 免受139部所制定规定的制约。
3. 联邦航空管理局局长发布的任何限制。
4. 机场网格地图，对机场布局、地图加以描述，对于应急运行特别重要。
5. 在机场管辖范围内任何需要标记或照明的每一个障碍物的地点。
6. 对于航空承运人可用的活动场所、安全区域或是道路。
7. 为了支持航空承运人运行，需要建设的设施或NAVAIDS过程中，为了避免中断或失效而实施的程序。
8. 维护记录的系统描述。
9. 个人培训的描述。
10. 维护机场铺设区的程序。
11. 维护机场未铺设区的程序。
12. 维护机场安全区域的程序。
13. 跑道、滑行道识别系统的计划，包括地点及标记，跑道标示和等待区标示。
14. 维护、标示、标志和照明系统的程序和描述。
15. 清理冰雪控制计划。
16. 满足飞机救援和消防要求的设施、设备、人员和程序的描述。
17. 救援和消防要求任何经过批准豁免的描述。
18. 存储和处理燃料和其他有害物质过程中保护人员和财产的程序。
19. 维护交通和风向指示器程序的描述。

20. 机场应急计划 AEP。
21. 实施机场自我监察项目的程序。
22. 在活动区和安全区控制行人和地面车辆的程序。
23. 障碍物移走、标志或照明的程序。
24. 保护 NAVAIDS 的程序。
25. 机场公众保护的描述。
26. 野生动物危害管理程序。
27. 机场状况报告的程序。
28. 建筑物和其他无法使用区域的识别、标志和照明的程序。
29. FAA 局长认为的旨在确保航空运输安全的任何其他项目。

来源：www. FAA. gov

虽然机场应急计划可能会单独发布、分发给每位使用者或者机场租户，但它仍然是 ACM 不可或缺的组成部分。计划必须绝对详细，并充分指导在机场所有可能发生的紧急及异常状况下的反应。紧急情况包括飞机事故；炸弹恐吓；蓄意破坏；劫持；大火；洪水、龙卷风和地震等自然灾害；电力故障。应急计划应该明确说明与机场和消防员及控制塔内部协调相关的程序。此外，还应该建立与外部机构进行协调的程序，如执法人员、救援队、消防部门、救护车和紧急运输以及医院和医疗设施。机场应急计划必须最少每年审查一次，每三年按计划举行一次全面演习。

10.2.3 机场监察和遵守 FAR139 部

美国联邦航空局有一支近 35 人的机场认证安全监察人员队伍，确保 AOCs 机场符合 139 部的要求。这些监察通常每年执行，但也可能会在未经通知的情况下随时进行。联邦航空局监察员实施监察包括以下步骤：(www. FAA. gov)

- 对机场文件和特定机场认证手册在监察前进行预评审。
- 与机场管理层进行沟通。
- 机场文件和文书的行政监察包括自我监察、机场主记录和航行通告(NOTAMs)。

- 活动区监察涵盖跑道区域、标志、照明、标示和类似项目，包括地面车辆安全运行和野生动物保护方面的考虑。
- 飞机救援和消防监察包括定时响应演习、应急医疗培训、设备和防护服等。
- 加油设施监察涵盖油库和输油车，包括对租户的检查和防火安全培训程序。
- 晚上监察跑道/滑行道和机坪照明和标牌，包括符合 139 部要求的机场信标、风锥和障碍物照明。
- 监察后（末次会议通报）与机场管理层讨论发现项结果；一封纠正信用来提醒违规的地方，如果有的话，也可能发出安全建议。

如果联邦航空管理局认为机场没有尽到其责任，它可以每天向持续违反 139 部要求的机场进行每日累计罚款。在极端情况下，联邦航空管理局可以收回机场许可，或者限制机场航空公司飞机落地或者起飞的区域。

10.3 运行安全

如上所述，机场作业复杂多样，危险和严重性根据作业种类不同而不同。为便于讨论，将在这些标题下面讨论机场安全问题：

- 候机楼
- 机库和维修保养车间
- 机坪运行
- 专业化服务
  - 航空燃油运作
  - 飞机救援和灭火（ARFF）
  - 除冰
- 跑道侵入

10.3.1 候机楼

其设施布局要将旅客延误降至最低，并使从候机楼入口到飞机的旅客通过量最大。不恰当的布局和设施规模会造成过度拥挤，引发危险状况，发生伤亡事件。在构建和改造候机楼过程中应该适当考虑安全问题，以最小化造成坍塌的危险因素，保护人们不与机器产生有害接触。建筑材料、消防和大楼出口的大部分设计标准要符合建筑法规（如国际建筑规范）；《国家消防协会》（NFPA）；《美国国家标准学会》（ANSI）；以及其他地方、州及联邦机构规定。在作业方面应遵守 OSHA 标准（结合有上述机构的许多标准）。机场候机楼设备安全顾虑总结如下：

- 紧急疏散和出口通道、标志和标识应该符合《生命安全规范》、美国国家防火协会 101 和 OSHA 规章 29 美国联邦法规汇编 1910 部 E 子部“出口通道、应急计划和防火计划”规定。还应注意以下几点：
    - 出口应该光线明亮并且标志清楚。
    - 应该安装太平五金门，正确处理紧急出口外门内侧。
    - 出口处应该畅通无阻，出口方向不上锁。
    - 应该在所有建筑物内贴出紧急疏散计划。
- 必须明确指定残疾人可以到达的所有地方（关于这方面更多信息可以参阅 1990 年残疾人法案以及咨询通告 150/5360 – 14）。
- 必须消除所有滑倒、绊倒隐患，应在楼梯、自动扶梯和自动人行道上布置防跌策略。
- 楼梯、梯子和停机坪应该保持干净，无障碍物或者很滑的物质，且应该保持良好状态。内部和外部楼梯都应该照明充足，使走动及落地清楚可见。防止在走道或者平台上摔倒、滑倒或者绊倒，美国联邦法规汇编 29 的 1910 部 D 子部对此有所规定。
- 在维修时必须能够安全地接触到供暖、通风和空调系统，以安全方便地替换较重的设备（如泵和发动机）。在这一方面，必须提供安全可靠的方式来维护灯具和窗户。
- 必须给天窗和屋顶开口安装保护遮板以防人员摔落。
- 门应该可以自动打开，以避免给有行李或残疾人士造成不便。门打开时也应该不会碰到过往行人。

· 自动扶梯、电梯和自动人行道应该符合 ANSI 标准 A17.2 – 2010 的规定。自动人行道和自动扶梯的速度应该在可接受范围的较低限。

· 自动人行道两端应该有紧急制动按钮，在可能的情况下，两两之间应相隔 50 米。应该布置有引人注目的设置，警告旅客他们正在靠近自动人行道尾端。

· 售票处的设计应该符合人体工程学，使在搬运行李及登记资料时身体不会因为姿势动作受伤。计量称和行李称重输送带（postweigh – in baggage conveyors）应该尽量与地板在同一平面，最大限度减少提举行李，称重入口应该空留出来，应该移动而不是举起行李。OSHA 在 OSHA 法案 5（a）章中所列的《一般责任条款》对人体学危害（或者其他公认但没有具体规范的危害）所有规定。

· 所有电气系统和电力服务都应该按照美国国家防火协会 NFPA70 国家电气规范安装、维护和检查。OSHA 在 29 美国联邦法规汇编 1910 部 S 子部中对带电运行有所规定。

· 灭火设施和自动喷水灭火系统应该按照 NFPA 10 安装和维护，便携式灭火器应该按照 NFPA13 选择类型和数量。OSHA 在 29CFR 1910 部 L 子部对防火事宜有所规定。

· 维护和其他运行性问题。

· 应该定期检查房顶，特别是在猛烈的暴雨之后。

· 应该在储藏区域醒目标注每平方英寸地板的最大允许载重，以避免损害或者塌陷。

· 如有使人滑倒的危险，地板和楼梯不应上蜡。

· 机场航站楼的规划和设计指导在咨询通告（AC）150/5360 – 13 和 150/5360 – 9 非枢纽地点有描述。

10.3.2 机库和维修保养车间

机库的建构要满足联邦、州和地方法规及国家消防协会一些标准。大部分作业问题应遵守 OSHA 和 EPA 的要求。包括以下需要强调的内容：

人行道和工作地面

- 应该保持一定的过道空间，且灭火器、消防水龙、喷淋控制阀和火灾报警站所在位置方便使用。
- 如果要在超过 4 英尺的高度工作，应该为工作人员提供有高 42 英寸的护栏，其中档约在上围栏和地面的正中间，以防摔落。如果不能提供围栏，应该采取效果相同的防摔落措施（安全带、安全网等）。不管高度如何，如果工作平台与危险物体较为接近（如危险的设备），必须防止工作人员摔落。应该在敞开的一面为工作平台提供隔板，防止物体摔至下面通过的人员身上，或者移动的机器上，或者防止下坠物品砸坏设备。

电器

- 大型金属复合物，如飞机检修棚等，应该被永久性地连接并固定，连接到机库地板等永久性建筑物上。机棚的主要电源的位置应该按照 NFPA 70《国家电气规范》和《NFPA 409—飞机库》规定得到批准。
- 美国联邦法规汇编 29 的 1910 部 S 子部涵盖所有其他带电作业问题，如接地、线路、插座和断路器。

压缩气体、易燃物和危险及有毒物质。压缩气体、易燃物的存储和运行必须符合美国联邦法规汇编 29 的 1910 部 H 子部危险化学物。很多此类标准参考或者包含了由 NFPA 和压缩气体产业协会制定的规定。美国联邦法规汇编 29 的 1910 部 Z 子部对有毒和危险物质有所规定。

- 美国联邦法规汇编 29 的 1910. 101（b）对设备内所有压缩气瓶作业、储存和使用的规定参阅了压缩气体制造业协会宣传册 P-1-1965 指定的流程。不使用时，压缩气瓶应该垂直固定和存储，使用时，应该存放在专门设计的推车中。除非在使用中，气瓶应该带有顶盖。装载相融气体的气瓶应该存放在一起，氧气瓶应该与可燃气瓶或者易燃物质分开存放。

· 一般用途的压缩空气系统每平方英尺不能超过30磅，除非另有说明（如用于轮胎充气和特殊目的的气动工具）。应避免使用压缩空气清理个人衣物。

· 所有易燃和易爆材料（油漆、液压油、油脂、溶剂、清洁剂等）应该按照NFPA 30存放使用。在美国联邦法规汇编29的1910部H子部和美国联邦法规汇编29的1910部Z子部有毒有害物质中可以找到关于使用和处理特定物质和流程规定。

· 在车间区域，易燃物质的存放量应该限制在可以短时间内立即使用的范围。这些化学物质应该存放在附有标签的柜子中，这些柜子专为存放储藏易燃物而设置并且得到相应部门批准。大规模易燃物质应该存放在专门设计的建筑中，有防爆电子系统、防泄漏且火灾自动保护等设计特点。美国联邦法规汇编29的1910.106对车间和大量存贮的储存量要求有所规定。

· 油漆和剥离涂层是使用有毒化学物质的危险活动，因此必须在通风良好的区域工作，该区域与其他维护活动相隔离，并专为这些危险活动而设计（如喷漆房）。另外，油漆和剥离涂层会产生有毒废弃物，这些物质必须装箱，或者回收利用或者正确处理掉。OSHA和EPA法律法规对其加以管理规定。

· OSHA的《危险通识标准》，美国联邦法规汇编29的1910部1200子部涵盖了未分类现场使用的所有化学物质。这些标准综合处理化学物质危害评估、员工危险信息通报以及员工个人保护设备的流程方面问题。总之，这一子部有如下要求：

· 制订并维护工作场所的危险信息书面通报计划，在其中列出位于现场的危险化学物质。

· 为工作地化学物质容器以及运送到其他工作地的化学物质容器制作标签。

· 为员工准备并分发材料安全数据表（MSDS）。

· 开发并实施员工培训项目，详述工作现场化学物质的危害，以及员工必须采取的自我保护措施。

杂项

- 《危险能量的控制—上锁/挂牌》标准（美国联邦法规汇编 29 的 1910.147）涵盖了机器和设备的维修和维护。机器设备突然通电或者启动，或者释放存储的能量（电力、水力、充气或者重力）会对员工造成伤害。通过书面指定设备专用的程序，这一标准要求维护人员使用个人化的锁或牌并封堵正在使用的系统所有潜在的能源。
- 美国联邦法规汇编 29 的 1910.179 对用来移动大型飞机部件的物料搬用设备，如桥式吊车和门式启动机有所规定。1910.184 对用来移动或者抬起小型部件（如机上千斤顶）的吊索、链条和起重机提出了要求。
- 美国联邦法规汇编 29 的 1910.178 规定了有动力的物料搬用设备（如叉车和手推车等）的使用方法，以及为这些及其他设备提供能量的电池的使用和维护。
- 起重机组比如作用于大型飞机尾部的启动设备，应该符合美国联邦法规汇编 29 部 1910 F 子部《带动力平台、载人升降和车载工作平台》所列安全要求。
- 飞机库的供暖和通风系统应该符合美国国家消防协会 409 或者相关规定。
- 美国联邦法规汇编 29 的 1910Q 子部规定了焊接、切割、钎焊和其他可能会引起火灾的热作业。
- 美国联邦法规汇编 29 的 1910.95 规定了铆接、喷砂、研磨、抛光和其他超过 85 分贝（A 音阶长达 8 小时）的噪声作业过程中的噪声评估和听力保护。
- 美国联邦法规汇编 29 的 1910.215《磨轮机》规定安全使用落地砂轮机和其他砂轮。

10.3.3　机坪运行

停机坪区域通常设计为只供飞机使用，而不包括在飞机周围服务和/或作业的车辆。大部分标志和标识只针对飞机。停机坪上彼此相邻的飞机、车辆和人员从事着各种快节奏活动。这些活动包括：

- 飞机作业可能包括滑行、牵引、熄火、停车或者固定。
- 飞机加油。
- 飞机服务——餐食供给、清洗、食物提供等。
- 行李和货运处理。
- 电源。
- 航线检查和维护。

上述活动涉及人员会接触到一些职业危害（由类似监管法规实施监管），如前所述，包括：

- 切伤（被天线、皮托管、静电释放器切伤）。
- 滑倒、绊倒或摔倒（跌到地面上或者从电梯摔落）。
- 拉伤或扭伤（在处理行李的时候）。
- 暴露于危险物质（燃油）。
- 接触到活动部分（螺旋桨）和碰撞（机身底部）。
- 电力危险（工具、发动机、发电机）——电线应该按照 NFPA70《电气规范》中 I 类 D 组 I 小组《危险地点》的规定安装。
- 生物危害（美国联邦法规汇编 29 的 1910. 1030 对在清洗中接触到血源性病原体有所规定）。
- 加压系统喷射出高压空气和其他液体。
- 发动机或者其他设备发出的噪声。

另外，处于喷射气流、正在移动的飞机和车辆可接触到的地方还可能会发生严重伤害事故。因为大部分作业发生在户外，天气状况（热、冷、雪、雨、冰和风）会增加伤害风险。下一部分会讨论到飞机加油产生的危险。

10. 3. 4　专业化服务

其中包括：

- 航空燃油处理
- 飞机救援和灭火（ARFF）
- 除冰

航空燃油处理。对加油人员、机场其他人员、广大旅客和机场作业来说，燃油处理都是重要的安全问题。如果在飞机加油和/或将燃油从机场一个地方运送到另一个地方时没有遵从安全作业流程，会发生严重的灾难。普遍认为发生这种灾难的可能性很大，因为每年处理有几百万加仑飞机燃油，不过总体来看并没有发生严重的事故。基本的航空燃油类型有航空煤油（avgas）、涡轮机煤油或喷气发动机燃油（商用喷气式飞机使用）和 JP 系列燃油（军用喷气式飞机使用）。美国联邦法规汇编 14 部 139.321（b）和联邦航空管理局咨询通告 150 系列（如 AC150/5230－4）指导在机场环境中的燃油处理，所有法规均体现了 NFPA 标准（2007 年 NFPA407 飞机燃料供应和 2008 年 NFPA415 飞机加油用倾斜加油管）。必须特别关注联邦、州和地方危险物质规定，以及相关机构的避免燃油溢出的要求。燃油作业主要问题有：

- 危害加油人员的健康
- 燃油污染
- 在加油或燃料传输期间发生爆炸和火灾
- 在燃油箱修理期间发生爆炸和火灾
- 溢出产生的危害

危害加油者健康。不断与航空燃油接触会刺激皮肤并产生皮炎。接触到燃油的皮肤应该马上用肥皂和水进行清洗。洗眼器的位置应该适宜，以便在眼睛或者面部接触到燃油后立刻进行清洗。航空油等燃油含有苯等添加剂，如果吸入或者吞入燃油会中毒。燃油还会产生麻醉影响中枢神经系统，使人员处于昏迷或者无意识状态。呼吸区的燃料蒸汽阈值范围由美国政府工业卫生学家会议（ACGIH）和美国联邦法规汇编 29 的 1910 部 Z 子部（反映出 ACGIH 标准）设定。

燃油污染。燃油污染是重要的安全问题，因为它会影响到飞机作业。给飞机添加受到污染或者等级或类型有误的燃油都会导致污染。如果燃油含有任何非条例规定的物质都可视为污染。两种最常见的石油污染物是锈迹和水（游离的或者乳化的）。可发现的其他污染物包括生长的微生物、油漆、金属、橡胶和棉绒线头。比如，喷气式发动机燃料中混合航空汽油会降低发动机交复运动需要的挥发性和抗爆性，这样就会导致发动机失灵。还会在涡轮发动机中产生沉淀。为防止混杂，咨询通告150/5230－4A要求每类燃油使用不同的泵、管道、标准联轴器和颜色代码。应该清楚标示并标记整个燃油分装系统以显示所含燃油的等级和类型。

在加油或燃料运输过程中发生爆炸或起火。燃油燃起需要具备三种重要条件。第一，燃油必须处于蒸汽状态；第二，它必须与周围空气生成合适的油—气比；第三，必须有火源来点火。在燃料处理过程中，前两种条件均具备，几乎没有什么可采取的防范措施以完全消除这种危险状态。因此，在燃油处理过程中首要目标是控制或者消除火源。将在下文谈到火源及其控制。

静电。静态起电和放电是最重要的火源，不断对安全加油造成威胁。两种不同的物质相互接触时，接触面上正负电荷交换产生静态充电。燃油从油管中抽上来时，静电荷积聚了起来。产生的静电量和与燃油流量成直接比例。而且，由于挥发性降低，喷气式飞机燃油相比航空燃油更容易因静电燃起。让燃油通过空气自由落下也会生成静电，如在燃油喷射灌满储油罐时。带电空气会在飞机上积累电荷，这和雨、雪或者灰尘刮过飞机产生电荷情况一样。

虽然完全排除静电不太实际，但还是可以采取一些措施以最小化电荷积聚。这些措施有：

- 按照咨询通告00－34，1972年的“飞机地面保障和服务”，执行正确的地勤和连接流程。
- 避免抽取受污染的燃油，因为燃油中的脏物和水微粒会积聚静电。
- 在可能的情况下，降低燃油流量以减少颠簸。流量减少可以在较长时间内散发静电。
- 防止燃油穿过空气自由落到油罐底部。

火星。进行导电连接之后，可能会出现电弧，设备选用错误或者对停机坪车辆维护不当也会产生电弧。为了避免产生火星，应该注意以下方面：

- 不应该安装或者移除飞机电池，也不应该在加油作业中给电池充电。
- 飞机地面电源应该尽量远离加油点。
- 在加油期间，与电力驱动工具相反，电池驱动工具应该位于飞机附近。
- 应该关闭飞机无线电和雷达。另外，不应在通电的机载雷达 100 英尺以内加油。
- 在加油区域内使用的闪光应该得到 UL 批准。
- 应该建议加油区域工作人员鞋上不要带金属钉、防滑钉或金属板。

杂项。减少火源应该考虑到的其他问题包括：

- 严格执行无烟规定。
- 不应该让员工在加油作业中持火柴、打火机和其他吸烟用具。
- 在加油地点至少 35 英尺（50 英尺更好）内，不得进行焊接、切割或其他高温作业。明火照明和取暖器离加油地点的距离也应该按照此规定确定。
- 加油点位置应距离候机楼或者候机大厅至少 50 英尺。

在修理油罐期间发生爆炸或火灾。飞机燃油油箱和油罐以及散装燃油存储罐的维护工作也有着上述吸入以及发生火灾的危险。在试图进行任何维护工作——特别是焊接、钎焊和切割等高温作业——之前要排干并彻底抽空油箱和油罐，这一点非常重要。如果油罐体积大到工作人员可以进入里面工作，应该按照美国联邦法规汇编29 的1910. 146 要求展开密闭空间测试，检验进入和援救程序。排气应该使用正压力，并用得到批准的吹风机通风（扇叶无火花且鼓风电动机绝缘无火花），使用接地软管。

溢出产生的危险。根据溅洒以及需要做出的反应，燃油溅洒会带来各种不同程度的安全问题。虽然简单冲洗可能较适于小规模溅洒，大规模溅洒可能需要用吸附剂和化学固定物进行处理。地下储油罐（USTs）产生的泄漏会产生种种安全问题。溅洒和 USTs 受 EPA（如前几章所述）和地方及州司法部门监管。根据设备可能的反应，可使用 OSHA 监管规定美国联邦法规汇编 29 的 1910. 120。应考虑到的燃油溅洒相关问题有：

- 防泄漏/溅洒
- 应急反应程序
- 报告和通知
- 溅洒控制/堵截
- 清理程序
- 员工培训

飞机救援和救火（ARFF）。坠机救援是一项特别危险的工作，它使工作人员暴露于各种安全危险环境中，如处理火灾、烟气、化学物质、血和其他体液，并要以困难的姿势进行抬举操作。因此，按照救援者参与程度不同，AARF 培训应该包含各种层面的 OSHA 培训。为了了解飞机救援和救火所涉及的安全问题，需要复习 AARF 内容。

如前所述，所有得到认证的机场都必须制订计划，对所有可能的紧急状况采取行动。机场应急预案是机场认证手册不可分割的一部分。机场必须编制的重要应急预案是飞机坠机，这一事件按照飞机救援和消防预案来处理。该预案根据机场可能服务的最大飞机编制。下面文件包含 ARFF 设备和灭火物质的详细要求和程序：

- 139.315（飞机救援和救火：指数确定）
- 139.317（飞机救援和救火：设备和代理机构）
- 139.319（飞机救援和救火：运行要求）
- 联邦航空管理局咨询通告 150 系列

飞机救援服务和救火设备基于由航空公司飞机尺寸及始发航班频次决定的指数。在为已有机场提供服务的单个指数组中，如果航空公司飞机每日始发 5 班或者更多，那么每日 5 班或者更多次的平均始发次数中最大指数组将会是机场设定的指数。如果服务机场的单个指数组中，航空公司飞机每日始发航班次数少于 5 次，最长指数组下一个较低的指数将为机场设定指数。得到认证的机场最小指定指数是指数 A。指数分类需要重视的地方和其他 ARFF 要求汇总如下：

指数分类：

指数 A：

飞机长度：不足 90 英尺。

要求：至少由一个车辆运载。

1. 500 磅钠基干粉灭火剂或者二氟二氯甲烷 1211；

2. 450 磅钾基干粉灭火剂和混合等量共 100 加仑水成膜泡沫灭火剂（AFFF）的水，用于即可使用干粉灭火剂和泡沫灭火剂。

指数 B：

机身长：大于 90 英尺但小于 126 英尺。

要求：符合下面其中一项：

1. 一辆车辆承载至少 500 磅钠基干粉灭火剂或者二氟二氯甲烷 1211，及 1500 加仑水和等量 AFFF，用于生产制作泡沫；

2. 两辆车：

   a. 一辆车承载如上指数 A（1）或者指数 A（2）中所列出的灭火剂；

   b. 一辆车运载一定量水和等量 AFFF，两辆车运载的用于产生泡沫的水总量至少为 1500 加仑。

指数 C：

机身长：至少 126 英尺但不超过 159 英尺。

要求：符合下面其中一项：

1. 三辆车：

   a. 一辆车运载指数 A（1）或者 A（2）中所列出的灭火剂；

   b. 两辆车运载一定量水和等量的 AFFF，三辆车运载的用于产生泡沫的水总量至少是 3000 加仑。

2. 两辆车：

   a. 一辆车运载如指数 B（1）中所列出的灭火剂；

   b. 一辆车运载水和等量 AFFF 的，两辆车运载的用于产生泡沫的水总量至少为 3000 加仑。

指数 D：

机身长：至少 159 英尺但不超过 200 英尺。

要求：三辆车。

1. 一辆车运载指数 A（1）或者指数 A（2）中所列出的灭火剂；

2. 两辆车运载一定量水和等量 AFFF，所有三辆车运载的用于制作泡沫的水总量至少是 4000 加仑。

指数 E：

机身长：至少 200 英尺。

要求：三辆车。

1. 一辆车运载指数 A（1）或者指数 A（2）中所列出的灭火剂；

2. 两辆车运载一定量水和等量 AFFF，所有三辆车运载的用于产生泡沫的水总量至少是 6000 加仑。

其他 ARFF 要求。有一些作业要求列于 139. 319，其中包括：

· 救援和消防能力
· 必要时，减少 AFFF 容量的程序
· 危险物质指南
· 应急通道要求
· 车辆通信
· 车辆标示和照明
· 车辆准备程度
· 应对要求
· 人员选择和资质要求

除冰。操作装置、机翼和感应器表面的冰雪会对飞机作业产生严重影响，因此，出现冰冻或者接近冰冻现象时，在洒上除冰液之前不能起飞。除冰带来 5 个显著的危险：

· 除冰设备会对飞机造成损害。
· 在不应该使用除冰液的地方使用除冰液，如静压孔、皮托管、迎角传感器、发动机和其他入口。
- 对除冰工作人员和环境造成危害，因此除冰液被认为有害健康且轻微有毒。
- 如果在除冰过程中，没有关闭机舱空气进气孔，就会给员工和旅客造成危害。
- 在使用期间，有摔倒、滑倒等其他危险。

除冰人员应按照 OSHA 的危害通信标准（美国联邦法规汇编 29 的 1910.1200）要求进行培训。物质安全数据表（MSDS）列出所使用除冰液的健康危害和保护信息，该表也应该很容易得到。除冰液的蒸汽或者喷雾器会刺激鼻子和喉咙，使人头疼、呕吐和眩晕。大量使用时，建议应按照美国联邦法规汇编 29 的 1910.134 规定配备呼吸器。摄取除冰液会影响肾脏和中枢神经系统。但是，这些液体被大量水稀释，只有在摄入量很大时才会致命。使用人员常在升起的平台上工作（篮子在吊杆底端），因此得采取适当措施防止从安全带和护栏上摔落。使用后的除冰液是一种受监管的废物，因此应该按照 EPA 和其他联邦和地方法律法规回收/处理。FAA 最近采用了欧洲除冰标准，名为“标准国际飞机地面除冰项目”。咨询通告 120－60B 是 FAA 主要的指南，让航空承运人能建立地面除冰项目。

10.4 跑道侵入

10.4.1 背景

两架飞机相撞的情景非常恐怖。你会想到扭曲且着火的残骸从天空中散落下来。但是当跑道安全协调失灵时，这种灾难性相撞事故却容易发生于地面。根据记录，最严重的航空灾难是两架 B747 在西班牙加那利群岛的 Tenerife 机场跑道相撞。那是在 1977 年一个有雾的夜晚，当时一架 B747 飞机的机长未能在另一架 B747 离开跑道之前遵守控制交通管制发出的“保持原位”指令。这一灾难性事故造成 583 人丧命。在美国，最致命的跑道侵入事故发生在 2006 年 8 月的肯塔基州 Lexington，Comair 的 5191 航班支线飞机从错误跑道起飞后坠毁，机上 50 人中 49 人死亡。近 20 年来跑道侵入防范一直列于国家运输安全委员会的“最紧迫安全改善工作”列表之中。

近年来，美国联邦航空局已与国际民航组织成员国和行业团体合作采取一体化综合的办法，应对跑道侵入的严重问题。2011 年 5 月在国际民航组织举行的全球跑道安全专题讨论会上建议多学科方法改善跑道安全。对术语和定义使用进行了统一协调，以便更好地了解跑道侵入的问题。

10.4.2 定义

国际民航组织和美国联邦航空局共同定义了跑道侵入（runway incursion），如下所示：

> 在机场范围内发生的任何涉及飞机、车辆或人员在指定飞机着陆和起飞的保护区域中不正确地出现。

为促进全球统一和有效的数据共享，国际民航组织和美国联邦航空局已设立标准分类计划来计算跑道侵入的严重程度（表 10－1）。

表 10－1 严重性分类

严重性分类	描述
A 类	间隔减小以至于双方必须采取极度措施，勉强避免碰撞发生的跑道侵入。
B 类	间隔缩小至存在显著的碰撞可能，只有在关键时刻采取纠正或避让措施才能避免碰撞发生的跑道侵入。
C 类	有充足的时间和（或）距离采取措施避免碰撞发生的跑道侵入。
D 类	符合跑道侵入的定义但不会立即产生安全后果的跑道侵入。
E 类	信息不足无法做出结论，或证据矛盾无法进行评估的情况。

来源：国际民航组织 DOC9870《防止跑道侵入手册》

根据美国联邦航空局最新国家跑道安全计划（2009—2011 年），在 2008 年 9 月结束的 4 年期间跑道侵入率保持稳定。潜在问题的范围是惊人的。在此期间，在美国有近 2.5 亿次运行（在联邦航空局有塔台机场大约每一天 17 万次起飞和着陆），导致 1353 次跑道侵入。多数（92%）属于 C 和 D 事件类别，很少或没有碰撞风险，其余（8%）是 A 和 B 类严重事件。

很显然，大部分的跑道侵入是飞行员偏差造成的，一般是违反了 ATC 指令或其他联邦航空条例。截至2009年9月的一年里，63%的跑道侵入是飞行员造成的，21%由车辆与行人偏差造成的，16%是空中交通管制运行差错造成的。截至2010年7月之间的9个月期间，有相似的结果：787次跑道侵入，结果如下（见图10－1）：

- 飞行员偏差66%
- 车辆与行人偏差18%
- 空中交通管制运行差错16%

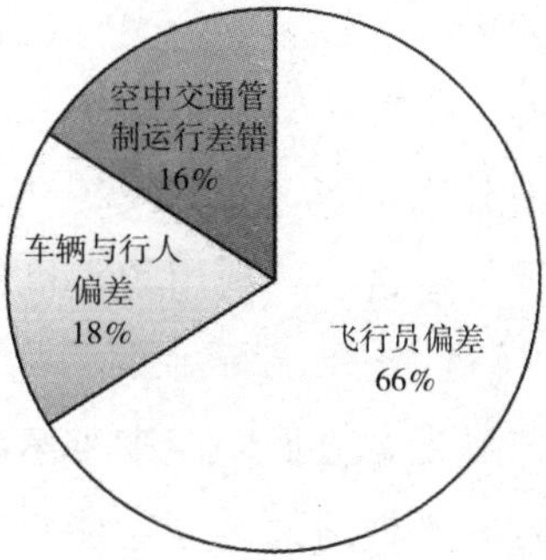

图10－1　跑道侵入分类

2009年10月1日—2010年7月30日；来源：FAA国家跑道侵入计划（2009—2011年）

这些重要问题的原因是多种多样和复杂的，但可以归结为：在一个具有挑战性和复杂的环境下发生人为差错。

10.4.3　机场地面环境

典型的机场地面环境是一个由众多标记、照明和指示牌组成的复杂系统，各个机场布局各不相同。在恶劣的天气环境中，环境复杂性随着可见性减弱和视觉特性的隐藏而增强。含义模糊的符号和地面标记以及飞行员经验不足共同造成了更大的飞行困难，这和夜间飞行一样，在这种情况下，机场灯光与背景城市灯光混在一起无法分辨。正是在这种环境中，无线电通信密集，不断协调活动和程序，大批经验、培训和语言熟练程度不等的人员必须在这种背景里集中注意力执行任务，以便安全地完成飞行作业，在这段时间内，连接大量不同种类和模型的飞机及地面车辆，这些飞机和车辆之间相差距离非常窄小，鉴于运行复杂且强度大，就很容易理解为什么那些受到很好的培训并且认真尽责的飞行员也会失误，特别是面对不常见或者意料之外的境况时。跑道侵入无一例外是人为失误的结果。预计在未来几年内空中交通增长有可能将超过已计划的运力要求，即使侵入率降低或者持稳，这种绝对数量也会随着时间而增长。

因为跑道侵入是人为失误引起的，因此评审与展开机场作业相关的工作和任务就非常有用，可以更好地了解最有可能产生失误的任务元素。机场地面作业由空中交通管制员、飞行员和机场人员管理。这些人员共同管理飞机和通行车辆，监控并维持跑道、滑行道、停机坪、标志、标示和照明良好状态。管制员处于整个作业的中心。管制员为飞行员和其他地面车辆驾驶人员发布净空、指令和情况通知，指导运行与停机坪、滑行道和跑道上的交通管制人员通过指挥塔窗户查看外面情形，获知飞机和其他交通工具身份、地点和活动，监控地面状况。飞行员这一方利用的是机场布局图以及他们从机舱窗户观察到的地面滑行道/跑道标志、标示和照明，从跑道抵达登机口然后返回。飞行员和管制员主要依靠视觉方面反馈来了解状况并进行隔离。车辆驾驶员管理行李、燃油、饮食和其他地面处理功能。须要求他们遵守相关官职人员指令进行调遣，特别是当他们需要穿过跑道的时候。在大部分机场需要的车辆类型包括：

- 用于飞机加油的油罐车。
- 联邦航空管理局用于监控和维护导航设备、雷达、能见度测试设备和某些照明系统。
- 机场管理车辆，检查外来物并监控跑道状况。
- 维修车辆，用于维修任务。
- 除雪机和除草机，用于维护跑道和周围区域。
- 航班服务用到的行李、饮食和各种功能车辆。
- 紧急救援车辆，用于坠机救援和火灾救援。
- 工程车辆，用于维护机场地面或新的建设项目。

从前面的讨论中可以发现，为了使系统能够运行下去，必须得协调大量任务、程序和设备组合，因此出现很多会犯错误的状况。

10.4.4　控制策略和未来举措

联邦航空局的跑道安全办公室支持了一些举措，以改善这一关键的安全领域。在其题为《国家跑道安全计划2009—2011年》的文档中，美国联邦航空局概述了几个项目，在未来几年进一步提升跑道安全。

安全管理体系（SMS）的实施。2005年，国际民航组织要求其成员国共同努力，在所有认证的国际机场建立SMS。美国联邦航空局在139部内外部认证的超过560座机场已采取以下步骤来实施SMS：

- 美国联邦航空局在2010年10月发布拟议规则制定的通告。它将审查现有139部要求，包括在发布最终规章之前向所有公众和业界征询意见。
- 美国联邦航空局已发出咨询通告150/5200－37，向美国机场介绍SMS。跑道安全仍将是SMS进程中最高优先事项。
- 在内部，SMS最终将涵盖所有联邦航空局跑道安全流程。通过跑道安全委员会合作，已经成立了一个工作组监察跑道侵入的根本原因。

培训和教育推广方案

- 每个控制塔台每季度对空中交通管制员进行复训。
- 在飞行教员指导下和飞行点评期间飞行员培训增加情境意识。
- 利用联邦航空局安全团队和AOPA航空安全基金会促进教育方案，包括在国家和区域各级提供跑道安全视频。这些宣传项目将培训通用航空飞行员跑道安全原则。
- 成立跑道安全行动小组，制订当地机场的具体行动计划。
- 美国联邦航空局促进行业协会和国际民航组织跑道安全研讨会，如2011年5月在加拿大蒙特利尔举行的全球跑道安全专题讨论会等。

控制跑道侵入的技术开发

- 机场活动区域安全系统（AMASS）已在美国排名前34座机场安装，

当系统检测到潜在的碰撞时，向管制员提供自动的视觉和音频警报。

- 机场场面检测设备，模型 X（ASDE－X）正被部署于美国 35 座最繁忙的机场，使用雷达、应答机和 ADS－B 技术组合提供自动场面检测。
- 跑道状态灯（RWSL）正部署在 22 个大型机场。RWSL 是红灯，嵌入在跑道中，用来提供潜在不安全情况的信号。
- 最后进近跑道占用信号（FAROS）旨在向飞行中的飞行员提供可视的跑道状态通知，当一条跑道被占用时自动闪烁精密进近 PAPI 灯。
- 电子飞行包（EFB）内有移动地图显示。使用这种新技术，飞行员能确切看见他们的飞机在机场上的位置。
- 低成本地面监控（LCGS）系统，用于某些小型和中型的机场，提供类似 ASDE－X 那样的情境意识。

本地机场解决方案。如前所述，FAA 鼓励在当地开发跑道安全举措，来解决特定机场的问题。另外，鼓励地区、国家和世界范围内参与信息共享，这样在一个地方成功和失败的经验可以在稍加改动后应用到其他地方。鼓励地方机场和地区维护并更新那些新实施的附有纠正措施的中央信息源及其在防止发生入侵方面的有效性。为促进发展更安全的地面作业，FAA 准许机场制作自己的网站，它们可以在网站上发布机场具体信息和建议意见。也可以从 FAA 这里获取含有机场基本信息的小册子或无塔台机场的作业、措辞用语及应急程序。

10.5 结束语

尽管 1977 年 Tenerife 机场发生了民用航空最大的灾难，但跑道侵入并不是经常发生，会导致人员死亡的碰撞事件则更少。联邦航空管理局 2004—2007 财年记录的侵入严重性报告：在将近 250 百万小时的运行时间中共有 1353 件跑道侵入事件发生。这相当于每百万小时发生接近 5.4 次跑道侵入。在这些入侵事件中，92% 性质并不严重。虽然不管从哪方面来看，记录的状况都比较好，但人们还是非常担心大量飞机、车辆和人员错误地相互靠近，会非常危险。已经预测空中交通量会增加，且这个系统已经有些容量紧张，入侵的数量几乎必然增加。更有甚者，即使侵入率不变，如果不采取任何行动，入侵绝对数量还会增加，这样发生灾难性侵入的可能性自然会增长。正是由于这个原因，联邦航空管理局非常重视控制跑道侵入。尽管飞行员失误会比其他原因更容易导致跑道侵入，但要将跑道侵入发生率降到最低，就要求机场运作系统涉及的各个方面，即飞行员、管制员、车辆驾驶员和其他地面工作人员通力合作。

关键术语

机场
机场运营许可证
联邦航空管理局咨询通告
CertAlerts
机场认证手册
机场应急计划
美国国家消防协会（NFPA）
美国国家标准学会（ANSI）
美国政府行业卫生学家会议（ACGIH）
连接
接地
飞机救援和灭火（ARFF）
跑道侵入
最后进近跑道占用标志（FAROS）
电子飞行包（EFB）
低成本地面监控（LCGS）
运行差错
飞行员偏差
车辆/地面人员偏差
跑道侵入事故征候率
跑道侵入严重度分类（A、B、C 和 D）
机场场面探测设备（ASDE）—X 系列
机场活动区域安全系统（AMASS）
跑道状态灯（RWSL）
国际民航组织（ICAO）

思考题

1. 哪一举措负责启动机场认证流程？有哪些显著的特征？
2. 监管机场认证的是 FAR 第几部？它强调哪些状况？首次发布是什么时候？
3. 讨论机场认证流程的重点及其意义。
4. 机场认证有哪四种类型，他们的区别是什么？
5. 什么是《机场认证手册》，为什么它非常重要？
6. 至少列出《机场认证手册》要求的 10 种必备要素。
7. 从哪里可以找到《机场认证手册》提出的条件？
8. 列出并解释机场应急预案必备要素。
9. 列出 5 到 7 个与下列安全危险事务相关的问题：
   a. 机场航站楼

b. 机库和维修站

c. 停机坪作业

d. 航空燃油处理

e. 飞机救援和灭火（ARFF）

f. 除冰

10. 什么是跑道侵入?
11. 列出并解释不同类型的跑道侵入。
12. 描述机场地面作业环境。
13. 列出地面小组需要哪些小组人员，他们的作用以及他们使用的工具。
14. 定义和探讨如下术语：跑道侵入、飞行员偏差、运行差错、车辆/地面人员偏差。
15. 讨论跑道侵入率和严重性的趋势。
16. 列出并解释将跑道侵入发生次数减到最少的策略。
17. 列出并解释已经提出哪些技术可消除跑道侵入。
18. 为防止跑道侵入，在培训、对外项目中正在做哪些工作?

参考文献

1. Barnett, A., G. Paul, and J. Ladelucs. 2001. Fatal US Runway Collisions Over the Next Twenty Years, FAA Grant Report.

2. Flight International. 2000. Airline Safety Review of the 1990's. January 25 issue. Reed Business Information.

3. FAA 2010, Runway Safety Program. FAA Order 7050.1A Sep 16, 2010

——2009, FAA Annual Runway Safety Report 2009

——2009, FAA National Runway Safety Plan, 2009 - 2011

——2011, FAA Runway Safety News/Current Events

4. Landsberg, B. 1995. "Stop Look and Listen." AOPA Pilot, vol. 38, no. 8, pp. 156 - 159.

5. National Safety Council. 2000. Aviation Ground Operation—Safety Handbook. 5th ed. Itasca, Ill.: National Safety Council Press.

6. Rodrigues, C. C. 2001. "Safety Analysis of Runway Incursions." Proceedings of the International Conference on Industrial Engineering—Theory, Applications and Practice. November 18 - 20. SanFrancisco, Calif.

7. Wenham, T. P. 1996. Airliner Crashes. Stephens Limited, Sparkford, Somerset, UK.

8. Wood, R. H. 1997. Aviation Safety Programs—A Management Handbook. 2d ed. Englewood, Colo. :Jeppesen Sanderson, Inc.

网络参考

AOPA. 2011. Air Safety Foundation Runway Safety Program. http://www. aopa. org/

FAR Part 139 http://www. access. gpo. gov

Flight Safety Foundation May 2009, Reducing the Risk of Runway Excursions, Report on the-Safety Initiative. www. flightsafety. org

NTSB 2011, Most Wanted Transportation Safety Improvemennts, Aviation, Improve Runway Safety www. ntsb. gov

第十一章

航空安保

简介

民航袭击事件回顾

监管活动

- 国际对于恐怖主义的应对
- 美国航空安保的演变
- 911 委员会

美国运输安全局

情报的作用

- 国家反恐中心
- 国土安全部

安保技术综述

- 成像技术
- 爆炸痕迹探测技术
- 爆炸物检测系统(EDS)
- 金属探测器
- 生物识别技术和未来安检系统
- 飞机和行李集装箱加固
- 驾驶舱舱门加固

结束语

关键术语

思考题

参考文献

学习目标

结束这一章节后，你应当能够掌握以下知识：

- 区分安保和安全。
- 列出民航袭击事件的范畴。
- 讨论以下各项的主要特点：
- ICAO 附件 17 和《安保手册》。
- 安保管理体系（SeMS）。
- 911 委员会及其建议。
- 国土安全法案。
- 解释运输安全局（TSA）的作用。
- 讨论安保威胁中情报搜集和分析的作用。
- 解释国家反恐中心（NCTC）的使命。
- 讨论 2004 年情报改革和防止恐怖主义法案（IRTPA）的重要性。
- 讨论下列安保战略背后的原理和理念：
  - 成像技术
  - 爆炸痕迹探测技术
  - 爆炸物检测系统（EDS）
  - 金属探测器
  - 生物识别技术和未来安检系统
  - 飞机和行李集装箱加固
  - 驾驶舱舱门加固
  - 计算机辅助的乘客筛检

11.1 简介

安保和安全常被视为类似的话题，讨论其中一个话题总会涉及另一个话题。然而，认识到这两者之间有着根本的区别非常重要。安全常常指防止事故隐患所采取的措施，而安保则指保护不受敌意或恶意引起的威胁。安全和安保的最终目标都是通过防止生命财产损伤和损失来使风险降到最低，但在二者的内涵中，安全实践旨在防止无意的行为，而安保实践旨在阻止有意的行为。本章节中讲述的有意行为是对民用航空的袭击。对民用航空的袭击可以是针对班机、机场和航空公司办事处的，但班机一直是最常受到攻击的对象。民航袭击范围包括：

在机场实施的爆炸、射击和各种攻击。

在飞机上、地面上或飞行中实施的爆炸、射击、劫机和各种攻击（如强夺）。

- 对通用航空和包机飞机的攻击。
- 对机场外设施的攻击。
- 在机场上飞机起飞和着陆时（从地面）射击。

本章节回顾了民航袭击事件历史，以及为使这些袭击的发生率和严重性减至最低最轻而制定的法规和安保措施。

11.2 民航袭击事件回顾

首次民航袭击发生在1930年，当时秘鲁革命者在南美劫持了一架福克F-7飞机。该事故几乎没有引起重视，也从来没有引发任何国际努力以对抗潜在的国际航空威胁。1944年ICAO在芝加哥成立，没有人预见到航空安全是严重的威胁，因此也没有加以重视。直至20世纪60年代中期，航空公司和机场也没有重视安保事务。机场护栏等低技术安保设施被视作将飞机与野生生物而非恐怖主义者隔离开来的安全措施。然而，民航袭击事件在1967—1976年的这10年迅速增多。1961—1967年全球仅有32起劫机事件，但在1968年之后的4年，全球有290起劫机事件（既遂和未遂的劫机）。在美国，1930—1967年仅有12起民航劫机事件，其中7起失败（Dorey，1983）。然而在1968年，美国劫机事件数量猛增，数架飞往加勒比海地区的航班不断飞至古巴哈瓦那。在1968年的22起劫机事件中，有19个航班改道至古巴。高潮则在1969年发生，当时33架美国定期航班被劫持（其中7起失败）。到1969年，至古巴的美国乘客和机组成员数量总共达到了1359名（Moore，1991）。这导致航空公司和美国联邦航空管理局（FAA）在X射线系统、磁力计、关于人员筛检的培训计划，以及空中安保方面花费了大量安保资金，在此之后，安全水平相对有所上升。美国劫机隐患以及实际发生的劫机事件随着时间推移有所减少，取而代之的是在欧洲、亚洲和非洲针对美国国家航空公司更频繁的威胁和实际袭击，最严重的事件是1988年12月苏格兰洛克比上空泛美航空103航班爆炸。接下来的数十年里，航空袭击事件有所减少。从图11－1中可以看到，所有三个主要的航空班机袭击形式都随时间推移表现出几乎相同的趋势，在1967—1976年的这10年急剧上升，并在之后的20年里逐渐下降。还请注意图11－2中40年全球劫机趋势在1969年达到顶峰。

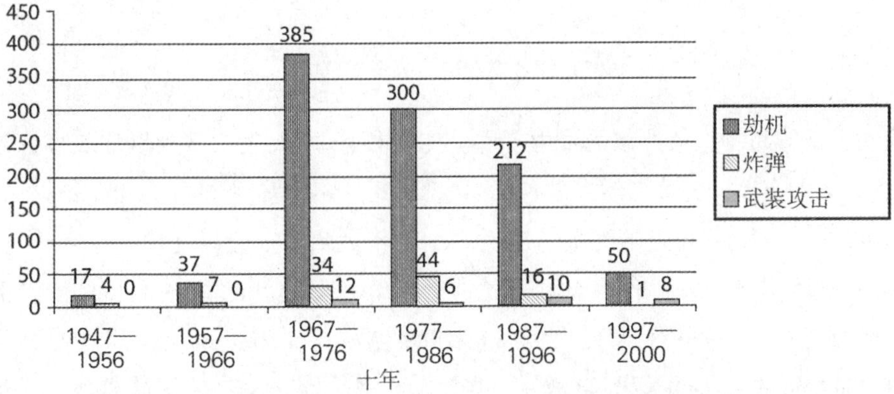

图11－1 对航空公司袭击主要方式的发生频率

来源：http：//www.gwu.edu

1947—1996年共有1098起航空班机袭击事件，而机场袭击事件为129起，航空公司办事处袭击事件有249起。与航空班机袭击不同的是，机场袭击（爆炸和武装袭击）在1977年至1986年的这10年达到顶峰。至于袭击模式，劫机是至今为止最常见的民用航空袭击形式。这50年里，在所有的航空班机事件中，劫机占据了87%（1098起袭击中有959起为劫机）。其他重要的班机袭击形式有爆炸（在地面上或飞行中爆炸）和武装袭击（在机场地面或在飞行中射击、扔手榴弹等）。

尽管袭击事件数量呈下降趋势，但这些袭击的严重性却呈现出另一种趋势。20世纪80年代的10年里，航空界损失惨重。这段时间证实了空运的危

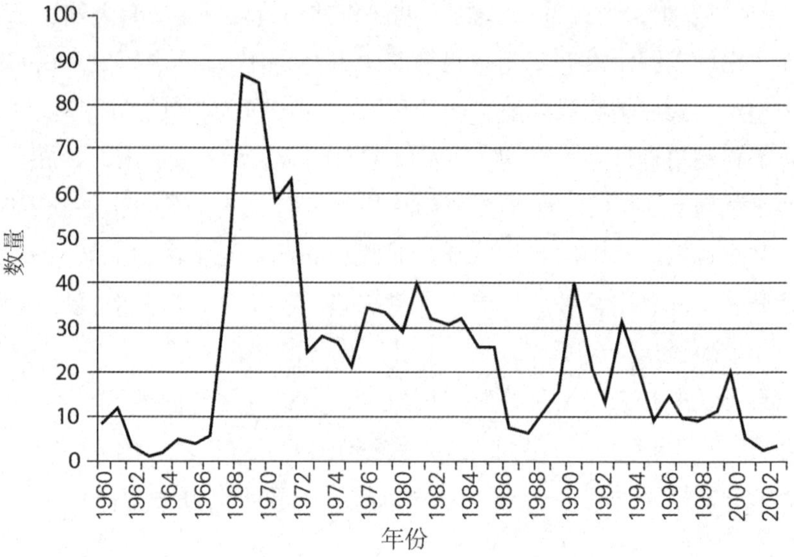

图 11 -2　全球航空公司劫机情况

险性，很容易发生较严重的暴力事件。先后共有 25 架飞机遭到爆炸破坏，导致 1237 人伤亡。更著名的事故包括 1985 年 6 月印度航空公司（Air India）爆炸事故——329 人在爱尔兰海岸丧生；1987 年大韩航空公司（Korean Air）灾难——115 人死亡；1989 年法国联合航空公司（UTA）班机在尼日尔沙漠上空的爆炸事故——171 人死亡；以及 1989 年波哥大附近哥伦比亚航空公司（Colombian Avianca）爆炸事故——107 人罹难。除了这些破坏性事故，1989 年航空安保和恐怖主义委员会调查报告还记录了 1982—1987 年有另外 17 场失败的袭击事件。20 世纪 60 年代有 286 人死亡，而 20 世纪 70 年代有 650 人死亡。20 世纪 90 年代情况有所缓和，然而，2001 年 9 月 11 日再次发生了恐怖事件，当天恐怖主义分子分别发动了四次袭击，共计 3247 人（包括机上乘客、机组人员和地面人员）丧生。

航空袭击严重性的增加是由于恐怖主义分子改变了他们的策略和观点并运用了新技术。他们获取了更多精密的致命技术，如自动机械武器和致命塑胶炸药。他们使用手枪和火箭筒袭击机场，并制定了无数巧妙的方法将看似无害的手提箱和收音机改装成致命炸弹。航空劫机的性质也从 20 世纪 60 年代早期制造个人或政治话题的单人劫机者，转变为 20 世纪 70 年代有组织的恐怖主义袭击策略。在 2001 年 9 月 11 日事件发生前的一段时间内，大部分劫机没有对人质的性命构成显著威胁。冷静的处理方法是与劫机者谈判直至达成和解，从而使伤亡减至最低。然而2001年9月袭击事件中，劫机者用飞机撞毁大楼，杀害了乘客和地面上的人们，也杀死了自己，这已经改变了劫机策略。在9·11事件中最后一架被劫持飞机是美联航的93航班，在这个航班上，旅客和机组得知世贸中心被攻击后，通过攻击劫机者挫败了这些恐怖分子的自杀攻击行为。这架B757飞机在宾夕法尼亚Somerset县坠毁，这是当天唯一一架没有达成袭击目标（美国国会）的飞机。

接下来的10年中，劫持飞机很大程度上没有成功，飞机的防卫大大改善了。乘务员和飞行员接受广泛的反劫机培训。乘客还帮助防止恐怖分子点燃炸药（2001年2月22日放在鞋中的炸弹和2009年12月25日放在内衣里的炸弹），自2001年9月11日后几乎每一次劫机事件中劫机者都被逮捕并绳之以法。

11.3　监管活动

2001年9月11日的恐怖事件在全球基础上的确改变了航空安保（AVSEC）。在国际和美国舞台上出现了法规的重大发展，我们先简要讨论国际方面的发展，随后讨论美国航空保安方面的历史演变。

11.3.1　国际对于恐怖主义的应对

如上所述，没有人认为1944年芝加哥会议上国际民航组织形成的时候航空安保是主要问题。那段时间的重点是规划和发展航空运输，以确保国际航空飞行的安全。渐渐地，通过一系列的国际民航组织会议和大会，国际社会开始关注在飞机上犯下的罪行。国际航空安保的几个主要里程碑包括：

- 东京公约——关于航空器上犯罪和某些其他行为（1963年），认识到此问题并授权航空公司机长采取适当行动，制约干扰飞行安全的人。
- 海牙公约——关于制止非法劫持航空器（1970年），通过14条有关劫持并提供各国政府处理这个问题准则的条款。
- 附件17——SARP题为：安保—保障国际民间航空免于非法行为干扰（1974年）。此SARP设定了国际民航组织民用航空安保程序的基础，并概述了世界各地航空安保的最低标准。根据世界各地安保问题不断演进，这一直是一份不断修订的文件。附件 17 第 12 条修正案 2011 年已获国际民航组织理事会通过。

国际民航组织安保手册——（Doc 8973——限制）是向各成员国提供的指导材料，协助执行国际安保措施。Doc 8973（2010 年）第七版由 5 卷组成：

· 第Ⅰ卷：国家组织和管理
· 第Ⅱ卷：招募、甄选和培训
· 第Ⅲ卷：机场安保、组织、项目和设计要求
· 第Ⅳ卷：预防性安保措施
· 第Ⅴ卷：危机管理和应对非法干扰行为

近年来，国际民航组织已深入参与加强全球航空安保。考虑到 2009 年 12 月 25 日企图破坏美国西北航空公司 253 航班（内衣炸弹），2010 年 10 月，国际民航组织第三十七届大会在蒙特利尔发出强有力航空安保联合宣言，敦促各成员国采取行动。该宣言旨在加强国际合作，使用八点项目加强对付威胁，包括加强：

· 关注国际民航组织附件 17—安保，解决当前和新兴的威胁。
· 使用现代技术安保筛选项目。
· 新的安保措施来保护机场设施和改善飞行中的安保。
· 对于空运货物安保加强统一的措施和最佳做法。
· 增强旅行证件安保（特别是机器可读旅行证件）。
· 在普遍安保审计项目下（USAP）纠正查明的缺陷。
· 增加信息交流和早期检测和传播安保威胁的信息。
· 共享关键安保领域的最佳做法。

2011 年 2 月 18 日在印度新德里召开的国际民航组织区域会议通过了“航空安保路线图”。路线图受到美国 TSA 局长和世界官员的欢迎，把此作为一种加强国际民航组织航空安保联合宣言的方式，解决全球舞台上不断变化和新

出现的安全威胁。国际航空运输协会（IATA）还提倡以业务方法对待安保，在安保管理系统（SeMS）的旗帜下建立国际民航组织附件 17 标准。国际航空运输协会认为：类似 SMS，安保管理系统被集成到一家公司的整体业务，使安保成为公司的核心价值观之一。以这种方式，安保文化和风险管理过程一同形成，这需要对安保威胁和脆弱性进行持续的评估。国际航空运输协会已确定航空承运人 SeMS 的六个核心要素：

- 高级管理人员和企业承诺
- 资源管理
- 威胁评估和风险管理
- 紧急情况和事件的管理（快速恢复的能力）
- 质量控制和质量保证
- 文档化的航空安保方案

国际航空运输协会大力提倡 SeMS 概念，可能导致全球基础上持续的安保改进。此项目的基础和发展在国际民航组织 2011 年会议上已经成为其航空安保事务委员会的议程。

11.3.2　美国航空安保的演变

类似于国际民航组织，FAA 对于航空安保的响应逐步演进，这一节将讨论美国航空安保方面的演变，以及 2001 年 9 月 11 日事件所带来的变化。

劫机年代（1968—1987 年）。为了应对这个时期的劫机，FAA 开始加强联邦航空规章 FAR。机场安保问题最初由第十章介绍的 139 部管理。其中 335 分部（公共保护）和 337 分部（野生动物危害管理）旨在阻止未经授权人员或车辆无意中进入飞机行动地区，并阻止除鸟类外的野生动物通过撞击或其他方式造成毁灭性碰撞。325 分部（机场应急计划）要求每个持证者开发并维护一个机场应急计划，旨在将突发事件中机场人身伤害和财产损失的可能性和严重性降到最低。这更多集中在管理突发事件，而不是在预防上。139 部主要涉及阻止人和动物误入航空活动区。然而，为了阻止 20 世纪 70 年代劫机事件的增长，有必要特别阻止未授权的个人或地面车辆进入航空活动区。因此 1972 年发布了 107 部，该部要求机场运营商立即启动使用防止未授权人员和车辆进入航空活动区的设备和程序。在 107 部的要求下，机场需要做到：

- 改善或建立防止未授权进入航空活动区的措施。
- 为航空活动区的授权准入建立一个合适的身份识别系统。
- 识别航空活动区内活动的车辆。

例如，联邦航空条例 107.14 强制对美国所有的主要商业机场的准入控制系统和安全系统进行了升级。采用这些系统来确保只有授权人员能够进入限制区域。另外，高密度航班还需进行乘客安检以及随身行李检查。受 1972 年年底前的几起劫机案件——包括一位加利福尼亚人不幸地在一次旅途中两次被劫——的影响，政府发布了两条应急规则。一条是给航空公司 30 天的时间来完成对所有乘客和随身行李的 100% 检查，另一条是给机场运营商 60 天的时间，在旅客登机和回舱期间在每个旅客检查点安排至少一个执法人员。在大多数机场，航空公司一直都共用一个金属探测器（磁强计）。这在之前是足够的，因为他们只需检查“选定的”个体。现在每个旅客都需要通过检查，现存的金属探测器并不能满足新需求。航空公司并没有足够的时间去招聘、雇佣并培训足够的额外雇员。

机场的经费问题也非常严重。经费预算并没有包括全职执法人员的工资，机场和它们所在城市或联合机构因无法在如此短的时间内找到足够的额外经费而面临困境。尽管有这些问题存在，1973 年 1 月 5 日依旧开始对航空旅客及随身行李进行全面检查。不出所料，旅客排起了长队，他们对这些旨在阻止劫机而设置的程序还是相当宽容的。这一规则和之前的防劫机措施的重大区别在于新规则的普遍性。之前，联邦航空局要求航空公司仅对符合劫机者特征的旅客进行武器检测，大约占每日 50 万登机旅客的 1%。这一程序颇具成效，1973 年美国没有一个航班被劫持。

航空公司安保。121.538 于 1972 年 1 月 31 日发布。该规则要求航空公司采取并实施一个能够检测出随身行李或旅客身上的武器和爆炸物的检测系统。同时还发布了一条命令，要求每个航空公司在 1972 年 6 月前将检测程序提交至联邦航空局管理员处。航空公司安全系统需做到：

- 防止或阻止未经授权进入飞机。

- 确保有一个责任代理人或合格证持证者代表记录行李。
- 货物和托运行李依照持证者安全程序审查通过后方可运送上机。

为回应一项再次强调航空安全命令的总统声明，121.538 于 1972 年 3 月 9 日再次修订。关于检测的要求需即刻生效，新的截止日期为 1972 年 3 月 8 日。1981 年 9 月 11 日又有了进一步的改进，121.538 改写为联邦航空条例 108 部分。这两个部分的改进都是 1972 年委员会关于航空安全和恐怖主义报告的产物。

108 部（飞机运营商安保）将安全要求基于飞机复杂性而不是合格证。它根据配置座位容量将飞机分为三个类别：多于 60 个座位、31— 60 个座位和少于 31 个座位。联邦航空局认为飞机越大，对恐怖分子的吸引力就越大。108 部要求具有 31— 60 个座位的飞机的操作采用一个综合的安全计划。该计划比得上拥有多于 60 个座位的飞机操作计划。然而更小的飞机操作只需要实施以下几点的部分计划：

- 在需要时联系执法机构并对某一事件做出回应的程序。
- 在适当的程序内指导所有的机组人员和内部员工。每个运营商都应准备好在接到联邦航空局关于特定威胁的通知时实施其全部安保计划。

1 30 个座位的较小飞机的操作无须安保计划，除非有旅客不受控地进入禁区。在旅客不受控进入禁区的情况下，或者旅客被安排进入禁区，需要对旅客进行适当的检测。航空公司需通过监视和护送程序或通过其他航空公司的检测程序控制人员进出禁区。

总之，按照 107 部中的联邦法规，机场负责防止未经授权进入航空活动区，并负责为旅客检测点提供执法支援。108 部要求航空公司制定可通过旅客和行李检测和其他途径防止轻武器和爆炸物进入飞机的程序。107 部和 108 部都关注犯罪行为和飞机破坏活动，而 139 部关注的是将公众从航空运行分离的运行安全问题。

1974 **年反劫机或航空运输安保法案**。该法案（公共法 93 – 366）发布于 1974 年 8 月 5 日，包含两个条款：

- 第一条款：反劫机法案（对劫机者的惩罚性规定和外国航空运输及服务的安保标准）。
- 第二条款：航空运输安保法案（美国机场和航空公司安全条例）。

该法律为1972年12月5日颁布的条例提供了法律基准，这些条例要求航空公司在登机时和登机前在每个旅客检查点对旅客及其随身行李进行100%的检测。此外，在该条例下，联邦航空局有义务开展一项研究和开发计划，强调保护航空旅客免受暴力犯罪行为和空中盗窃行为危害的设备的开发。不同航空公司在执行上述规则时会有很大的差别。该行业并没有始终如一地执行法规要求。就如何实施这些要求，航空公司有着完全的自主权。他们也有权利表达自己关心的问题并提出反复试验得出的改进建议。这将导致整个航空行业规则应用的不一致，在1975年早期，航空运输协会就设法制订一个单一标准的安保计划，他们的工作造就了联邦航空局的航空公司标准安保计划（ACSSP），该计划试图将新规则的多种解读置于某种结构之下。如今，运输安保局TSA已经持续进行这个项目，现在被称为飞机运行标准安保项目AOSSP。

制定于1979年的联邦航空条例109法规间接管理航空公司安保并提供对抗犯罪活动的额外保护。本部规定了管理各类航空公司的航空安保条例，这些航空公司包括航空货运代理、餐饮服务和间接从事货物空运的合作运输协会。每个间接航空公司都需要有一个安保计划，用来预防或制止任何未经授权的爆炸物或引爆装置流入任何需空运的包装货物。

建立空警计划。20世纪60年代末70年代初，劫机率的不断上升引发公众对美国政府施压，要求在机场施行安全计划并强制美国航空公司执行安保要求。为此联邦航空管理局建立了防劫机计划。空警计划是该计划中的一个元素，源于1968年的空中便衣警察计划，最初设立是用来阻止来自和飞往古巴的航班劫机，在20世纪70年代一直持续执行并延续至80年代。空中警察计划受到航空公司和旅客的批评，他们认为与其说该计划遏制了劫机事件，倒不如说是一个内在风险。然而，在1985年6月TWA 847航班劫机事件发生后这个计划的重要性有所提高。在这次事件中，两个黎巴嫩什叶派穆斯林劫持了一架由雅典出发的波音B727，并改变航线至贝鲁特与其他劫机者会合。在两周的对峙时间里，劫机者要求释放以色列关押的什叶派囚犯，并杀害了当时正在机上的美国海军潜水员罗伯特·斯特塞姆。为了应对这次人质噩梦以及迅速飙升的中东恐怖行动，当时的总统罗纳德·里根立即指挥交通部，在国务卿和司法部长的合作下，探索形成了扩张美国航空公司国际航班上的联邦航空局武装联邦空中警察计划。1985 年 8 月 8 日，国会制定了《公法 99 - 83》，即《国际安保及发展合作》，为联邦航空局—联邦空中警察计划制定了明确的法定基准，并允许国外机场进行安保评估，批准国外航空公司的安保计划。本法规特许联邦空中警察在飞机上携带枪械，如果他们有合理根据确认将被逮捕的人犯过或正在犯重罪，他们就可以未经许可逮捕任何在他们面前攻击美国的人。TWA847 劫机事件发生三周后，联邦航空局实施了新的法规，要求所有定期航班的航空公司和公共包机运营商根据优先级别免费配备联邦空中警察，而且要为警察提供他们选定的座位，即使会导致与全票乘客的座位发生冲突。如今 TSA 已经承担了联邦空警服务的职责，使命就是发现、阻止和挫败针对美国航空承运人、机场、旅客和机组的敌对行为。

爆炸年代（1988—2000 年）。1988 年 12 月 21 日，泛美航空公司 103 号班机在苏格兰洛克比村发生爆炸，造成班机上全部乘客与机组人员 259 人及洛克比村 11 名居民死亡，并有几幢住宅楼宇被损坏。飞行委员会经调查发现，飞机坠毁是由行李舱里的一个炸弹爆炸引起的。经证实，行李属于在法兰克福登机的直达乘客，也可能是在法兰克福机场从马耳他航空公司航班 180 号转到泛美航空公司 103 号班机的行李箱。

在泛美航空公司 103 航班炸毁之前，美国民用航空安保系统尚未成熟到能够检测出摧毁飞机的设备级别。该系统创建于 20 世纪 70 年代初，用以防止劫机。在 20 世纪 80 年代中期，它被转换为一个处于高风险国际地点时的防破坏系统。因此，1988 年泛美航空公司 103 悲剧可以算作一起异常事件，因为美国联邦航空管理局（FAA）在航空公司标准安保计划（ACSSP）规定采取美国反破坏安全措施以防止类似悲剧。

泛美航空公司 103 航班事故的主要问题在于行李和乘客之间的再辨认。在 1988 年，美国的运营商都必须在指定的国际地点进行积极的行李—旅客再辨认。根据调查结果显示，泛美悲剧的发生是因为航空公司只在高风险的国际地点对转机行李进行 X 光检查，而不是执行再确认程序及人工搜查所有的无人陪伴行李。由于泛美没有核查和人工搜查所有的转机无人陪伴行李，103 航班飞离法兰克福机场，飞机上有几个额外的行李，其中装有炸弹。

灾难发生后，总统授命成立航空安保与恐怖主义委员会，在其1990年报告中恰如其分地指出了该错误。委员会的任务是全面研究和评估关于防止涉及航空的恐怖行为方面的措施和政策方案。委员会提出了一些意见，以防止再次发生这样的悲剧。1990年航空安保改进法案（公法101－604）于1990年11月16日通过，实施了许多委员会所提出的意见。此法已在美国联邦航空局向国会提交的1992年年报上有所报告，也许是最全面、影响最为深远的立法倡议，其旨在改善航空安保的各个方面。其授权给许多影响到几个机构监管行为、需要新的报告、创建新的机构和人员配备要求，并通过一个快速且更具针对性的研究与开发计划授权美国联邦航空局以促进和加强航空安保。

1990年航空安保改进法案带来了许多变化，特别是在美国联邦航空局方面。它新设立了一个高级职位——民用航空安保助理局长，主要职责是管理民用航空安保办公室。该办公室现在处理安保方面的问题，包括禁毒及禁麻醉药。此外，美国交通部内部新成立了情报安保局，协调运输领域安保活动。情报安保局局长为交通部部长的直接下属。

1990年法案还授权美国联邦航空局（FAA）加强机场安保监督，且在主要机场委任美国联邦航空局安保负责人。

1996年白宫航空安全与安保委员会。在20世纪90年代末，对于美国航空安保的指导方向和重视程度发生了极大的变化。引起此重视程度与重要性主要事件是由于在1996年7月纽约长岛，TWA800航班发生爆炸，导致灾难性损失。早期型号的波音B747飞机运载着230名乘客和机组人员，在其离开约翰·肯尼迪国际机场飞往巴黎时，起飞几分钟后发生爆炸。爆炸的惊人力量使飞机四分五裂，场景触目惊心、难以恢复，许多人都目击到这一幕，美国民众在连续几周里都深感震撼。而讽刺的是，美国联邦调查局（FBI）最终裁定TWA800不是恐怖主义行为所致。

旅行公众受到惊吓，媒体质疑国内航空公司运营安全与安保，几周之内，克林顿总统宣布成立航空安全与安保白宫委员会（戈尔委员会）。该委员会提出彻底变革监管框架，要求对更新更安全的安保技术做进一步研究。特别关注了一项行动计划以实施新的高科技机器检测最先进的爆炸物。该报告包括57条建议，其中31条涉及增强旅行公众的安保。委员会建议联邦政府将航空安保视为国家安保。它在美国联邦航空局内部设立了民航安保行政助理局长这一新的高级职位，以领导民航安保局。

其他几个事件大约在同一时间发生，使这一重大变化得以发生。始于1993年的美国国内几次主要恐怖事件使美国公众清醒认识到两大洋的存在已不再能保证主要国际恐怖分子不踏上美国国土。当时这些袭击世人皆知，包括世界贸易中心爆炸案以及华盛顿附近的中央情报局总部谋杀案。

美国国内存在着严重恐怖威胁，这促使美国联邦航空局召集了一个“外部咨询小组”，该小组代表来自其他政府机构、航空公司和机场当局以及各类公民和职业团体，目的是对航空安保措施基线的完善提出建议。工作组建议传至航空安全与安保白宫委员会，对该委员会的首次和最终报告影响重大。戈尔委员会许多建议（超过30条涉及安保问题）通过颁布1996年航空安保和反恐法案后得以给予法律和资金支持。

航空安保重大变化的第二基础是新安保技术的成功出现，既包括爆炸物检测技术，也包括如人为因素和飞机集装箱加固化等其他领域的技术。经过批准的爆炸物探测系统的存在能够采取有效技术措施，阻止炸药被带上飞机成为可能。此外，基于完全不同的技术方法，追踪爆炸物探测器的快速发展提高了利用冗余技术措施检查行李中爆炸物的可能性。

加上TWA800航班被炸毁，几乎从纽约市就能看到，1996年7月的形势使在安保措施基线进行重大改善的社会和政治压力不可抗拒。三个月内，国会立法从联邦基金拨款，大规模购买昂贵的安保设备。

法律允许实施其他增强安保的措施，如安保背景筛查、机场薄弱环节评估以及增加使用犬类检测爆炸物。虽然安保实施策略持续到20世纪90年代末，但是缺少紧迫性和彻底性，要阻止2001年9月11日事件可能正需要这些。航空安保的改善引发了复杂问题，因为政府和业内经常出现分歧，无法解决融资、效率、技术以及运营和乘客的潜在影响方面的争端。为了说明这点，美国联邦航空局审计长（IG）在1998年12月至1999年5月对8家机场进行了大约173次测试。令他们吃惊的是，审计长在测试时期总共能获得117次无授权的限制区域访问权。审计长要跟随授权的人员进入限制区域，乘坐无人看守电梯，穿过未上锁大门，走过货物区域，才能获得访问权。调查人员得出结论：困扰机场的问题仍然存在，机场经营者和航空公司在无授权访问控制程序、员工培训以及联邦航空局监督程序领域存在重大缺陷（Anderson 2000）。

全球反恐战争（2001至今）。2001年恐怖事件永远地改变了航空业的面貌，彻底改变了美国的安保思维和方法。此次灾难性事件需要不仅在航空，也在所有的运输方式上有明显的新的安保趋势和措施。2001 年 9 月 11 日，恐怖分子劫持并坠毁了四架客机。第一架是波士顿飞往洛杉矶的美国航空公司 B767 客机（航班号 11），被劫持后撞入世贸中心双塔之一，11 名机组人员，76 名乘客和 5 名劫机者全部身亡。冲入另一座世贸中心塔的第二架飞机也是美国航空公司 B767 客机（航班号 175），9 名机组人员，51 名乘客和 5 名劫机者全部身亡。双塔受到撞击，加上飞机爆炸后产生的热量，导致双双倒塌。第三架是杜勒斯飞往洛杉矶的美国航空公司 B757 客机（航班号 77）。被劫持后撞入五角大楼，造成该楼部分倒塌，6 名机组人员，53 名乘客和 5 名劫机者全部身亡。第四架是纽瓦克飞往旧金山的美国航空公司 B757 客机（航班号 93）。被劫持后在宾夕法尼亚州匹兹堡附近的野外坠毁，7 名机组人员，34 名乘客和 4 名劫机者全部身亡。本次事件死亡总人数为 3274 名。下面，我们将讨论美国如何应对这些严重航空安保问题。

11.3.3 911 委员会（www.9－11commission.gov）

国家反恐委员会（911 委员会）是一个独立的两党委员会，由美国国会和总统创立，对于恐怖主义袭击准备全面的完整的形势估计，并且提供旨在应对未来攻击的建议。2004 年 7 月 22 日，911 委员会全面报告公布，一共有 585 页。该报告的概述在 911 委员会网页上描述了特定的发现，并提供了很多建议：

发现：

- 想象——最重要的失败是“想象”。该委员会不认为美国国家领导人理解恐怖主义威胁的严重性。
- 政策——恐怖主义并没有成为美国政府主要的国家安全关注点。
- 能力——美国试图通过老式的、不充足的冷战能力来解决基地组织问题。
- 管理——美国错失了挫败 9·11 阴谋的机会，没有找到方法来汇集各种情报资源。

911 委员会认为美国存在的特定弱点和薄弱环节在于：

- 不成功的外交。
- 缺少军事选择手段。
- 情报界存在问题。
- FBI 存在问题。
- 可渗透的边境和移民控制。
- 可渗透的航空安保系统。
- 基地组织资金来源没有被发现。
- 美国只是临时性的国土防御，在政府高层沟通非常糟糕。
- 应急响应能够挽救生命，但是纽约有效的决策被糟糕的沟通和软弱的命令和控制妨碍了。
- 国会和行政机构对于跨国家的恐怖主义威胁应对缓慢。
- 911 委员会认为：在 2004 年公布报告的时候，美国比 2001 年 9 月 11 日的时候要更安全，但是还不够安全，因此发布了如下建议。

911 委员会建议，美国应该采取如下步骤：

- 攻击恐怖分子和他们的组织。
- 防止持续的伊斯兰恐怖主义发展。
- 对未来恐怖主义袭击做好准备。

911 委员会特别建议：

- 建立国家反恐中心。
- 设立新的国家情报主任。
- 美国各政府机构之间有效分享情报。
- 国会采取行动来改进国土安全监管。
- 在国防部、国土安全部以及其他机构明确角色、使命和权力。

11.4 美国运输安全局

2001年11月19日，美国国会通过《航空和运输安全法（ATSA）》（公法107-71，115Stat. 597），从而成立了运输安全局（TSA），作为交通部下的运行机构。一年后，2002年11月28日，国会通过《国土安全法》（公法107-296，117Stat. 745）成立国土安全部，由内阁级部长领导。TSA随后在2003年3月划归国土安全部，当时美国政府想将国内防范应对和化解美国国内应急情况（特别是恐怖主义）的所有机构进行整合，TSA由此从交通部移出。

按照其网站描述，TSA的使命是保护国家运输系统，确保人员和商业移动的自由权。安保屏检是TSA的核心，如今在此领域的工作人员大约有5万人。TSA实施100%的旅客安检，每年空中旅客超过6亿人次，包括检查旅客的行李，每天在超过700个安检点和将近7000个行李检查站实施检查。TSA航空安保多重保障包括：

- 机场证件检查员。
- 行为检测官员。
- 安全飞行——幕后观察清单、匹配旅客姓名和政府怀疑恐怖分子名单。
- 联邦空警，在美国商业航班上飞行。
- 联邦驾驶舱官员，他们是携带武器的飞行员，并且接受过联邦空警培训，知道使用武器和其他战术。
- 机组人员自卫培训项目，在全美20多个站点实施。
- 移动爆炸物警犬探测队。
- 航空货运项目和措施，如认证货物筛选项目，允许货物在抵达机场前提前筛选。此项目是2007年改善美国安保法（公共法律110-53）的部分，雄心勃勃的911委员会建议，对所有进入美国的空运和海运货物强制规定100%检查。

TSA规章。TSA颁布运输安保规定（TSR），在联邦规定法典（CFR）49条第七章从1500—1699条。TSA规章被分成小章节，分章节A包含管理和程序规定，分章节B包含许多运输模式的规定，章节C包含民用航空安保的规定。

联邦规定法典 49 条的 1500 分章节 A 定义了运输安保规定中使用的术语。

- 1520 部分讲述了敏感安保信息保护内容。该部分概述了信息法案自由下可能不会发布的信息类型。该节包含保护个人信息的职责，以及当得知敏感安保信息已向未授权个人发布时有通知 TSA、DHS 或 DOT 的责任。
- 1540 部分概述了民用航空安保一般规则。1540 部分也包含关于谎报或故意虚假陈述或进入合规性报告。1540 部分同时也禁止干扰正在执勤的安检人员，禁止个人将武器、爆炸物或可燃物带入机场特定区域。1540 部分中描述的其他要求包括：
    - 进入机场的雇员和人员的安保责任 。
    - 想要进入任何需要安检地方的人员的责任。
    - 在有要求时，飞行员将特定证明递交运输安保局检查的义务。
- 1542 部分包含机场安保的规章。这些机场要求准入控制和执法支援，以及基于指纹的犯罪历史记录查询。
- 1544 部分强调机场运营商对航空承运人和商业运营商的安保要求。1544 部分要求航空器运营商不允许有人未经授权在机上携带爆炸物、可燃物或武器。
- 1546 部分为外国航空公司安保规定，包括对个人和财产的安检，货物的进入接触、炸弹或航空走私威胁等。
- 1548 部分为在美国境内经营的间接航空公司提供规则，包括接受货物和安保威胁评估。
- 1550 部分要求使用最大起飞全重为 12500 磅及以上的飞机载客和全载货运飞机制订安保计划。

11.5　情报的作用

911 委员会全面的报告详细介绍了 2001 年前基地组织如何成为美国的真正危险。这次攻击是由本·拉登策划实施的，他在 10 年时间内建立了一个动态和致命的恐怖组织。该报告令人惊讶的结论是：9·11 的攻击令人震惊，但不应该是突如其来的。极端分子给了足够的警告，他们本来要杀更多的美国人。事后来看，9·11 袭击能够成功很显然是由于美国情报部门严重失职。

11.5.1 国家反恐中心

911 委员会的一项主要建议是建立“统一的努力”，将所有的战略情报和运行规划结合起来，归并到一处办公室里，2004 年 8 月根据总统行政命令 13354 成立了国家反恐中心（NCTC）。这项命令被编成《2004 年情报改革与防止恐怖主义法》（IRTPA）。NCTC 的建立实现了 911 委员会的一项重要建议，如下所示：

> 打破国家政府组织的旧模具，国家反恐中心（NCTC）应成为联合业务规划和联合情报的中心，由不同机构的人员组成。(911 委员会报告第 403 页)

今天，NCTC 是 24 小时不间断运作，在现代化的运作中心，与中央情报局（CIA）和联邦调查局（FBI）运作中心合署办公。它由超过美国 16 个不同部门及机构的 500 多名人员组成。NCTC 主任具有独特、双线的报告流程：向反恐规划主席和就情报事宜向国家情报（DNI）局主任报告。DNI 在 2005 年 4 月 22 日开始运行，作为 911 委员会另一个主要的建议，IRTPA 立法在同一天实施。如今，国家情报主任担当情报界的唯一领导，监督主要情报单位：

- 中央情报局
- 国防情报局
- 国家安全局
- 国家侦察办公室

恐怖主义威胁的范围。最新的 NCTC 反恐年度报告包含详细的统计数据，表明全球范围内恐怖主义影响非常大。NCTC 观察到的一些恐怖事件，包括 2009 年在内的统计数字如下：

· 在83个国家发生了大约11000次恐怖袭击，造成了58000个受害者，包括近15000例死亡。

· 逊尼派教徒极端分子群体，如基地组织和塔利班进行了约一半的袭击。

· 大多数攻击是由恐怖分子用常规战斗方法实施的，如武装袭击、爆炸和绑架。图11－3说明了死亡的人数。

· 在伊拉克、阿富汗和巴基斯坦恐怖袭击约占所有袭击事件的60%。图11－4说明了按国家分类的死亡人数。

· 超过50%的受害者都是穆斯林，三分之二是平民。

（来源：国家反恐中心2009年关于恐怖主义报告，2010年4月30日）。

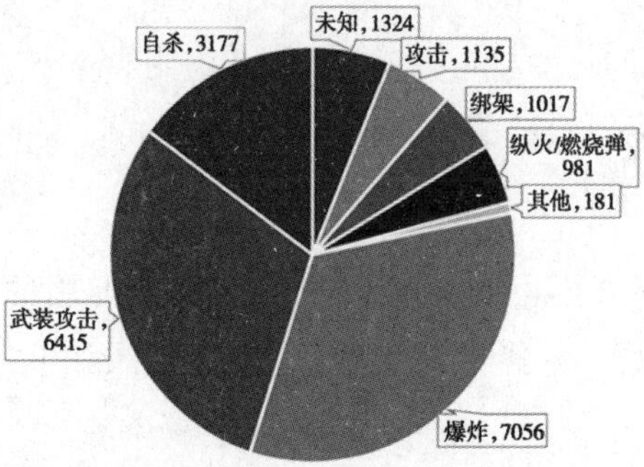

图11－3 全球恐怖主义按使用方法导致的死亡人数，2009年

来源：www. nctc. gov

在其网站上所述，NCTC拥有一个三重使命，带领国家在国内外打击恐怖主义：

1. 分析威胁。
2. 与情报伙伴共享信息。
3. 整合所有国家权力，以确保上下同心。

NCTC通过整合所有的反恐情报，分析了威胁，产生详细的分析产品：

· 总统的每日简报。

· 国家恐怖主义公告。

· 关于化学、生物、放射和核威胁的信息。

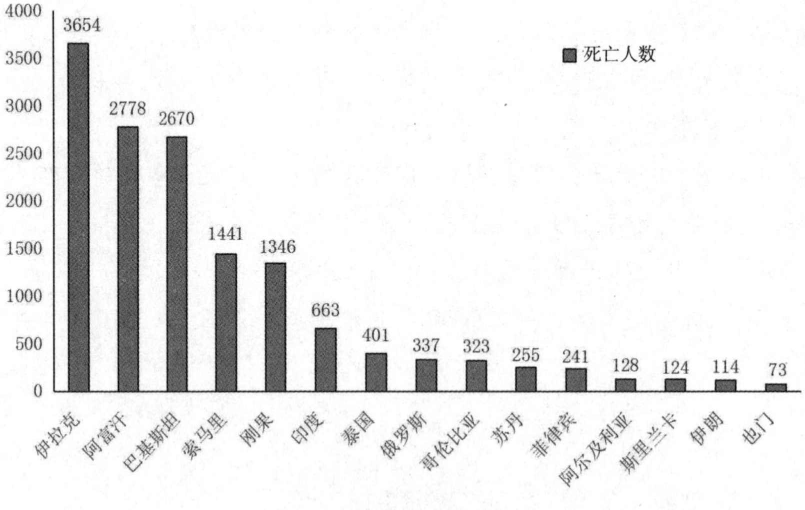

图 11 -4　全球各国恐怖主义死亡人数，2009 年

来源：www. nctc. gov

NCTC 通过分析在同一个系统下超过 30 多个专用的情报网络，与美国情报机构分享反恐信息。它经常分享反恐信息的方式如下：

· 75 个美国政府机构情报用户通过 NCTC 机构间威胁分析和协调小组分享。
· 情报用户通过日常安全视频电话会议系统全年无休获得信息。

NCTC 通过联合规划和战略计划集成全球反恐战争（Global War on Terror）中的国家权力工具：

· 国家反恐战争实施计划。
· 根据国家安全总统令 47/国土安全总统令 2007 年 3 月 26 日 16 号，和国土安全部密切协调实施航空安保国家战略。

11.5.2　国土安全部（www. dhs. gov）

上面详述了航空安保国家战略领域的美国政府综合战略。国土安全部协调业务实施这一战略，这是一项极端重要的国家计划，以在整个政府的基础上优化集成航空安保，并已发布 6 项支持计划，确保机构间协作（来源：www. dhs. gov）。

1. 航空运输系统安保计划（国土安全部和交通部）
2. 航空运行威胁响应计划（美国国防部和司法部）
3. 航空运输系统恢复计划（国土安全部和交通部）
4. 航空领域监视和情报一体化计划（美国国防部和 DNI）
5. 国内推广计划（国土安全部和交通部）
6. 国际外展计划（DOS）

11.6　安保技术综述

防止民用航空受爆炸威胁可以采用以下两种方法：阻止爆炸物接近飞机（如使用爆炸物检测技术）或通过防止飞机发生机上爆炸来减少爆炸的影响（如通过飞机加固和集装箱加固）。我们将对这些方法逐一进行讨论，这两种方法相结合才可以提供最佳的民航保护。

部署先进的新安保装置的第一个阶段始于 1997 年，当时国会为此拨款 1.44 亿美元，2001 年 9·11 事件之后，该计划得以加速执行，所有机场都被要求在 2002 年 12 月之前安装行李和乘客筛检装置。TSA2007 年开始部署先进的“成像技术”（AIT），2010 年 3 月，当时美国根据“复苏和再投资法案”向 TSA 拨款 10 亿美元，TSA 从而开始部署 AIT。而那时正是 2009—2010 年全球经济衰退期间。目前，接近 500 台成像技术设备在全国 78 座机场运行，2011 年还计划继续部署这种设备。

11.6.1　成像技术

成像技术的原理是检测人体发出的自然辐射（被动成像）；或使对象暴露在一种特殊的辐射中，再测量人体反射出的辐射（背反射）。这些系统能识别人体与武器或炸药反射出的不同辐射，从而对金属武器或塑胶炸药进行探测。

筛检系统接着生成如同电视画面一样的数字图像。经过训练的操作人员可以识别这些图像中的潜在威胁物，他们通常还会得到能突出异常特征的图像增强软件的支持。

全身扫描。如今 TSA 使用两种类型的先进成像技术，包括毫米波和后向散射 X 射线技术。毫米波扫描仪有两个类型：主动和被动。主动扫描仪占市场主导地位；被动技术目前仍在发展。主动扫描仪工作很像雷达，它们向旅客发送毫米波能量，然后解释反射回来的能量。主动毫米波扫描仪器的示例是 L3 通信公司提供的 ProVision 机器（图 11－5）。因为这些现代扫描仪可以显示图像，揭示了人体隐私，公众提出了一些关于隐私的反对意见。为了减轻对隐私的关注，2011 年 2 月，TSA 在其 AIT 机器上开始测试新的软件系统，消除了旅客特定图像，取而代之的是“自动检测”潜在威胁项目，并显示人的一般轮廓。通用轮廓对于所有乘客是完全相同的。如果没有潜在威胁，在监控屏上显示“OK”，并且没有显示人的一般轮廓。

通过检测从乘客那里反射回来的辐射数据，也可以用后向散射 X 射线成像用于全身扫描。用于检测随身携带的行李和人的 X 射线机器采用低剂量、低能量的辐射。更高剂量单位用于托运行李的检查。老一代机器生产低质量和图像差的对比度。大部分较旧的模拟系统已经让位给现代数码视频放大和

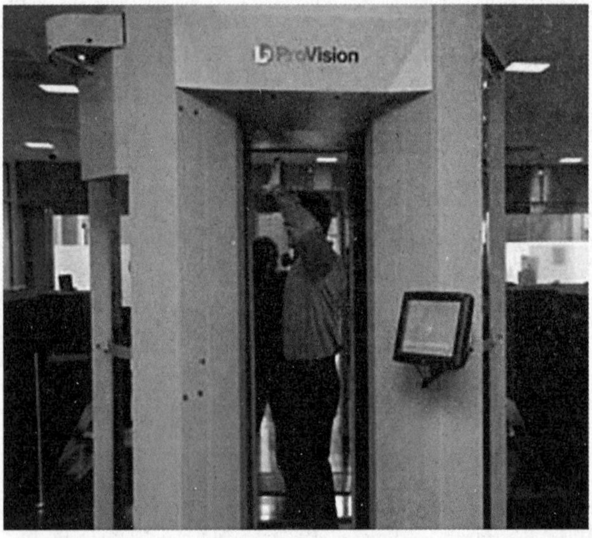

图 11－5　先进成像技术，L3 通信公司 ProVision 主动毫米波扫描机器

来源：www. tsa. gov

处理系统，产生更清晰的图像和增加对比度。在其网站上，TSA向公众保证当前的技术是安全的，亦符合国家的卫生和安全标准。TSA 表示：毫米波技术发射的能量数千倍小于手机传输的能量。使用后向散射技术扫描一次产生的辐射等同于在飞机上两分钟。

11.6.2　爆炸痕迹探测技术

对爆炸材料微粒或含蒸汽爆炸材料进行直接化学鉴定，进而根据微粒物质或蒸汽的存在能推断出危险品或炸弹的存在。痕迹探测与电磁成像之间的主要区别在于，在痕迹探测中，爆炸材料样品必须以超出检测限度的浓聚物的形式传给设备。痕迹探测技术不能用于探测金属武器的有无。所有痕迹探测装置都应遵守 TSR 1544. 213 部分的规定。痕迹探测有两大明确步骤：样品收集与化学鉴定。痕迹探测实践在航空安保的行李筛检中的应用多于人员筛检。该技术的一些基本要点讨论如下。

样品收集。爆炸物在蒸汽或固态下可被仪器探测出来。最初痕迹探测技术的开发重点在于收集人员或行李周围的蒸汽。然而，由于许多现代爆炸物在室温下不轻易释放蒸汽，因此开发重点已经得到拓展，包含了在皮肤以及其他表面对爆炸材料微粒的探测。

如果要探测爆炸材料的痕迹，就必须从空气抽样中取得它们的浓缩形式（蒸汽技术），或将它们从基底分离出来（微粒技术）。在蒸汽探测中必须收集大量空气，从中抽取少量相关物质。在微粒探测中，爆炸材料必须从其附着的表面移除。两种痕迹探测方法各具优缺点，这取决于要搜寻的爆炸材料的类型。蒸汽技术对探测蒸汽气压高的爆炸材料更加有效，而微粒技术则更适合探测低蒸汽气压的爆炸材料，如军用塑胶炸药。

通过让对象穿过一道门，或让对象或一件行李通过一种手杖设备，样品即可取得。两种方法都能以接触或非接触的形式来执行。在接触式的通道门取样中，乘客走过通道时要推开一扇门，或触摸采集装置。在非接触式的系统中，乘客经过通道门时会被一股气流掠过。手杖设备可用来对人员周围的空气进行取样或进行身体接触。总的来说，接触法注重从对象的双手或衣物收集爆炸材料微粒。非接触法可使用气流驱逐微粒，或可从气流中提取爆炸物蒸汽的样品。

尽管使用手杖设备可能是一种高效的样品收集手法，但它比使用自动通道门收集样品需要更多人力也更耗时。最好的解决方案也许是在通道门痕迹探测系统上添加一部手杖装置作为级别更高的附加监视工具。这是结合金属探测门使用的一种常见手法。在痕迹探测中，单独一部化学鉴定仪器可以是通道门和手杖设备样品收集系统的结合。

TSA 正在拓展爆炸物痕迹探测，特别是使用手杖设备方式。为了确保 TSA 工作人员的健康，每次用完之后，手杖设备就废弃。当探测时，该设备放在固定或移动机器中，分析可能存在的爆炸物残留物成分。来自美国复苏和再投资法案的资助，可以用于购买更多的爆炸物痕迹探测设备。

11.6.3 爆炸物检测系统（EDS）

散装爆炸物探测系统包括任何设备或系统可以远程感知对象物理或化学属性（或其组合），并试图检测被藏在一个容器（例如，乘客行李）中的爆炸物。今天，TSA100% 检查一架飞机上所有的行李，每一天覆盖 200 万名乘客。这种设备必须正常，不能导致不合理的拖延，所以可靠性和通过量是非常重要的。

近年来在 EDS 行李筛查技术已有重大改善。TSA 已认识到这一趋势，通过基于《美国复苏与再投资法》优先提供的资金促进了技术改进。事实上，在托运行李检查系统（CBIS）这一领域已发展了一个新的标准。目前，平均在线中速设备可以每小时检查大约 600 件行李。TSA 标准是更高容量的检查，至少每小时 900 件行李，而且虚警率要低。

企业正在迎接这一挑战，通过提供改进的图像质量和屏幕分辨率，使用三维（3D）图像非常类似于如今在医疗放射使用的磁共振成像（MRI）技术。未来托运行李系统将变得效率极高，能够达到每小时 1000 件行李，而且内置诊断工具将更容易维护。这些高速筛选系统也将会升级，允许机场以此增加行李处理能力，而且不需要资本投资。

11.6.4 金属探测器

目前美国机场使用的筛检程序，最起码在例行检查中使用的程序，都包含筛检乘客用的金属检测门和筛检手提行李用的 X 射线成像系统。金属检测设备在通道门空间产生一个时变磁场，在穿过此空间的金属或铁磁物体中感应出涡电流。这些涡电流被各种方法检测，当它们超过预定水平，声音警报或视觉警报就会发出，让操作人员前来确定是否存在危险物品或武器。该安检系统的效果不仅取决于设备性能，也取决于操作该设备并解除警报的人员如何行动。

金属探测器根据不同的应用在通道门到手持设备之间变动。大多数乘客要通过一个门式金属探测器，但更严格的检查还要加上一个手持或便携式金属探测器。金属探测器不如其他系统那样有效，它们的不足在于无法查出所有形式的危险武器。它们最大的缺点是查不出无法被磁化的金属。新一代的金属探测器能搜出含铁或不含铁的物品。金属探测器广泛应用于机场，是最重要的安保工具之一。

金属探测器的重要进展是多区域概念。通过门式金属探测器的多区域方式，可对金属探测器要扫描的身体部位所对应的特定区域指定灵敏度。每个区域都能各自调节灵敏度，能对探测做出独立调整响应。对应身体足部的水平区可以调节其灵敏度以高于或低于腰部区域，反之亦然。机场安保金属探测器的使用应当遵守 TSA 的 1544. 209 部分。

11. 6. 5 生物识别技术和未来安检系统

生物识别是用生物特征对人进行识别的新兴技术领域，包括基于视网膜和虹膜扫描、指纹或面貌识别的特征。生物识别技术的定义是自动使用生理或行为特征来确定或验证身份。该技术传统上被用于最高机密政府领域的密码通行，但如今正越来越频繁地被用于多种安保应用。其中一个应用是防止员工未得到授权就进入特定区域和获取资产。另一个应用是快速识别低风险用户，如预检过的机场乘客，这样安检员能专注于更小范围的“高风险”乘客群体。

生物识别系统有两个基本类型：验证和识别。通过检查人的身体特征或重复行为，我们建立了一个生物识别体系。验证系统要求欲访问的人员具有某种证明，如一张电子智能卡，这张卡验证时能与该人员的一些身体特征相吻合。该人员信息被录入设备程序时会获得生物测量参考。

TSA 从 2006 年到 2008 年进行了生物识别试点项目，被称为认证旅客。试点项目在 2008 年 7 月结束，在这段时间，它成为纯粹由市场驱动的项目。领先的生物识别合同商在美国最繁忙的 20 个机场最高峰的时候有超过 20 万认证旅客。

除了使用生物识别技术合同商，TSA 已经关注 911 委员会的建议，即政府接管“不飞观察名单系统”（No fly Watch List）。这是通过比较乘客信息和联邦政府情报监视列表来小心实施。《2004 年情报改革和恐怖主义预防法》（IRTPA）编纂了这项建议，所以截至 2010 年 11 月 1 日，新的 TSA 安保飞行项目要求航空公司收集和传输 TSA 以下安全飞行旅客数据：

· 旅游时在政府颁发的身份证件中的姓名
· 出生日期
· 性别
· 补救码（这是给乘客一个特别的数字，他们已经与 TSA 解决了拒绝登机的问题，防止今后出现乘客因识别差错而误机）

在将来，TSA 正考虑要求航空公司提供乘客更多资料，包括生物识别和履历信息，允许美国政府开始加强检查过程。遵守此拟议新程序的乘客可以看到其中的益处，包括更快通过安检站等。在国际方面，国际民航组织一直在促进机器可读旅游证件（MRTDs），可用于乘客快速通关。未来的检查站会将乘客分成低、中等和高风险类别，并进行相应的检查。

11.6.6 飞机和行李集装箱加固

航空安保的另一个方法是试图强化飞机结构，以及在控制系统、电子系统和液压系统等重要系统中设计备份，以减轻飞行中的爆炸影响。还有一个方法是使用加固行李箱，控制托运行李发生爆炸带来的影响。

改装是相当困难的。在飞机设计阶段加入这类设计措施则更加简单和实际。FAA 已经参加了军事专家和机体制造商的广泛研究，以了解飞机如何因飞行爆炸而失事，并开发增加飞机存活机会的方法。美国和英国都实行了爆炸物检测来对估算进行检查。这些测试中最著名的当属 1997 年 5 月英格兰 Bruntingthorpe 波音 747 上的爆炸物检测。该检测用四个炸弹同时开展了几个试验。这些试验检测了针对飞机内部货舱各部分的多种保护措施的效果，还检测了一个加固行李箱的模型。

其中的飞机加固实验由英国而非美国的专家进行。他们似乎预示了对未来的一些希望：相对轻重量的材料应用可能会大大有助于防止飞机货舱内特定地点的爆炸。然而，由于目前美国机队规模庞大，飞机加固在经济上不可行，也无法实现。因此，FAA 以及其他国际适航机构正在研究加固集装箱，以此作为近期的另一种解决方案。

使用 HULD（加固型集装设备）保护飞机不受爆炸袭击并非新概念。在全球高风险地带运营的航空公司一直使用定制型集装箱。由于这些集装箱对一般用途而言过于沉重，因此每架飞机仅使用一个或两个集装箱来运送指定物品。然而，2001 年恐怖分子袭击事故之后，新的技术进步和对安保的更多需求将令这些集装箱得到更好的应用。

此外，也正在考虑加固型货物集装箱，减轻简易爆炸装置（IEDs）的威胁。IRTPA 立法要求 TSA 开展试点研究，以评估使用防爆容器，该法案授权两百万资金用于整个项目。2009 年，DHS 发布轻重量 HULD（减少威胁）的意见征求，在联邦航空局大西洋城附近的技术设施进行测试。

加固集装箱未来的成功能从根本上改变对托运行李筛检所用爆炸物检测设备的探测能力要求。当然，对于任何指定的集装箱都能制造足够大的炸药来超越它。但大型炸药更容易被检测出来，增加要接受检测的爆炸物的体积则会放宽对检测设备的要求。

11.6.7　驾驶舱舱门加固

2002 年 1 月 10 日，FAA 发布了防止驾驶舱受到侵扰和手榴弹等轻武器火力或碎裂装置侵袭的新标准。该标准要求多达 7000 架飞机的美国运营商在 2003 年 4 月 9 日之前安装驾驶舱加固门。国会拨款 0.97 亿美元帮助航空公司分摊更换驾驶舱门的成本。目前驾驶舱门规章和安保标准在联邦航空条例 14 的 25.795 中进行了规定。

11.7　结束语

高技术探测技术可以取得一些成效，但是显然这种工作成本高昂且非完美无缺。在安保方面取得小小的成绩代价却非常大。另外，产生的不单是资金成本，还有操作和维护问题，乘客的机会成本等各种问题。

尽管技术在整个安保计划中占有一席之地，它却不能解决空中运输的所有安保问题。需要格外重视对安保人员的培养，他们扮演着非常重要的角色，可解读技术分析结果。

在TSA建立并接管安检之前，大多数安保人员收入低微，缺乏培训。这一行业深受各种问题困扰：工作干劲不足、流动性大、压力过大且效率不高。联邦航空管理局内部人士批评安保人员不合要求。作为回应，美国航空运输协会（ATA）制定标准，呼吁提高人员遴选标准，改善工作环境，奖励高效的安保人员。另外，多家航空公司更新了自己的人员筛查。不过，尽管提出了新的培训要求，这个过程却并不是一帆风顺的。培训时间太短，对培训内容定义又太宽泛。但是，2011年美国运输安保局接收其职能的时候，安保人员的薪酬、培训和其他福利条件均得到提高。这使机场安保水平得到提高。

安保问题与机场工作人员和职员相关。一个个机场就像一座座城市，人员从事各种不同活动，从推销员到技师再到清洁工展现各种不同的职业。因为有着各行各色的工作人员，恐怖主义者就有着无数个机会，所以联邦航空管理局要求对员工之前工作经历进行背景调查，并要求其佩戴徽章。尽管做了许多工作，但是这些措施无法保证安保。尽管伪造由计算机控制的徽章可能是一项极其艰巨的任务，需要机场内部人员协助，或者取得计算机数据库并了解徽章使用流程，但是恐怖分子还是可以伪造出徽章。恐怖分子可能采取一种潜在的更危险的方法，如恐吓员工的家人，给其施加压力或者行贿获得访问权限。

机场安保还有其他可应用的技术和战术方法。可以将某种程度的资源从硬件应用转移到改进以后的信息收集中，在恐怖分子到达机场之前将其拦截掉。当然，这个建议提出的一个问题是：通过实施911委员会的建议如何改进信息收集。从经济的角度来看，利用资源来收集信息远比精化安保技术更具吸引力。尽管守护前门昂贵的硬件非常有效，更真实的信息可以全面应用到交通、政府和公司，以改善它们的整体安保状况，尤其是当最有效的技术在恐怖主义策略变更后都变得不堪一击时。如果我们成为武器和爆炸物探测方面的专家，威胁又会是生物性的（如供水系统中的病菌）或者化学性的，或放射性的（如脏弹）。

另外，技术还受到两个相关的准则问题困扰。第一个问题是安保工作受场域限制。在一个地方效果很好，成本低廉，但在其他地方就不一定是稳妥的方法。第二个准则是政治问题：监管机构很少能意识到现实世界的安保需要。无论法规或者监管要求考虑如何周到，很可能并没有预测到所描述的那些问题。

本章总结的重点是，尽管确保广大乘客财产生命安全和安保工作取得了很大成就，但是在某种意义上说，恐怖分子永远不能忽视。我们必须随时保护交通系统的每个要素（不只是航空业），恐怖主义占的先机是只有他们知道下次袭击的时间、地点和方法。

关键术语

安保 VS 安全
国际民航组织（ICAO）安保手册(Doc8973)
安保管理体系（SeMS）
911 委员会
国土安保法案
2004 年情报改革和防止恐怖主义法案(IRTPA)
国土安全部（DHS）
国家反恐中心（NCTC）
2007 年改进美国安保法案
国际民航组织（ICAO）附件 17
1985 年的《国际安保及发展合作法》
1974 年防劫机或航空运输安保法案
空警计划
1990 年航空安保改进法案
1996 年航空安保和反恐法案
1996 年的白宫航空安全与安保委员会
2001 年航空与运输安保法
运输安保局（TSA）
X 射线成像技术
机读旅行证件（MRTD）
托运行李检查系统（CBIS）
加固型集装箱（HULD）
临时爆炸物设备（IEDs）
主动毫米波成像
爆炸物痕迹探测技术
爆炸物检测系统（EDSs）
金属探测器
生物识别技术

思考题

1. 安全和安保有什么不同?
2. 举出三个属于民航袭击范畴的事件。
3. 描述 ICAO 和全球应对恐怖主义的做法。
4. 什么是空警计划？为什么施行该计划?
5. 讨论劫机年代。什么时候结束?
6. 讨论 TSA 的作用和功能。
7. 为什么成立 911 委员会？它的建议对于美国情报界有什么影响?

8. 解释国家反恐中心的运作。

9. 讨论为安保目的收集和分析情报过程遇到的那些困难。

10. 举例说明哪四种不同的安保设备用来防止武器和爆炸物进入飞机，并解释这些设备的作用方式。

参考文献

1. Anderson Theresa. 2000. "Airport Security." Security Management, pp. 73 – 74. February.

2. FAR 107 Airport Security.

3. FAR 108 Airplane Operator Security.

4. FAR 109 Indirect Air Carrier Security.

5. ICAO Annex 17 International Standards and Recommended Practices——Security Air Carrier Standard Security Program.

6. ICAO Security Manual (Doc 8973).

7. National Commission on Terrorist Attacks upon the United States (The 9 – 11 Commission Report) www. 9 – 11commission. gov.

8. National Counterterrorism Center 2009 Report on Terrorism (April 30, 2010.) www.`nctc. gov.

9. National Strategy for Aviation Security. (March 26 2007) www. nctc. gov.

10. Ott, James. 2011 "Airport Checkpoints of the Future." Aviation Week, (February 4, 2011).

11. Price, Jeffrey C. and Forrest, Jeffrey S. 2008 Practical Aviation Security: Predicting and Preventing Future Threats, Burlington, MA Butterworth – Heineman.

12. Security Management Systems (SeMS) Fact Sheet. International Air Transport Association www. lata. org(March 2010).

13. Sweet K. M. 2002. Terrorism and Airport Security. Symposium Series, vol. 8. The Edwin Mellen Press, Lewistown N. Y.

网络参考

http;//www. airsafe. com/index. html

http://www. faa. gov

www. dhs. gov

www. L – 3com. com

www. nctc. gov

www. dni. gov

www. iata. org

www. tsa. gov

www. 9 - 11commission. gov

http://www. icao. int

第十二章

航空公司安全

简介

航空公司 SMS 国际发展

国际民航组织安全组件和程序要素的 SMS 框架——四个支柱

- 安全政策和目标
- 安全风险管理
- 安全保证
- 安全促进

美国航空公司的 SMS 发展

- 美国联邦航空局 SMS 规章制定现状

事故调查和审计

- 事故调查
- 审计——安全保证的工具

通信

- 安全、维护及飞行通信
- 美国联邦航空局和国家运输安全委员会以及机组通信
- 安全趋势评价、分析和数据交换系统(STEADES)
- 通信媒介

培训

- 航线飞行员协会(ALPA)在航空安全中的作用
- 航线飞行员协会(ALPA)安全架构
- 事故调查
- 航线飞行员协会(ALPA)安全管理体系政策

飞行安全基金会

美国一家骨干型航空公司的 SMS 架构

- 分阶段实施 SMS 过程

关键术语

思考题

参考文献

学习目标

本章结束之后，你应该能够掌握以下知识：

- 讨论航空公司 SMS 发展方向。
- 定义并讨论 SMS 四个支柱的特点。
- 解释美国航空公司 SMS 的发展。
- 解释在航空公司安全事务中事故调查和审计的重要性。
- 描述 ALPA 在航空公司安全中的作用。
- 讨论美国骨干型航空公司 SMS 架构的特点。
- 解释分阶段实施 SMS 过程。

12.1　简介

一家商用航空公司和其他主要公司一样，在给客户交付产品和/或服务并且（很有可能）获利的时候，需要整合并管理几种不同的职能/部门。安全是一个主要功能，其重要之处在于它渗透于（或者应该渗透于）所有部门之中。安全必须嵌入每个产品、服务或者运行中，而且必须成为每位员工职责中不可分割的一部分。航空业尤其如此，一直特别强调安全问题，并采取积极措施以发现并控制会导致事故的问题。航空公司有时候是在历经困难之后，认识到对风险的积极管理是一家公司健康发展必须满足的要求。本章将之前几章讨论的概念综而述之，并讨论当代航空公司 SMS 的组件和要素。

理想的航空公司 SMS 会有无限的资源来管理业务的安全（保护）需求。在国际民航组织《安全管理手册》（2009 年 9859 文件第 2 版）中指出，业务资源是有限的，管理上存在明显的两难抉择。安全（保护）和航空公司服务（生产）效率应该永远不会处于竞争中，但应在管理层的决策过程中处于平衡，正如图 12－1 所示。一方面，如果一家航空公司在安全流程上削减开支，寻求利润最大化，结果可能发生灾难性事故（图 12－2）。另一方面，如果完全无视利润，仅仅关注安全保护，公司可能会走向破产（图 12－3）。当然，更好的办法是资源的均衡分配，其中安全管理是核心业务功能，与业务目标紧密交织在一起，并不是和业务方面存在竞争。

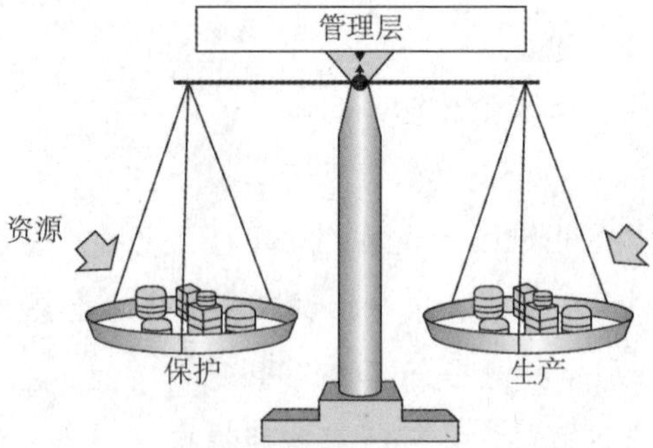

图 12－1　安全（保护）和航空公司服务效率（生产）之间的平衡

来源：ICAO《安全管理手册》，2009 年第 2 版，www. icao. int

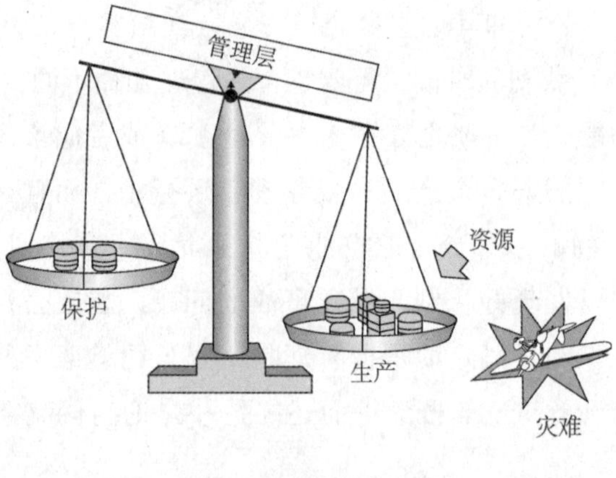

图 12－2　不恰当分配资源，安全导致灾难性结果

来源：ICAO《安全管理手册》，2009 年第 2 版，www. icao. int

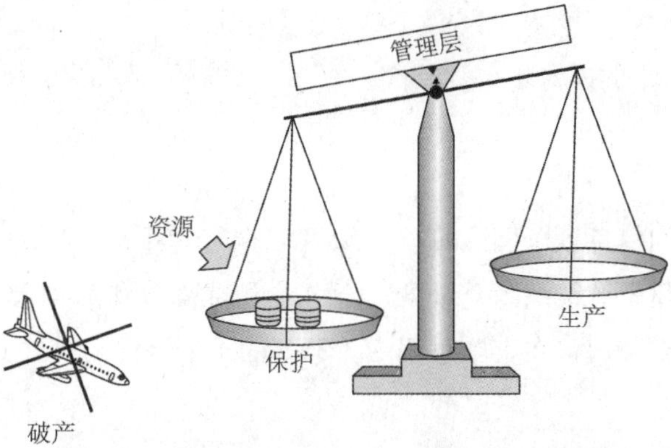

图 12-3　资源分配失去平衡，过多保护导致破产

来源：ICAO《安全管理手册》，2009 年第 2 版，www. icao. int

12.2　航空公司 SMS 国际发展

如第一章和第二章所述，国际民航组织是联合国组织，发布有关全球航空的国际标准。自 1944 年芝加哥大会成立以来，国际民航组织已走在航空公司安全事宜的最前列，其成员国（190 个国家）同意遵守国际民航组织附件和标准及建议做法（SARPs）。

附件 6 涉及国际商业航空运输。附件 6 的 33 项修订设置了世界航空公司建立 SMS 的意识和实施的舞台。它提供了国际民航组织成员国应要求其运营商实施 SMS 作为最低标准的要求：

（a）识别安全危险源。

（b）确保维持实现可接受安全水平所需的补救行动。

（c）提供进行连续监测和定期评估所达到的安全水平。

（d）目标是持续改进安全整体水平。

12.3　国际民航组织安全组件和程序要素的 SMS 框架——四个支柱

国际民航组织对 SMS 的定义是：

"有组织的方法来管理安全，包括必要的组织结构、职责、政策和程序。"

SMS 的详细信息载于国际民航组织《安全管理手册》（Doc 9859），2009 年第 2 版。国际民航组织 SMS 框架包括 4 个组成部分和 12 个要素，世界各地包括美国的航空公司正在实施过程中。SMS 的 4 个组件（支柱）如下所示：

Ⅰ. 安全政策和目标
Ⅱ. 安全风险管理
Ⅲ. 安全保证
Ⅳ. 安全促进

全球航空公司正在实施 SMS 原则，所有成功的国际民航组织批准的项目将包含这 4 个组件。

第十三章中将提供 SMS 过程的其他详细信息。这一章将讨论根据前面提到的 4 个支柱，每个组织 SMS 项目的具体要求。（国际民航组织《安全管理手册》，第 2 版，第 8 章，附录 1 和美国联邦航空局咨询通告 120 - 92A，附录 1，日期为 8/12/2010）

12.3.1 安全政策和目标

SMS 第 1 个支柱有 5 个关键要素，根据国际民航组织和 FAA 自愿指导材料进行如下讨论。

管理层的承诺和责任（要素 1.1）。把此要素放在首要位置是应该的，没有它，其他要素几乎不可能实现。国际民航组织解释要素 1.1 的要求如下所示：

组织需对本组织的安全政策作出规定，该政策须符合国际和国家要求，由组织的责任主管签署。安全政策应该反映出组织对安全的承诺；应该包括为实施安全政策提供必要资源的明确声明；应高调地传达给整个组织。安全政策应包括安全报告程序；应明确说明服务

> 提供商航空活动中哪些类型的运行行为是不可接受的，并且应包括在哪些情况下不适用纪律处分。应对安全政策定期审查，以确保其对本组织始终适用和适当。

此要素是至关重要的，因为高级管理层明显控制民航组织的安全和高效运行。它是通过管理，员工得以聘用、培训和解雇（如果必要时）。此要素的出发点是确定“责任主管”。这个人负有组织 SMS 的最终责任。安全政策应由高级管理层制定，并清楚地传达给所有员工。如果航空公司的 SMS 要取得成功，管理层的领导力应该很强、很明显，并可见的，这是极为重要的。

安全责任义务制（要素 1.2）。此要素反映了在 SMS 环境中安全部门不断变化的性质。国际民航组织解释作用和职责如下：

> 组织应该明确责任主管，除其他职责外，该责任主管应代表组织对实施并维持安全管理体负有最终的责任与责任义务。组织还应识别出管理层中所有人员的责任义务，不管其他职责如何，以及职员有关安全管理体系安全绩效的责任义务。安全责任、责任义务和权力须形成文件并传达给整个组织；应规定哪一级管理者有权作出安全风险容忍度的决定。

在此要素下，安全成为管理层中所有成员而不只是安全部门的责任。图 12 - 4 描绘了“安全服务办公室”的作用及其与责任主管的职能关系，以及其他管理人员在其部门中对安全事项的责任义务。

请注意增加的安全行动小组（SAG）和安全评审委员会（SRB），它们协助管理人员完成安全职责。

任命关键安全人员（要素 1.3）。在 SMS 的环境中，安全经理是负责执行责任主管指派给的 SMS 日常管理活动的人。国际民航组织指出，如下所示：

> 组织须明确任命一名安全经理，负责实施并维持有效的安全管理体系。

正常情况下，安全经理通过安全行动组或安全评审委员会（图 12 - 4）

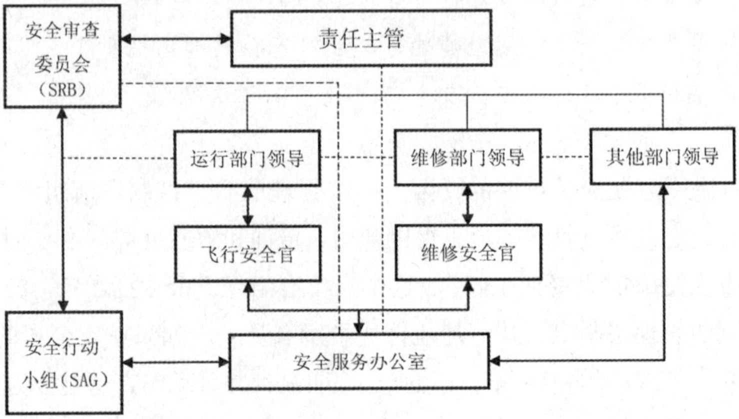

图12－4　SMS的组织架构

来源：ICAO《安全管理手册》，2009年第2版，www.icao.int

与责任主管沟通。SRB是非常高层次的战略方向组，由责任主管主持，包括一线高级经理。一旦SRB制定战略方向，它就指示安全行动组实施达成的战术决定。在这个典型的SMS组织中，组织的安全经理充当安全行动组的秘书，来记录它的行动和所采取的纠正行动。

协调应急响应计划（ERP）（要素1.4）。这是一个航空公司安全部门的典型责任领域。国际民航组织描述此功能，如下所示：

> 组织确保在提供服务期间必须与之协同的各个组织的应急预案之间进行适当协调，有序、高效地从正常过渡到紧急运行，然后恢复到正常运行。

航空公司准备书面ERP文档，描述事故后应采取哪些行动，谁负责每个行动。年度应急演练通常需要确保该计划是充足的，指定的人员进行过适当的培训。

SMS文档（要素1.5）。详细的文档记录是一个SMS组织的重要组成部分。国际民航组织描述安全政策中最后一个要素：

> 组织应制订一个经本组织核准的安全管理体系实施计划，以实现本组织安全目标的方式，规定本组织的安全管理做法。组织须制

定并保存安全管理体系文件，这些文件要说明：安全政策与目标；安全管理体系的要求；安全管理体系的过程与程序；过程和程序方面的责任义务、责任与权力；安全管理体系的产出。作为安全管理体系文件的组成部分，组织还须编制并维持安全管理体系手册（SMSM），用来对整个组织内传达安全管理的办法。

SMS 手册的制定对于一个适当的文件系统是非常重要的，便于组织参考，手册应当涵盖 SMS 所有的 4 个支柱和 12 个要素。

12.3.2 安全风险管理

SMS 第 2 个支柱有两个关键要素，将在第十三章中进行详细讨论。

危险源识别（要素 2.1）。安全风险管理（SRM）始于清楚地了解组织的功能系统，由经验丰富的业务和技术人员进行分析以检测存在的危害。国际民航组织描述了危险源识别过程：

> 组织须制定并维持一个正规程序，确保查明运行中的危险。危险源识别须以结合使用被动、主动和预测性的三种安全数据收集方法为基础。

如何识别危险源将取决于资源、文化和组织的复杂性。它必须是一个正式的过程，并且是例行的活动，是成熟的航空公司 SMS 运行中的日常活动。第十三章中将提供危险源识别的进一步讨论。

风险评估和缓解（要素 2.2）。已确定了安全危险源，他们必须得以分析以确定其对组织的后果。国际民航组织介绍这一步，如下所示：

> 组织应制定并维持一个正规程序，确保对组织运行中识别出来的危险源相关安全风险进行分析、评估和控制。

分析风险的常规方法是把它分成两个部分，发生的概率和事件发生的严重性。通常情况下，经常使用的一个工具称为风险容忍度矩阵，直观地显示风险，并确定它是可以接受的或需要进一步缓解。这种缓解措施的目标是减少风险，达到合理切实可行的范围。第十三章将讨论SRM和风险缓解过程的一些细节。

12.3.3 安全保证

安全保证的主要任务是控制。SMS 第 3 个支柱有 3 个关键要素，第十三章中将讨论（要素 3.1）。

安全绩效监测和测量（要素 3.1）。危险源识别后，风险进行了评估以及适的缓解，安全绩效必须加以监测和测量才能保证有效。这是 SMS 团队的内部过程，专注于对安全系统绩效的数据与信息。国际民航组织这样描述此要素：

> 组织应制定并维持核实本组织的安全绩效与验证安全风险管制措施有效性的方法。本组织的安全绩效须参照安全管理体系的安全绩效指标与安全绩效目标予以检验。

一家航空公司运用 SMS 过程中，可以来衡量安全绩效的方式包括但不限于：

· 确定系统的缺陷安全研究。
· 内部或外部安全审计，确保 SMS 过程的完整性。
· 内部安全调查的那些不由国家当局调查的小事件。

变更管理（要素 3.2）。航空业唯一不变的就是变化，这已经成为真理。管理这些频繁的变更需要一个正式的过程，对于航空公司高效的 SMS 项目是必要的。国际民航组织概述了要求：

> 组织应制定并维持一个正规程序，以确定组织内部的变化可能会影响既定的进程和服务；描述安排以实施变更之前确保安全绩效，并已消除或修改安全风险控制，由于运行环境的变化这些控制已不再需要或有效。

正式变更管理系统应考虑系统对于航空公司是多么的关键，变更是否引入了新的、未预见的危害或风险。有效管理变更是航空公司成熟的 SMS 过程的一个良好指标。

持续改进 SMS（要素 3.3）。SMS 过程寻求持续改进，使用内部评价和独立审计等来获取信息，而不是维护安全现状。国际民航组织关注不合标准的绩效，如下所示：

> 组织应制定和保持正式过程来识别出SMS不合标准绩效的原因，确定 SMS 运行中不合标准绩效的影响，消除或缓解这种原因。

通过强有力的安全文化和致力于安全的管理人员来加强持续改进。主动对设施、设备和程序进行评价是必要的，保持警惕是 SMS 有效性所必需的。

12.3.4 安全促进

SMS 的最后一根支柱要求航空公司将不断促进安全作为本组织的核心价值。

培训和教育（要素 4.1）。安全培训应当是一个正式的、经常性的过程，使用适合于每个员工的“砌块式”方法（图 12－5）。国际民航组织规定了关于培训和教育的下列内容：

> 组织应制订并维持一个安全培训方案，确保人员得到培训并能胜任履行安全管理体系的职责。安全培训的范围应与个人参与安全管理体系的程度相适应。

如图 12－5 中，最理想的培训计划应适应每个员工在组织中的作用。此外，国际民航组织建议责任主管也应得到特别的 SMS 培训，针对角色和责任、安全政策、SRM 和安全保证。

安全沟通（要素 4.2）。SMS 文化鼓励学习文化，在这里员工公开沟通，在管理链上下进行沟通而不必担心报复。国际民航组织这样认为：

> 组织应制定并维持安全沟通的正规渠道：确保全体人员都充分

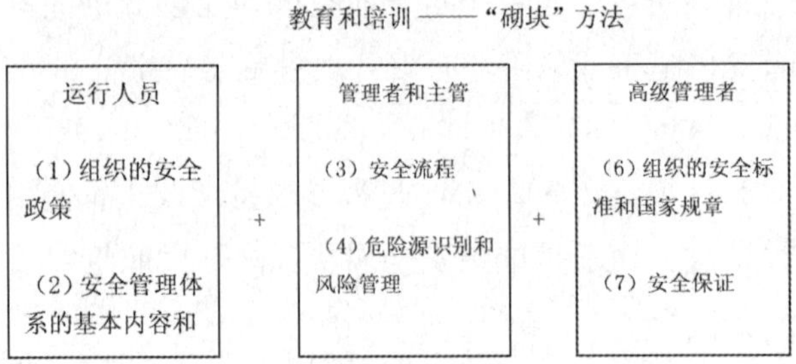

图 12－5　安全教育和培训基础

来源：ICAO《安全管理手册》，2009 年第 2 版，www. icao. int

意识到SMS；传达重要安全信息；解释为什么采取特殊的安全行动；解释为什么推行安全程序或对其进行修改。

国际民航组织建议安全沟通方法的例子包括，但不限于以下内容：

· 员工有获得航空公司 SMS 信息、安全过程和程序的方法。
· 安全新闻稿、通知和公告。
· 使用 Web 站点或电子邮件保持员工获取信息。

12.4　美国航空公司的 SMS 发展

国际民航组织 SMS 引入世界各地航空业之后，美国联邦航空局发起了自愿 SMS 试点项目，美国在 2007 年自愿执行安全管理体系。SMS 试点项目的目标有三个：

1. 制定 SMS 实施战略。
2. 制定联邦航空局监督的接口。
3. 美国联邦航空局和服务提供商取得 SMS 经验。

美国主要的航空公司正在参与这些自愿项目，SMS 正在国际航空公司行业实施。美国一家主要的航空公司 SMS 基础设施建设将在本章后面讨论。

第一章中讨论了科尔根 3407 航班在 2009 年 2 月 12 日纽约附近失事的案例，这对商业航空公司安全产生了深远的影响，因为通过了《航空公司安全和2010年联邦航空管理局扩展法》（公共法律111－216，2010年8月1日）。这项法律已加速SMS在美国的实施。其215节要求联邦航空局加速制定SMS规章。

美国联邦航空局SMS规章制定现状

美国联邦航空局指令11 10.152，联邦航空局成立了安全管理体系航空法规制定委员会（ARC），其获得授权向美国联邦航空局提出发展和实施SMS条例和指导的建议。ARC的详细建议载于其最后报告中（请参阅美国联邦航空局2009年－0671－0094；2010年3月31日）。

从根本上来说，SMS ARC建议了遵循国际民航组织国际准则的详细蓝图。ARC建议美国联邦航空局SMS规章和指导与国际民航组织SMS框架中4个支柱、12个要素密切对标。因此，美国联邦航空局在2010年11月5日发布拟议规章制定《121部合格证书持有人安全管理体系》（见联邦登记册卷75，214号，68224— 68245页）。

121部安全管理体系的特征（公共法律111－216）最后联邦航空局在2012年8月1日发布最后规章。虽然航空公司和其他服务提供商肯定将在该日期之前提出变更建议，显然最后美国版本的SMS将如ARC所建议的根据国际民航组织系统和基本特征，FAR 121部SMS将包括以下内容：

- 与国际民航组织SMS框架和国际接受度对标。
- 美国联邦航空局分阶段颁布条例和实施SMS的要求。
- 规章可扩展性和灵活性，以适应范围广泛的组织。
- SMS过程不应变更现行FAR的监管标准。
- 符合公共法律111－216，联邦航空局承认现有自愿安全系统作为航空公司SMS的一部分，如下所示：
  - 航空安全行动计划（ASAP）
  - 飞行运行质量保证项目（FOQA）
  - 航线运行安全审计（LOSA）
  - 高级资格项目（AQP）

美国联邦航空局关于SMS的指导意见。咨询通告120－92A《航空提供商的安全管理体系》(2010 年 8 月 12 日)是联邦航空局主要的指导文档,反映出近年来国际和国内 SMS 活动的演变。它根据国际民航组织芝加哥公约附件 6 和国际民航组织《安全管理手册》而制定。美国联邦航空局网站指出,SMS 的基本构想是提供系统方法使安全风险达到可接受水平。SMS 的 4 个支柱在美国联邦航空局网站上如图 12-6 所示。

在本章后面将提供联邦航空局关于 SMS 分阶段实施过程的其他信息。

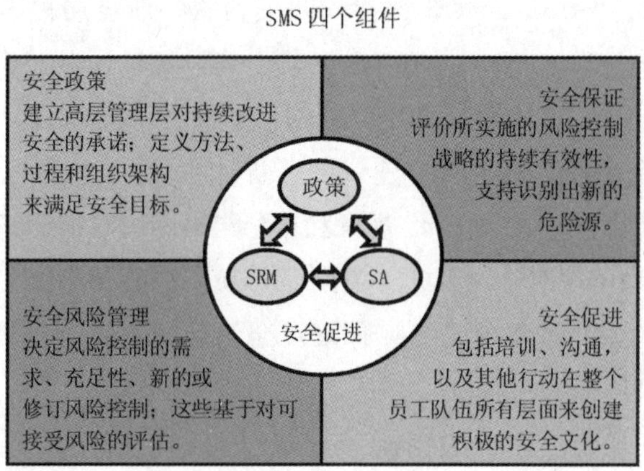

图 12-6 SMS 四个组件

来源:www.faa.gov

12.5 事故调查和审计

12.5.1 事故调查

在任何机构内,安全工作中非常重要的一部分就是事故征候及事故调查系统。组织通过调查事故学习如何防止事故的再次发生。一些在这方面较先进的公司调查所有预料之外的事件,不考虑这些事件是否造成了伤害,是否带来了疾病、财产损失或是设备损坏。但是,大部分公司要求达到一定标准才能展开调查。如果事故有以下特征,才能展开调查:

- 要求报告 OSHA 300 记录日志。
- 产生的员工赔偿索赔。

· 造成工作日丧失。

· 符合 NTSB 对事故/事故征候的定义。

· 影响环境的溢漏事故。

· 财产和/或设备损坏超出预定金额。

一旦引发调查，不管是否与 FAA/NTSB、OSHA 或 EPA 相关，事故调查的程序基本都是一样的。应该准备好正式的通知系统以向安全部门及时通知这样的事件。接下来描述一个常见的事故调查程序。

安全部门得到事件消息之后，需要马上做出决定——该事故是否符合公司的调查标准。调查展开之后，根据情况不同，可能需要分配一名或多名人员从事调查活动，特别是事件明显涉及一个以上运行部门时，如飞机推出时发生不安全事件。进行调查的方式由事件类型以及其发生环境所决定。通常，事故征候或事故所涉及的所有重要人员均须提交书面陈述，描述自己亲眼所见的事实和详细情况。此外，涉及事故征候或事故的关键人员应立刻做好准备以便接受询问。根据具体情况，可以进行面对面的询问，也可以通过电话询问。面对面询问效果更好。同样，可以询问个人也可以询问部分或者全体工作人员。应该告知受询问的人员，安全是询问的唯一目的，得到的信息不会用于惩罚或者其他目的，并按照法律规定保持机密性。从询问中取得的信息以及其他书面陈述是安全调查重要的组成部分。

除询问和个人陈述以外，还可以获得和审查其他记录和文件。这些资料可能包括培训记录、培训手册和教学大纲、飞机和程序手册、信息公报及类似资料。另一个信息来源是飞行数据记录器，可将其作为很多飞行中事件调查的组成部分宣读。必要时可识别并获取其他相关信息，包括事故报告、技术报告等其他含事故征候相关的信息或者为制定推荐的惯例和纠正活动提供有用信息的文件材料。

基本信息收集之后，调查者将汇集并发布事故报告。这种概要报告简明扼要，描述被调查事件的基本状况，包括飞行历史、人员伤害和飞机损伤大概情况、事故分析、调查结果列表，最重要的是为纠正或者未来的预防活动提出建议。其中包括所采取的安全活动的概要——运行部门并不是必须等到安全部门提出正式的建议之后才能采取纠正或者防范措施。

安全调查的结果来自与事实和详细情况相关的事件和调查者的分析。结果并不是寻找事件的起因或者可能的起因。调查结果只列出了与调查事件相关的各种因素。

提出建议可能是安全调查程序最重要的部分，了解如何提出建议非常重要。在提出建议的过程中应该注意以下几点：

1. 建议应该来自调查结果。一般来说，一个结果会与一项或者更多的建议有直接关系。

2. 在发布建议之前，应该与相关部门进行协调。但是，只有安全部门才对发布建议具有唯一决定权。

3. 关于各建议的处理情况，建议接收部门应该做出书面回应。如果没有采纳建议或者相反采取了其他安全措施，应该说明理由。

4. 公开的建议应该定期（每 30 天、60 天和 90 天）追踪，直到这一过程结束。

所述事故调查程序也适用于轻微事故调查。如果发生重大事故（机身毁损、职业死亡或者重大溢漏事故），就需要与外部机构（NTSB、FAA、OSHA、EPA）相协调。例如，发生飞机坠毁事件之后，航空公司应该有详细的应急计划，包含快速反应组（将参与事故调查）等诸多方面的详细计划，这一点非常重要。快速反应组应该由一名高级主管领导，作为公司所有与事故调查相关活动的主要协调人。应该指定合适的技术人员为快速反应组预备成员，其实际成员应该按照在得到通知时的状况而定，最重要的因素是飞机类型和位置。在事故发生位置方面，对于发生在美国领空之外的事故，公司的快速反应组完全按照国际民航组织（ICAO）附件 13 向美国授权代表报告。

为支持快速反应组工作，必须备好所有必要的设备和用具，如个人防护装备、通信设施和其他开展重大事故调查可能需要的材料，以便立即运往事故现场。快速反应组所有成员应该得到事故调查方面正式培训，且必须得到 OSHA 要求的血源性病原体培训。快速反应组花名册上也应注明其他为技术人员提供行政支援任务的人员名单。应急预案指定从受影响航空公司人员入手确定指挥站的人员编制。这些人员负责协调与事故调查相关的所有活动，包括汇编记录、手册、公告和其他必要的材料。包括公司安全专员在内的高层管理者应该指导整个调查活动的监督和领导工作。必须进行年度应急演习，以确保预案准确无误并且指定的人员都得到良好的培训。

尽管绝对必要，但很显然没有哪家航空公司希望启动应急预案及相关安全职能。为了解决这一问题，所有航空公司都必须采取某种独立且有前瞻性的事故预防措施。要做这项工作最好的方法是不断发现危险源和风险，然后通过采取 SMS 理念来消除这些风险。

最后提醒一句，几乎所有的运行事故都要求进行一定程度的技术调查和分析，以完全了解并识别潜在的引发事故的因素。在航空公司组织结构内，必须清楚地分配飞行安全事故的调查责任。同样，在技术领域必须坚持使用专业的调查方法。使用数字式飞行数据记录器（DFDR）等调查工具时要求保持分析方法的客观性和保密性，如果 NTSB 承接事故和事故征候管辖权，那么通常它会监督这个过程。因为分析方法都要求采取复杂的转录方法，DFDR 方法很可能被用于维护/工程部门。无论如何，DFDR 信息都必须以严格的保密状态保存，并由对当前操作流程非常熟悉的人员进行 DFDR 分析。

12.5.2 审计——安全保证的工具

在风险成为现实（引起事故并带来伤害）之后，分析处理方式常常被看作被动的安全方法。所谓积极的方法要求在引发事故带来伤害之前发现风险和危险隐患。使用当代 SMS 理念，实现预测前瞻性方法不需要有促发事件。相反，预测前瞻性方法积极寻找安全信息来识别出未来的问题（图 12－7）。ICAO 安全管理手册表明三种安全管理策略：

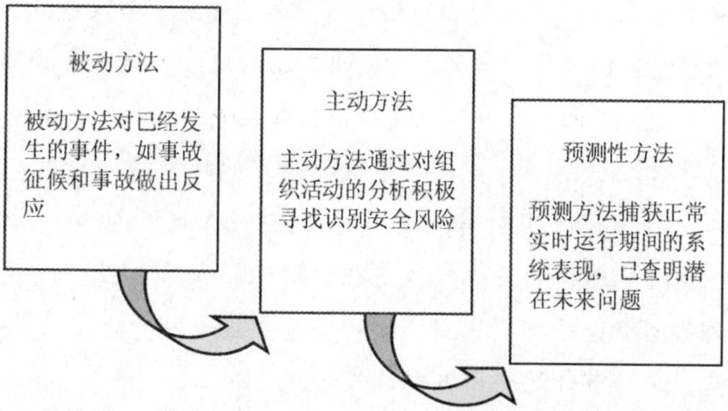

图 12－7 安全管理战略：被动、主动、预测性方法

来源：ICAO《安全管理手册》，2009 年第 2 版，www. icao. int

在 SMS 环境中实现安全保证的一个方法就是进行审计。审计和监察常常可相互替代使用，两者意义有些混淆。当这其中出现“调查”（Survey）一词

时，问题就更加复杂了。但是，大多学派（包括本书作者）认为审计更具综合性，涉及工作范围比检查更广。监察一般识别的是工作场所风险，而审计旨在评估造成（或者可能造成）工作场所危险的程序和管理问题。安全审计是安全规划不可分割的一部分，它可以披露危险信息，还可以显示其与监管标准的符合程度，并权衡安全项目的有效性。审计航空公司或基础设施的一些常见方法包括：

- 综合审计。即对整个机构组织（一家航空公司）、机构中的设施设备（航空枢纽或维护设施）或者设施的操作活动（在停机坪加油）进行广泛且详细的安全检查/调查（现场状况和程序）。这些审计通常一年进行一次。这种审计由来自组织机构内外、设施或者工作现场的人员组成安全专家组进行，常常由公司安全主管或者部门或工作现场安全主管领导。这种审计会就自己的发现和建议写出一份正式的书面报告，通常还要求在商定的时限内做出回应。
- 自我审计。这是每日、每周或每月的非正式审计（更确切地说是检查），构成了内部检查计划（IEP）最主要的部分。下一章将对 IEP 进行更多介绍。检查的频率取决于申请。例如，机场的部分区域必须每日检查一次（或更频繁），机库或者停机坪上的有些作业可能要求每日检查一次。这些审计由现场或者设施的一线管理层展开，最后列出项目清单，包括可接受状况或者需要改正的地方。这种审计通常不产生报告。安全主管的一个职责就是帮助内部检查小组制定并提供专家意见。
- 状态审计。状态审计旨在确定所观察到的规章遵守情况。这些通常是面向主题的审计，在高风险和/或问题已知或已察觉的领域展开。现场审查随机选择的飞机（或者飞机群组）加油作业，或是评估焊接作业是状态审查的典型事例。如果调查发现较严重状况需要管理层加以注意，这种审计就会出具审计报告。

12.6 通信

通信有多种形式。之前第七章提到的形式主要是机舱内部以及飞行员与空中交通管制人员之间进行的语言/声音无线电通信。后面还将讨论到（英语）口语除措辞、口音和独特的细微差别（双重意义和易混词语）之外，无效（不当或者有误）的通信将如何导致航空事故和灾难。现在将探讨其他通信途径。

12.6.1 安全、维护和飞行通信

航空公司安全、维护和飞行运行机构常常被错误地视为独立的实体，很少或者没有共有的利益，但实际上，这三个机构在大量复杂关系和事务上相互密切联系。维护/工程部门实际提供了维护机队所需的所有技术专家，飞行和飞行中的（空乘人员）团队被视为技术产品的最终用户，因此，必须保持使用者的技术知识水平。用户需求的开发和维护，不论是复杂的机载数据库或者撤离系统的操作，定义了飞行/维护关系的第一个环节。

关系的第二个环节是由法律上的适航性概念锻造的。虽然机长负责确保飞机最终的适航性和安全，但维护或者使飞机恢复适航状态的是维护工程部。因此，两组之间积极且正式的通信是双方对最终结果均满意的必要条件。该环节基本组成部分是飞机飞行日志，可用飞机飞行日志来记录在不同的可靠性或者适航性水平之间降级或者飞机修复情况。

飞行—维护—安全关系的第三个环节是监管程序链。程序和技术监管问题必须在三个部门之间协调一致。监管要求由联邦航空局制定，但经常由国家运输安全委员会的调查发现所促成，因此，为了使不断演变的安全要求得到有效实施，就迫使两个机构之间进行直接沟通。

在上面定义的各部门之间关系水平中，安全的概念贯穿其中，依赖于飞行、维护和安全部门之间无限制的信息获取和通畅无阻的通信。为了改善和促进维护、飞行运行和安全部门之间关键时间的安全信息通信，必须建立专用的正式通信纽带。

12.6.2 美国联邦航空局和国家运输安全委员会以及机组通信

为确保完整且持续的国家运输安全委员会和联邦航空局基于技术的调查得到支持，可能需要安全部门在国家运输安全委员会和联邦航空局之间构建稳固的通信联系。这个过程包括对国家运输安全委员会和联邦航空局的调查不断进行技术方面分析。由于现代飞机极其复杂，就需要采取能够快速分析

并传达重要安全信息的方法。而且各种大小技术导向的调查会要求深入全面地协调国家运输安全委员会的建议和联邦航空局的要求。国外监管机构也是如此，但是，具体的程序各个国家各不相同。

飞行员和空乘人员快速传达技术信息的能力对安全程序至关重要。例如，必须及时将具体技术或者飞机操作要求/程序通知机组人员。包括在快速通信过程中涉及客舱安全问题。

12.6.3 安全趋势评价、分析和数据交换系统（STEADES）

STEADES 是国际航空运输协会的一种服务，这是世界上去除航空公司名称的事故征候报告最大的数据库。它基于英国航空公司的安全信息系统（BASIS）而发展起来，超过 120 家航空公司每年 10 万多名飞行员报告并共享安全数据。2010 年，STEADES 成员收到季度报告侧重于全球安全趋势，其中航空业专家需要不带偏见基准分析关键问题。

除了交互式基准工作簿，2010 年 STEADES 成员还收到涉及下列主题的安全分析：

- 机场标志缺陷
- 防冰和除冰运行事件
- 湍流造成的受伤
- 火警和货物烟雾事件
- 外来物损伤 FOD
- 飞机起飞构型警告

此匿名事件数据库可以给较小的航空公司带来很多价值，他们可以从反馈意见、所获得的教训和世界各地很多航空公司安全部门结合的经验中获益匪浅。

12.6.4 通信媒介

安全出版物是航空公司安全项目的另一个重要组成要素。大部分航空公司定期出版内部安全文件，以使员工保持高度的安全和风险管理意识。视频资料也被用来向所有员工传播安全信息。通信和教育是所有积极的航空公司安全项目关键要素；必须建立有效的机制以确保公司内重要信息的流动性。

为了与风险评估程序相结合，必须向安全用户提供为降低风险所必需的相关信息的沟通。根据涉及的风险类型不同，用户可能是飞行员、空乘人员、机务人员和/或相关的支持人员。主要的风险识别信息接收者根据故障原因而定。反复出现材料故障原因（如燃油泵故障）常常是技术服务或者工程组织的责任，而与人为因素相关的事故原因在适当情况下最好通知员工群组（如飞行员、空乘人员、机务人员）。

12.7　培训

一般来说，培训是所有业务计划非常重要的组成部分，安全培训也不例外。安全培训可以帮助员工获得其所需的知识和技能，以便了解工作场所的危险因素，并采取自我保护措施。实际上，不止一家主要监管机构（职业安全和健康管理局）将培训视为其提议的四个主要安全和健康计划指导方针要素之一。当安全培训与公司绩效和工作实践要求相融合时，安全培训最为有效。在前面的第六章和第七章中已经探讨了培训的重要性。每个监管机构都设定了不同的安全培训要求，以下重要的常见事项需要注意和遵守：

- 公司政策应明确陈述其对安全的承诺。
- 培训应在有偿工作时间内进行。
- 培训应该使用员工可以听懂的语言、进度适当且易于理解。
- 在制订培训计划时，应该让员工和管理人员参与其中。
- 培训的开展应该基于明确的需求。
- 培训应该有明确的既定目标。
- 培训应该遵循有效的教学法，并结合以下基本原则：
    - 参加者必须了解教学的目的。
    - 应该对信息进行组织使其可以被最大限度地理解接受。
    - 在可能情况下，加入“动手”练习。
    - 为不同的学习方式设计培训，如书面教学、视听教学、动手练习和小组学习任务。直接讲授不应超过20分钟。
    - 尽可能地经常重复概念。

- 培训应该有评价部分。应该对参加者和培训本身进行评价。可以通过考试、测验和任务等方式进行评价。可以使用课程评估问卷/调查对课程内容及其作用进行评估以达到所述目标。
- 应该对所有员工培训记录存档维护。这样做有助于确保每个需要培训的员工都受到培训，在需要时对课程进行复习，必要时可提供培训证明文件（有时是监管要求），也可确保开展的培训是恰当的。文件应包括：
  - 接受培训人员的姓名和签名。
  - 培训日期。
  - 培训主题，包括简明的课程计划。
  - 员工成功完成培训的证明。
  - 培训师的姓名和签名。

12.7.1 航线飞行员协会（ALPA）在航空安全中的作用

航空安全是每个航空公司飞行员的首要责任。作为成立时间最久、规模最大的航空公司飞行员联盟，航线飞行员协会（ALPA）的航空安全结构主要作用是为航线飞行员提供报告航空安全问题的渠道。另一个作用是激发飞行员个人安全意识，使机组人员对空域系统提出建设性建议。最后，航空安全结构协助调查航空事故。在过去几年内，ALPA 的航空安全结构在航空安全方面功不可没。

可以将 ALPA 的航空安全结构比作三面金字塔，每一面都有助于支持其他两面。就是说，航空安全结构从三方面处理航空安全问题：

1. 根据航空公司；
2. 根据地理区域；
3. 根据事务。

12.7.2 航线飞行员协会（ALPA）安全架构

ALPA 的基础部门是地方委员会——居住在特定地方的单一航空公司的飞行员。通常每个地方委员会都有一个航空安全委员会，处理当地的航空安全问题。委员会成员不超过三名，由地方委员会航空安全主席（LASC）领导，

LASC由地方执行委员会（LEC）或者LEC主席任命，任期两年。

航空公司中心航空安全委员会由该航空公司不同委员会的航空安全主席组成。中央航空安全主席（CASC）由最高执行委员会（MEC）或者MEC主席任命，管理委员会任期两年，该委员会处理地方委员会不能处理的问题以及超出地方范围的问题。

ALPA的国家安全结构包括五个管理组，由航空安全执行主席领导，在这些特定的安全领域：

· 飞机的设计和运行
· 机场和地面环境
· 空中交通服务
· 人为因素和培训组
· 事故分析

2010年，ALPA明确了排名最前的安全问题，其中包括下列主题：

· 国家空域系统（NextGen）的现代化。
· 保留自愿安全报告系统——飞行运行质量保证（FOQA）和航空安全行动计划（ASAP）。
· 现代化飞行员的执勤和休息规章（应对飞行员疲劳问题）。
· 增强飞行员培训和敬业精神。
· 无人驾驶飞机系统（UAS）集成到ATC架构中。

12.7.3 事故调查

ALPA的事故调查委员会监督由适当的ALPA小组展开的所有航空公司事故调查。委员会通过国家运输安全委员会或者联邦航空局协调ALPA参与事故或者事故征候调查工作，以确保由适当的ALPA小组决定每个航空公司事故的重要因素。

ALPA事故调查委员会的10名飞行员分布于美国各地，因此不管事故发生地点在哪里，至少会有一名受过培训的事故调查人员迅速抵达事故现场。

ALPA主席任命委员会主席。获得 ALPA 主席批准之后，安全执行主席任命其他 9 名成员，所有 10 名成员任期无时间限制。

根据 ALPA 政策规定，每个航空公司飞行员团体成立一个事故调查小组，由最高执行委员选择指定，按照中央航空安全主席或者主要事故调查员的指挥和所负责任工作。（在大多数情况下，由 CASC 领导其航空公司事故调查小组。）CASC 或者主要事故调查员负责所有调查的技术方面工作，包括其所在航空公司。但是，对分派到 ALPA 事故调查委员会的成员的协会事故调查工作，CASC 可能要求拥有完全的指导或者运行控制权。

ALPA 同时针对飞行员开通全球事故/事故征候热线，如果涉及重要的安全事件可以求助。如果认为有必要，ALPA 将使用“关键事件响应程序”（CIRP），经过培训的飞行员顾问会帮助减轻事故后的心理影响。

12.7.4 航线飞行员协会（ALPA）安全管理体系政策

2008 年以来，ALPA 一直支持国际民航组织《安全管理手册》中的 SMS 原则。ALPA 政策声明如下所示：

当 SMS 制定和实施符合如下条件时，ALPA 支持 SMS：

a. 有案可稽，明确界定从 CEO 开始对 SMS 的承诺——书面的 SMS 政策，由 CEO 签署，其中确认资产保全和事故预防的业务益处。政策必须显示对安全水平、风险管理和强有力的安全文化持续改进的承诺。

b. 记录安全责任义务制。

c. 在非惩罚性报告系统受影响的雇员积极参与，并承诺公正的安全文化。

d. 有案可稽的稳健安全风险管理（SRM）程序。SRM 程序要求工会的参与，作为其雇员团体的代表来确定危险源和风险缓解策略。

e. 收集和分析安全数据并执行纠正行动计划是有案可稽的过程。

f. SMS 持续改进具有文档记录的方法。

（来源：ALPA《行政手册》，第 80 节第一部分第 18 页，www. alpa. org）

维持最高水平的航空安全是一项极具挑战性的工作。ALPA 航空安全结构的深度与广度，以及它在迎接挑战中的重要角色，在航空运输业无可取代。

12.8　飞行安全基金会

在航空安全方面扮演重要角色的另一个机构是飞行安全基金会（FSF）。飞行安全基金会由当时航空业领袖于 1945 年建立，他们认识到需要建立独立的机构以促进航空业安全、预测飞行安全问题，作为安全事务的交流中心并传播航空安全信息。经过多年发展，FSF 理所当然地负责起许多航空安全改善的推动工作。

FSF 的宗旨是预测并研究飞行安全问题，并为所有航空公司收集和传播安全信息。最有安全意识的航空公司与缺乏信息甚至漫不经心的运营商共享同一领空，因此对这种运营商投资教育和提高他们的安全意识是有益的。FSF 在 150 个国家拥有 1200 多名成员组织，提供信息收集和反馈职能，许多欠发达的航空业依赖其航空安全信息。

作为与政治无关、独立的、非营利性且国际性的组织，FSF 受益于其非官方地位，因为它避免了像许多行业一样，不得不应付同行、政府和媒体。因为它无法采取强制执行，它的任务是友好的说服。许多航空业领导者将 FSF 描述为航空业的“安全良心”。FSF 得到几家大制造商和航空公司（具有责任感和开明的自我利益）的支持，以使天空尽可能安全。

过去 50 年间，FSF 在世界不同地方举行一年一度的安全研讨会，强有力的事故防范方法是其会议的特色，这些方法由行业、政府和学术界最优秀的安全专家提出。他们的目的自然是向航空业提供危险识别、设计、培训、检查、程序、趋势分析等方面的有效反馈，利用群体知识防范事故。在其他论坛也会进行信息反馈活动，如行业协会会议、行业—政府针对特定安全问题的委员会与其他致力于提高安全水平的特定领域独立协会举行的会议以及基于计算机的数据交换。

另一种获取行业反馈信息的方法是 FSF 对公司和航空运营商进行具有保密性的安全审计。这是获取公司如何遵循自己的运营标准、怎样评估安全以及如何管理风险方面第一手资料的一个行之有效的方法。FSF 通过其定期发行的出版物及安全研讨会在无具体指明的基础上与成员共享信息。此外，它利用特殊的专题讨论会和会议完成反馈回路，这些会议或者研讨会专注于处理世界不同领域的安全问题。

FSF 帮助苏联建立了飞行安全基金会，现在属于独联体（CIS）。FSF 积极通过 FSF - CIS 向俄罗斯航空公司以及独联体 60 多个新兴航空公司宣扬安全意识文化。协调风险管理信息极具挑战性。就苏联各机构来说，它们非常乐于分享其在航空运营方面的安全和事故信息。而 FSF 也与其世界各成员分享着这些数据。

12.9 美国一家骨干型航空公司的 SMS 架构

如前所述，在 2007 年，美国联邦航空局邀请美国主要的航空公司参加 SMS 试点项目，与美国联邦航空局进行密切合作，建立自愿的 SMS 实施项目。这一试点项目按照国际民航组织《安全管理手册》（第 2 版）和联邦航空局咨询通告 120 - 92A 的基本指导已取得成功。以下各节描述美国一家大型航空公司到 SMS 成熟度级的旅程。第四级是 SMS 实施的最后阶段，所有 SMS 过程已经就位。

实施 SMS 主要的路线图是美国联邦航空局的安全管理体系实施指南，修订 3，日期为 2010 年 6 月 1 日（www. faa. gov）。

分阶段实施 SMS 过程

美国联邦航空局实施指南为咨询通告 120 - 92A 所述的 SMS 功能期望值提供一个详细的过程。这份指南的总体目标是协助航空服务提供商（如航空公司）在整个组织中制定和实施分阶段的、综合的、全面的 SMS。

实施路线图规定了四个阶段的进程，类似于国际民航组织《安全管理手册》中所述。实施阶段建立了四个级别的“成熟”度，类似于宾夕法尼亚州在匹兹堡的卡内基 - 梅隆大学软件工程开发中的能力成熟度模型。图 12 - 8 来自美国联邦航空局网站，描写了此成熟度模型。

1. 零级：定位和承诺还没有成为一种状态。它表明航空产品/服务提供商还没有正式开始 SMS 开发或实施，包括航空产品/服务提供商第一次请求美国联邦航空局有关 SMS 实施信息和当他们承诺实施 SMS 之间的时间段。

2. 一级：规划和组织。一级开始于航空产品/服务提供商高层管理层承诺

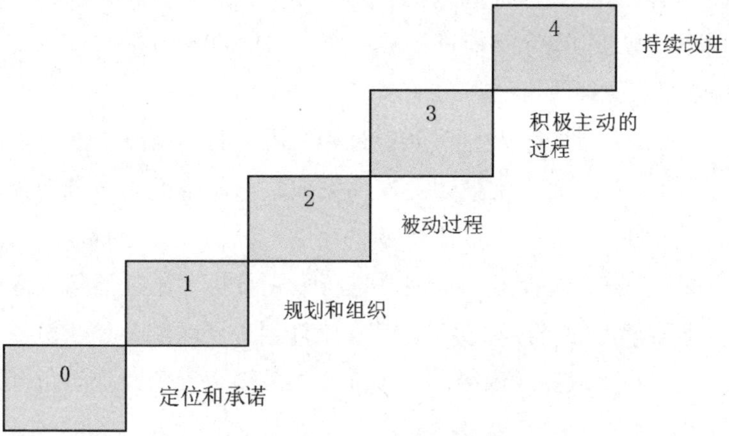

图 12－8 FAA—SMS 成熟度模型

来源：www. faa. gov

提供在整个组织充分实施SMS所需的资源。两项主要活动组成了一级：

a. 差距分析：发展 SMS 的第一步是本组织必须分析其有关于 SMS 框架内 SMS 功能期望值方面的现有的程序、系统和活动。这种分析是一个过程，称为差距分析，差距正在那些在 SMS 框架中的要素，目前航空服务提供商没有正在实施。

b. 实施计划：一旦已实施差距分析，制订一个实施计划。实施计划是简单的路线图，描述航空服务提供商打算如何通过满足在 SMS 框架内的目标和期望，从而缩减现有的差距。

3. 二级：被动过程，基本的风险管理。在这一级，航空服务提供商开发和实施一个基本的 SRM 过程。信息采集、处理和分析功能得以实施，风险控制和纠正行动的跟踪系统得以建立。在此阶段中，航空服务提供商开发对危险源的意识度，通过预防或纠正行动适当的系统应用得以响应。

4. 三级：积极主动的过程，展望未来。（完整的发挥功能的 SMS）。在这一级，SRM 过程中的活动涉及仔细分析参与其中的系统和任务；在这些功能中识别潜在危害，制定风险控制的措施。在二级制定的风险管理过程用于分析，记录并跟踪这些活动。

5. 四级：持续改进，持续保证。SMS 成熟度的最终水平是不断提高水平。

过程已到位并已验证其绩效和效能。完整的安全保证流程，包括连续监测和其他 SRM 和 SA 过程剩余功能都正常运作。成功的 SMS 的一个主要目标是争取和保持本组织持续改进的状态（来源：www. faa. gov）。

这四个步骤分阶段完成 SMS 实施过程之后，航空公司作出承诺，2008 年参加这一试点项目。而不是试图一次性完成整个航空公司，航空公司高级管理层决定一次为一个部门实施 SMS 新的结构。因为飞行运行部门已经有了成熟的安全系统，首先选择这个部门并进行差距分析。通过消除现有的差距和满足在 SMS 框架内的目标和期望，其实施计划进展顺利，整个航空公司在三年期间已达到 SMS 成熟度四级。一个战略的关键要素是确保运行部门仍然负责部门的政策、程序制定和 SMS 实施，作为支持全公司 SMS 的政策承诺。虽然安全部门负责整个公司的管理，SMS 过程应周密地嵌入到每个运行部门的运行手册中。

航空公司的首席执行官（CEO）是责任主管，该公司的安全管理体系在安全管理的四个支柱基础上组织起来：

- 政策——明确界定政策、程序、组织结构和责任义务制。
- 风险管理——危险源识别、风险评估、风险管理、资源分配和系统监视的正式系统。
- 安全保证——使用品质保证、内部评价、持续监测、员工安全事件报告、外部监督、数据分析等过程，以保证风险控制满足打算实施的功能和在可接受程度内保持有效性。
- 促进——适当培训安全责任，向所有雇员持续沟通安全价值和实践，支持完善的安全文化。

SMS 的四个支柱根据国际民航组织附件 6 和美国联邦航空局 AC 120－92A 的要求传达给员工。所有员工都接受初始和经常性培训，这些培训是有关于个人在 SMS 的责任。针对每个员工的安全责任，航空公司已定义六个广泛类别的具体的培训要求。这些 SMS 培训范围类别从 CEO 到一般员工，如下所示：

- 高层管理层——CEO，总裁，首席运营官。

- 一线管理层——个人，不论组织级别，是负责监督日常运行和活动的，具有决定或决策的责任，可能在工作小组内负责风险管理和风险缓解。
- 安全经理——副总裁，负责安全和法规遵从性。
- 安全工作人员——数据收集、数据分析或危险源识别责任的个人。
- 一线、运行或生产员工——特有的作业功能如飞行员、乘务员、签派员、检查员、机务维修员、工程师、机修控制员、机队服务代理、客户服务代理和货运代理都属于这一类的示例。此列表可能不能涵盖所有员工，并不限制一线管理层在他们工作群体内分配其他人员到此类别。
- 一般员工——运行组雇员，不属于以上5个类别之一。

在这个组织中的一个关键岗位是负责安全和法规遵从性的副总裁，他直接向首席运营官报告。这一岗位职责是按照美国联邦航空局咨询通告120－92A负责发展、实施、维护和监督公司SMS政策。正如在图12－9所示，5名主任（directors）向这位副总裁报告，他对整个公司的安全事宜具有广泛的责任。在这些主任以下，都是安全管理人员，与公司一线管理层在其专门领域建立起接口。

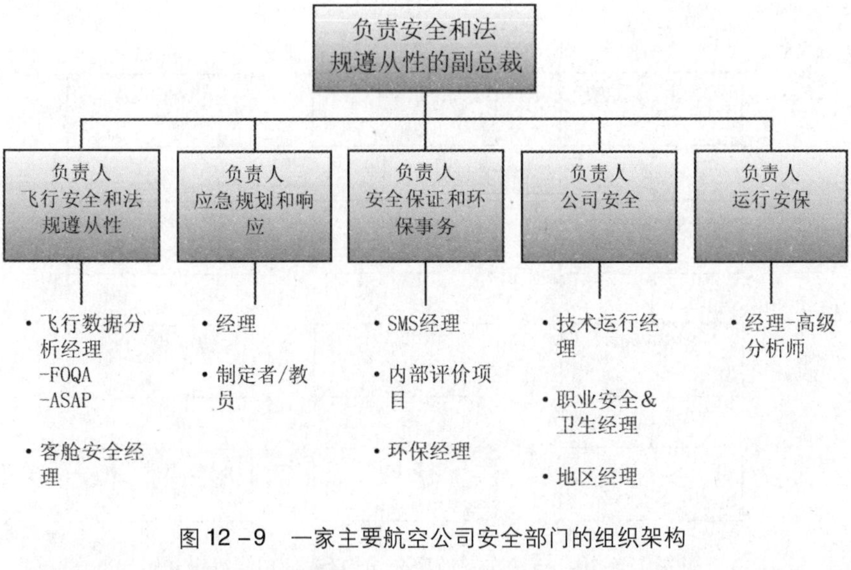

图12－9 一家主要航空公司安全部门的组织架构

副总裁的一些重要职责是：

- 确保 SMS 过程和产出有记录、得以监测、测量和分析，以确定需要改进的地方。
- 确保向本组织的所有雇员明确和经常沟通安全政策、目标、目的、标准和绩效。
- 保持与联邦航空局、国家运输安全委员会、美国国防部和 TSA 之间的联络，解释和评价监管和法规遵从性要求，并向航空公司的 CEO、总裁和首席运营官建议适当的行动。
- 保持有力的全公司范围的飞行和地面安全程序，并确保飞机事故、事故征候和人身伤害有关的所有活动均按照公司程序处理。
- 确保公司环境项目符合监管标准和行业要求。
- 通过 SMS 安全保证和内部评估程序监控法规遵从性和一致性。
- 确保记录所学到的经验教训，并用于指定纠正和预防措施计划，适当情况下向员工宣传。
- 提升整个公司的积极安全文化和主动安全意识。

最高级公司 SMS 组织有四个功能级别，融入公司的一线矩阵组织。这些 SMS 组件的运行如图 12－10 所示。

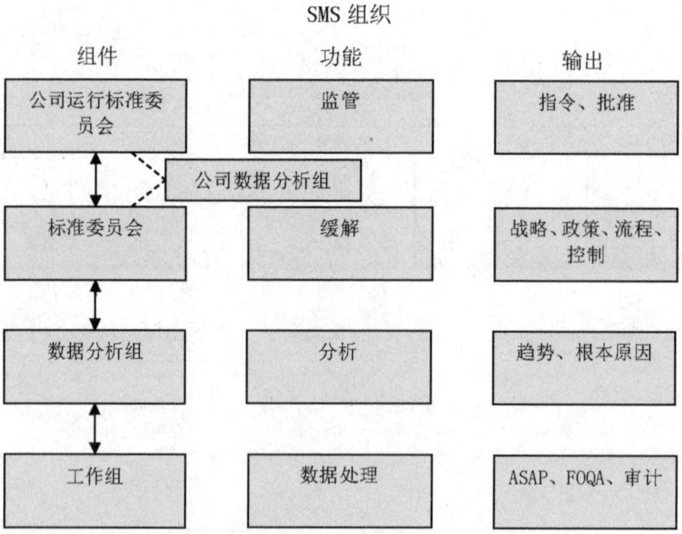

图 12－10　一家主要航空公司的 SMS 功能组织

公司运行标准委员会（COSB）

- 向高级管理层提供了一个论坛，讨论重大安全问题，审查趋势和 SMS 的产出，并确定安全政策和文化加固的机会。

公司数据分析委员会（CDAG）

- 评价标准委员会的运行数据，以确保一致性和为识别确定系统问题提供一个渠道。
- 审查部门和具有跨部门影响的运行数据。
- 为 COSB 开发初步缓解和建议措施。

标准委员会

- 进行正式的评估；评审、创建、批准和协调政策和程序的改变；培训和实施纠正措施。

数据分析组

- 分析趋势并确定根本原因，向标准委员会提交初步风险评估建议。

工作组

- 识别危险源和处理安全风险管理数据，作进一步分析。

本书最后一章将提供更详细的航空安全管理体系原则。

关键术语

安全管理体系（SMS）
SMS 的四个支柱
安全政策
安全风险管理

安全保证
安全促进
ICAO 附件 6
FAA 咨询通告 120 - 92A
ICAO 安全管理手册（SMM）
被动、主动、预测型（安全）方法
应急响应计划（ERP）
审计过程
2010 年航空公司安全和 FAA 延伸法案（PL111 - 216）
安全趋势评价、分析和数据交换系统（STEADES）
航线飞行员协会（ALPA）
飞行安全基金会（FSF）
责任主管
SMS 成熟度模型

思考题

1. 讨论 SMS 国际发展方向。
2. 定义 SMS 四个支柱的特点。
3. 解释美国航空公司 SMS 的发展。
4. FAA 咨询通告 120 - 92A 的作用是什么?
5. 讨论在航空公司安全事务中事故调查和审计的作用。
6. 责任主管是指什么?
7. 什么是安全趋势评价、分析和数据交换系统（STEADES）?
8. 描述 SMS 成熟度模型的步骤。
9. 对比和比较被动、主动、预测前瞻型（安全）管理方法。
10. ALPA 在航空公司安全中的作用是什么?

参考文献

1. Anthony, Thomas 2009, SMS on Wheels Aerosafety World, Flight Safety Foundation, September.

2. ICAO Safety Management Manual, 2nd Edition, 2009, Doc 9859, www. ICAO. int.

3. Federal Aviation Administration Advisory Circular 120 - 92A, Subject: Safety Management Systems for Aviation Service Providers, dated 8/12/2010, www. faa. gov.

4. Federal Aviation Administration, Flight Standards Service—SMS Program Office; Pilot Project and Voluntary Implementation of Organization SMS Programs, Revision 6, September 29, 2010.

——. 2010 Safety Management System (SMS) Assurance Guide, Revision 3, June 1, 2010.

——. 2010 Safety Management System (SMS) Implementation Guide, Revision 3, June

1,2010.

——. 2010 Safety Management System (SMS) Pilot Project Participants and Voluntary Implementationof Organization SMS Programs, Revision 6, September 29, 2010.

5. Ferrari, Jim and Orlady, Linda; 2008 "What Will SMS Do For Me?" AirLine Pilot, ALPA June/July.

6. Stolzer, Alan J., Halford, Carl D., and Goglia, John J. (2008), Safety Management Systems in Aviation. Burlington, VT: Ashgate Publishing.

7. U. S. Department of Transportation/FAA, Recommendations of the Aviation Safety Management System, Aviation Rulemaking Committee, March 31, 2010.

网络参考

Air Line Pilots Association, www. ALPA. org

Flight Safety Foundation, www. Flightsafety. org

ICAO publications and resources, www. ICAO. int

International Air Transportation Association, www. Iata. org

Delta Airlines, www. delta. com

U. S. Airways, www. usairways. corn

第十三章

航空安全管理体系

简介

SMS 原则的演进

SMS 原则的基本组件——四个支柱

安全风险管理

- 危险源或风险
- 控制策略

安全保证

- 绩效监测和衡量
- 管理变更——考虑新危险源
- 持续改进——通过 SMS 体系使安全水平更佳

航空业未来的 SMS

关键术语

思考题

参考文献

学习目标

在完成这一章后，你应能够掌握以下知识：

- 讨论 SMS 原则的演变（历史）。
- 列出并描述 SMS 的基本组成部分——四个支柱。
- 比较危险源和安全风险之间的差异。
- 讨论公式可能性×严重性＝风险的意义。
- 解释按照严重性和可能性的风险评估 5X5 矩阵的目的。
- 讨论使风险降低到合理切实可行的范围内（ALARP）的意义。
- 描述安全保证过程的三个原则要素。
- 讨论未来的航空 SMS。

13.1　简介

读者已经从本书很多章节中熟悉了航空安全管理体系（SMS）的思维和概念。事实上，SMS 是作为商业航空安全的未来状态呈现出来的。本章将讨论 SMS 原则的历史、基本概念、航空安全专业人士使用的工具和技巧，以及 SMS 在航空领域的未来。

13.2　SMS 原则的演进

很显然，现代安全原则在第二次世界大战之后有很大的发展。战后，商业航空实现了显著的增长，引进了 B－47、喷气式引擎和后掠翼配置。航空安全的技术时代集中在 20 世纪 50 年代和 60 年代期间的技术因素改进。

70 年代，日本在电子和汽车工业采用两位质量专家 W. Edwards Deming 和 Joseph Juran 以及其他一些人提出的全面质量管理（TQM）理念从而获得了全球市场份额。日本的质量运动是通过团队合作和雇员参与来重点改善制造产品的质量。在航空世界中，关注点转向人为因素时代，使用诸如机组资源管理（CRM）和面向航线的飞行训练（LOFT）等工具。正如国际民航组织《安全管理手册》中所述的，20 世纪 70 年代中期到 90 年代中期称为航空人为因素的黄金时代。

20 世纪 90 年代初，航空安全思考将其焦点转移到“组织时代”，从系统的角度查看安全，包括技术、人为和组织因素等。图 13－1 反映了这种安全思维的演变。

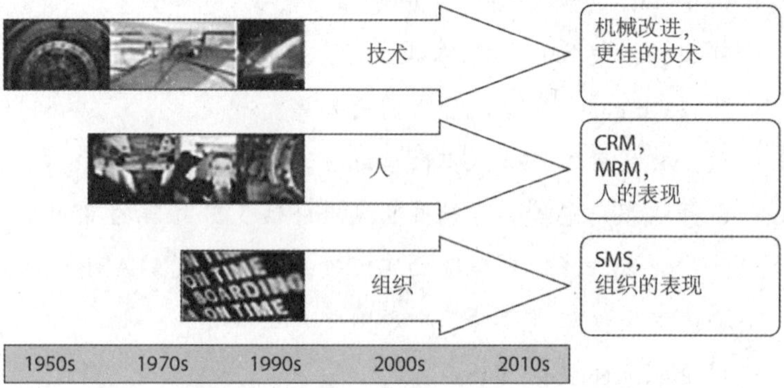

图 13－1　安全思维的演变——事故因素

来源：www. faa. gov

如第六章和第七章所述，James Reason 博士的瑞士奶酪模型介绍了组织事故，这是将导致事故的组织流程进行分类。使用基于质量概念的员工参与和文化赋权概念的员工，这些员工被日本人雇佣并由国际标准化组织（ISO）采用，航空安全管理体系 SMS 理论现已成为世界性的运动，未来应该会给安全领域带来很大的益处。

13.3　SMS 的基本组件——四个支柱

在最后一章，我们将根据国际民航组织 SMS 框架介绍基本组件。这四个组件被进一步细分为 12 个特定要素，一个组织充分运行 SMS 就需要实施 12 个要素。美国联邦航空局在其咨询通告 120－92A 已采用国际民航组织 SMS 理论，在其网站上解释了每个组件，参考此链接：www. faa. gov。

SMS 的四个组件如下：

1. 安全政策——建立高级管理人员的承诺，不断提高安全水平；定义需要用以实现安全目标的方法、流程和组织结构。

2. 安全风险管理（SRM）——在可接受的风险评估的基础上确定新的或修订的风险控制的需求和适当性。

3. 安全保证（SA）——评价实施风险控制战略的持续有效性；支持新的危险源识别。

4. 安全促进——包括培训、沟通和其他行动，在所有级别的员工内创造一种积极的安全文化（来源：www. faa. gov）；请参见图 12－6。

正如前文所述，安全政策涵盖责任主管的领导力，提供清晰的安全目标、方法过程，并满足安全目标所需的组织结构。安全促进包括非惩罚性、积极的安全文化（也称为公正文化），授权所有员工在安全中发挥作用。通过在第十二章中所讨论的这种全面的 SMS 培训、沟通和意识度技术从而达成安全促进。

任何 SMS 组织的核心是安全风险管理和安全保证之间的相互关系。下一节将侧重这两个关键功能的过程。图 13－2 简要显示了 SRM 过程如何关联安全保证过程的方式。

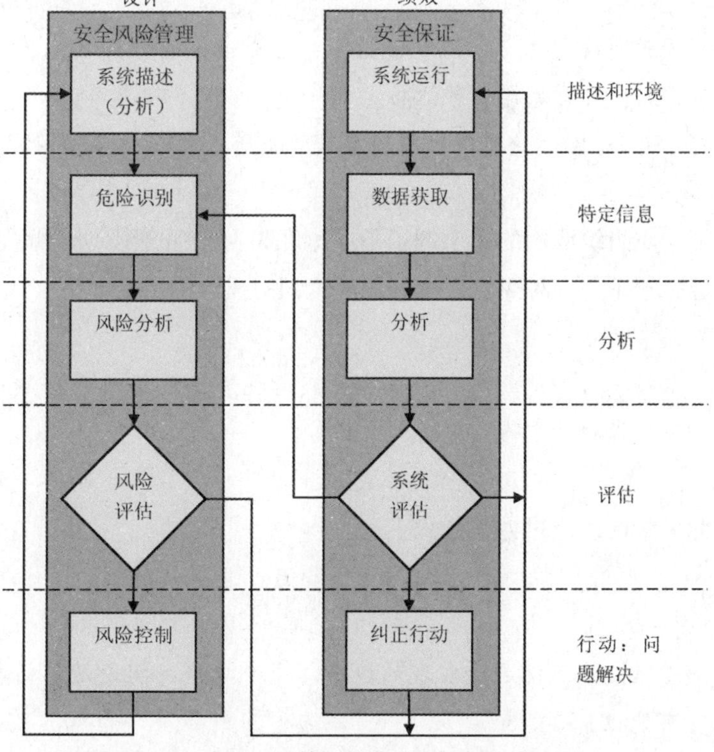

图 13－2　安全风险管理和安全保证之间的关系

来源：FAA 咨询通告 120－92A，第 6 页

基本上，SRM 过程提供危险识别和风险评估。一旦评估后，风险应控制（缓解）到合理可行尽可能低的范围（ALARP）内。此时，安全保证过程接管，使用系统安全和监测、测量的质量管理概念，保证风险控制是有效的。安全保证过程还提供一种新型控制手段，如果运行环境发生了改变，将返回到危险源识别步骤。

现在介绍了整体 SMS 的关系，我们会探讨 SRM 和安全保证过程关系的具体细节。

13.4 安全风险管理

13.4.1 危险源或风险

风险可管理之前，必须识别出潜在的危险情况。很容易混淆这两个概念——危险源和风险。国际民航组织定义危险源如下所示：

> 可能导致人员伤亡、设备损坏、物资损失或预期功能损失的一种条件或一种对象或一种活动。
>
> （来源：国际民航组织《安全管理手册》，第 2 版，第 4.2.3 条）

国际民航组织使用的一个例子是：速度为 15 节的侧风吹过跑道，只是一种危险源；它不是一种风险。国际民航组织对风险的定义如下：

> 是指评估、预测现有的危险源或情况所造成的最糟糕后果或结果的可能性和严重性。

因此风险可以通过如下公式：

$$P \times S = R$$

- P 是给定危险源可能实现的概率（每个单位时间或活动的损失事件的可能性）。
- S 是危险源生成后果（影响）的严重性（每个事件的损失）。

· R是每个单位时间或活动预期的风险（损失）。

因此，返回到前面的示例：

· 吹过跑道的速度为每小时15节的侧风是一种危险源。
· 因为飞行员可能不能控制这架飞机，导致冲出跑道的可能性是危险源的其中一个后果；
· 评估出实际冲出跑道的概率（P）和严重度（S）表示运行风险（R）。

换言之，

· P=有15节侧风飞机会打滑/偏出跑道的概率。
· S=上述事件的严重性，可能从没有飞机损坏或受伤，到彻底损坏或损坏、受伤两个都存在（根据变量而变化，如飞机速度、跑道接地的高度、轮胎压力等）。

安全风险管理（SRM）涉及危险源识别和风险评估，以缓解安全风险到ALARP，如图13-3所示的倒三角形中的风险容忍度。

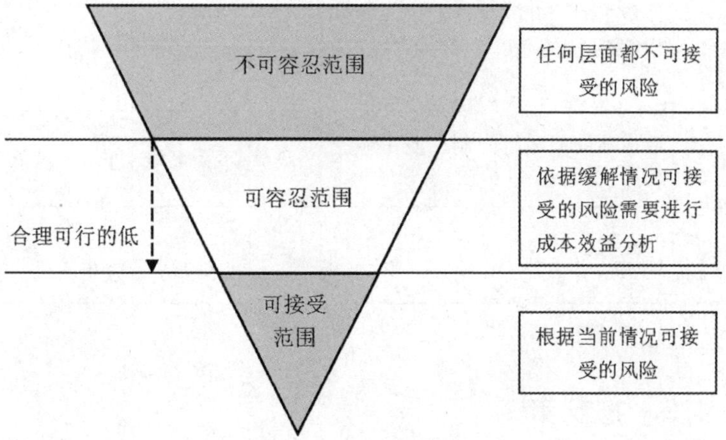

图13-3 安全风险管理容忍度

来源：ICAO《安全管理手册》，2009年第2版，www. icao. int

要进行一次安全风险评估，将其绘制出来是非常有帮助的，因为可以直观地看清楚后果的严重程度和发生可能性之间的关系。典型的国际民航组织/美国联邦航空局使用字母数字表和图表如表 13 –1 和图 13 –4 所示。

注意风险矩阵的编码：

暗灰色——不可接受的风险

白色——通过缓解可接受

浅灰色——可接受的

表 13 –1 严重性和可能性样表

结果的严重性		事件的可能性			
严重性程度	定义	值	可能性	定义	值
灾难性	设备损毁，多人死亡	A	经常	很多次可能发生	5
特别严重	安全边际大幅减少；物理故障；或工作负担如操作者不能被依靠来正确或完全履行他们的任务；严重受伤或死亡；主要设备损毁	B	偶尔	有些时候可能发生	4
重大	安全边际显著减少；操作者应对不利运行条件的能力下降导致工作负担的上升，或导致运行条件损害他们的效率；严重事故征候；对人员造成受伤	C	很小	不太可能；但是有可能发生	3
轻微	造成不便；运行限制；使用应急程序；轻微事故征候	D	不太可能	非常不可能发生	2
微不足道	后果轻微	E	非常不可能	几乎不可想象会发生	1

来源：www. faa. gov

13.4.2 控制策略

风险缓解措施的目的是要控制危险源，从而确保它们不会演化成风险，或者降低严重程度或发生风险的可能性至可接受的水平。这些控制措施的优先级顺序已经确立，以下是按照从最有效到有效性最低的顺序列出：

风险概率		风险严重性				
		灾难性的 A	有危险的 B	重大 C	较小 D	可忽略不计 E
频繁	5	5A	5B	5C	5D	5E
偶发	4	4A	4B	4C	4D	4E
少有	3	3A	3B	3C	3D	3E
不可能	2	2A	2B	2C	2D	2E
极不可能	1	1A	1B	1C	1D	1E

图 13－4　安全风险评估 5X5 矩阵示例（FAA 咨询通告 120－92A 附录 3）

1. 消除这一危险源。最有效的是工程控制策略，完全消除了安全风险。如示例中提供连锁装置，以防止在飞行中反推被激活。由于这是一个有力的控制解决方案，它有时被称为“硬”控制策略。

2. 减少危险程度。降低事件的严重程度或可能性就减少了它的整体影响，或许在风险评估矩阵中它的分类从无法接受上移到可接受。

3. 使用安全装置。这种控制方法不是自动防故障的，但其机械性质（如护栏、滑轨等）往往可以防止其暴露于潜在的危险中。

4. 警告和警报的方法。这些可能是视觉的（警告灯）或可听见的，如飞机失速或起落架警告喇叭等。控制措施之一是人在接收警告通知后有必要采取行动。

5. 安全程序。这些被称为行政控制策略，并因此被视为一种“软”的控制措施。培训和规章可以到位，但人为差错可以使这种类型的控制无效。

在 P×S ＝ R 的公式中，控制战略、技术和设备注意以下事项：

- 设计和工程旨在减少/消除危险和针对风险方程式的概率（P）采取措施以减少/消除严重性（S）。
- 安全设备，可以是主动或被动的，以类似的方法设计和工程运用来减少风险，但这被认为不那么有效。主动安全设备需要人类行动（如安全带），不像被动型设备一样有效。被动型设备是需要时感知和自动部署（如安全气囊），无须人的行动来激活。
- 警告设备增加了人们意识到潜在危险的机会，从而减少接触的可能性（P）。如果该警告应忽略，那么将会充分感受到它的严重性程度。

- 程序和培训主要目的是减少（P），从而降低了（S）。
- 个人防护用品（PPE）用于减少危险源的严重性（S）；有些人可能认为 PPE 作为一种主动安全装置，应考虑 PPE 作为最后一道防线，因为它需要正确佩戴，即使正确使用，也可能佩戴得非常不舒服/烦琐。

13.5 安全保证

如图 13－2，一旦风险评估和控制到位，已明确 ALARP，SMS 过程转移到安全保证一边，为安全风险管理流程如何实施提供反馈。如果实施很好，安全保证过程使风险控制得到妥善的强化。第十二章中的安全保证的 3 个主要要素在航空公司安全管理中得以阐述。下面提供联邦航空局咨询通告 120－92A 有关安全保证子要素的进一步解释。

13.5.1 绩效监测和衡量

在安全保证的数据采集过程实施了 8 个子要素（图 13－2）：

- 来自各种来源的连续监测，尤其是一线管理者，他们是任何组织中的技术专家。
- 由组织的运行部门实施的内部审计。
- 由职能上独立于过程的人员进行内部评价审计。
- 由美国联邦航空局，或第三方组织使用诸如国际航空运输协会 IOSA 标准工具进行外部审计。
- 调查事故、事故征候或其他安全相关事件。
- 通过非惩罚性的方式来确定为什么会发生安全问题。
- 使用员工的报告系统如 ASAP 或其他自愿的方法。
- 进行数据分析，特别是识别出任何不符合规律性的根本原因并确定新的潜在危险。
- 进行系统评估，以确定安全绩效和风险控制措施的有效性。

13.5.2　变更管理——考虑新危险源

出现变更时新的危险无意中可能会引入 SMS 系统。对于表面上受控的成熟过程或程序，面临系统的变更时可能变得不安全。此外，一个新的运行流程或系统变更，需要通过 SRM 过程处理，看看是否对其他过程产生影响。安全保证更重要的方面是有效地正式变更管理系统。

13.5.3　持续改进——通过 SMS 体系使安全水平更佳

安全保证的最后一个要素也是非常重要的；SMS 持续改进是一个永无止境的目标。持续改进有两个子要素：

> 预防/纠正行动分配必须进行跟踪和管理。这是一个主动的过程，需要例行跟踪和持续评估。
>
> 最高管理层应定期评审，由 SMS 责任主管、其他安全董事会和委员会级别实施。这一评审应包括 SRM 的投入产出和从安全保证过程中获得的经验教训。

13.6　航空业未来的 SMS

今天，在全球基础上正在向航空 SMS 全面转型。采用质量原则作为一个指南，SMS 项目将继续新的方式，运用授权和积极的安全文化来获得商业航空从来没有取得的安全水平。

对于学习 SMS 过程的学生，前途是非常光明的。未来几年将带来更多的国际合作和就业机会。航空安全专业人员会发现 SMS 是持续改进的旅程，不是最终的目的地。

欢迎加入，享受飞行！

关键术语

SMS 的四个支柱	严重性
安全政策	可能性
安全风险管理	风险
安全保证	ALARP
安全促进	国际组织标准化（ISO）
风险评估矩阵	公正文化

思考题

1. 讨论 SMS 原则的演变（历史）。
2. 描述 SMS 的基本组件和突出特点——四个支柱。
3. 比较危险源和安全风险之间的差异。
4. 讨论风险管理公式 P × S =R 的意义。
5. 什么是风险评估矩阵的目的?
6. 描述安全风险管理和安全保证之间的关系。
7. 什么是 ALARP 的概念，为什么很重要?
8. 描述安全保证过程的三个原则要素。
9. 向现在的航空安全专业人员描述 SMS 的未来。

参考文献

1. Federal Aviation Administration Advisory Circular 120 – 92A. 2010 Introduction to Safety Management Systems for Air Operators www. faa. gov.

2. International Civil Aviation Organization "SMS Training, ICAO SMS Module." 2011. and "SMS Senior Management Briefing." www. icao. int.

3. International Civil Aviation Organization Safety Management Manual, 2nd ed. 2009, www. icao. int

4. International Air Transport Association, 2011 www. iata. org.

5. Stolzer, Alan J., Halford, Carl D., and Goglia, John J. 2008. Safety Management Systems in Aviation. Burlington, VT: Ashgate Publishing.

图书在版编目（CIP）数据

商业航空运输安全概论/(美)克拉伦斯·C·罗德里格斯,
(美) 史蒂芬·K·苏斯科著;唐伟斌等译. —北京:
中国工人出版社, 2018.6
书名原文: Commercial Aviation Safety Fifth Edition
ISBN 978-7-5008-6892-7

Ⅰ.①商… Ⅱ.①克… ②史… ③唐… Ⅲ.①航空运
输-安全运输 Ⅳ.①F560.69

中国版本图书馆CIP数据核字(2018)第142158号
著作权合同登记号：01-2016-7754

CLARENCE C. RODRIGUES , STEPHEN K. CUSICK
COMMERCIAL AVIATION SAFETY Fifth Edition
ISBN 978-0-07-176305-9

商业航空运输安全概论

出 版 人　王娇萍
责任编辑　安　静
责任校对　赵贵芬
责任印制　栾征宇
出版发行　中国工人出版社
地　　址　北京市东城区鼓楼外大街45号　邮编：100120
网　　址　http://www.wp-china.com
电　　话　（010）62005043（总编室）　（010）62005039（出版物流部）
　　　　　（010）62382916（职工教育分社）
发行热线　（010）62005996　（010）82075964（传真）
经　　销　各地书店
印　　刷　北京美图印务有限公司
开　　本　710毫米×1000毫米　1/16
印　　张　23.5
字　　数　392千字
版　　次　2018年9月第1版　2018年9月第1次印刷
定　　价　79.00元